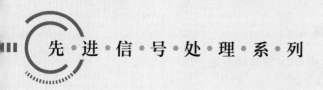
先·进·信·号·处·理·系·列

超限学习机：
理论、技术与应用

 邓宸伟 周士超 ｜ 著

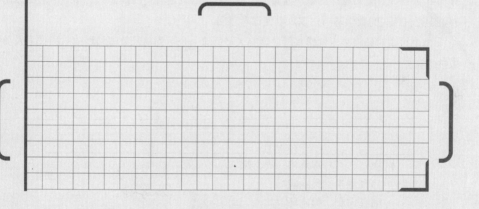

人民邮电出版社

北京

图书在版编目（CIP）数据

超限学习机：理论、技术与应用 / 邓宸伟，周士超
著. -- 北京：人民邮电出版社，2020.9
（先进信号处理系列）
ISBN 978-7-115-53742-3

Ⅰ. ①超… Ⅱ. ①邓… ②周… Ⅲ. ①机器学习
Ⅳ. ①TP181

中国版本图书馆CIP数据核字(2020)第097009号

内 容 提 要

　　本书对超限学习机近年来取得的各方面成果进行详细的阐述与分析。本书分为 4 个部分：
第 1 部分（第 1～2 章）主要介绍超限学习机的基本概念与核心理论；第 2 部分（第 3～4 章）
系统介绍超限学习机理论为应对数据分类、回归以及特征学习等重要机器学习任务所做的技
术性调整；第 3 部分（第 5～6 章）主要介绍超限学习机的工程实现与领域应用案例；第 4 部
分（第 7 章）对全书进行总结，并归纳出若干挑战性问题以待后续研究。本书附录部分为与
超限学习机相关的数学基础知识，以便读者查阅。

　　本书可供对超限学习机感兴趣的研究人员阅读，也可为信号处理领域的工程技术人员提
供技术参考。

◆ 著　　　　邓宸伟　周士超
　责任编辑　代晓丽
　责任印制　彭志环

◆ 人民邮电出版社出版发行　　北京市丰台区成寿寺路 11 号
　邮编　100164　电子邮件　315@ptpress.com.cn
　网址　https://www.ptpress.com.cn
　北京市艺辉印刷有限公司印刷

◆ 开本：700×1000　1/16
　印张：14.5　　　　　　　2020 年 9 月第 1 版
　字数：285 千字　　　　　2020 年 9 月北京第 1 次印刷

定价：149.00 元

读者服务热线：(010)81055493　印装质量热线：(010)81055316
反盗版热线：(010)81055315

前　言

　　超限学习机（Extreme Learning Machine，ELM）是受生物学习机制的启发，借助随机投影与最优化方法解决机器学习任务中常见问题的快速神经网络模型。具体而言，其所提倡的学习机制在很大程度上克服了传统神经网络模型训练过程中存在的"时间冗长"和"人工干预依赖性强"等问题，有效缓解了"维数灾难"和"过拟合"等现象带来的不便，具备学习速度快、拟合能力强、泛化性良好等特点，并在自然图像检索与分类、生物信息识别、遥感影像解译、医疗影像疾病诊断等实际应用领域的研究中取得了长足的进步。

　　ELM 具有直观的几何解释和精巧的数学表达形式，同时具备经典神经网络的函数逼近能力与统计学习理论基础。自 21 世纪初被正式提出并证明有效以来，ELM 保持了良好的发展势头。虽然相关理论基础及各变种算法实现的基本框架已初步形成，但 ELM 的整体发展时间、科研资金投入仍不足以比拟其他机器学习技术（如支持向量机、深度学习等），且尚未有相关中文专著关注该新兴技术。

　　本书是国内第一本专门对 ELM 进行介绍和论述的著作。该书在内容上对近年来 ELM 发展过程中所取得的成果进行详尽归纳与总结，涵盖 ELM 主要基础知识、技术手段与经典应用案例，并提出尚未解决的开放性问题，便于读者进一步钻研探索。

　　作者结合 ELM 理论，介绍了 ELM 在数据特征学习任务方面的若干研究成果。作者相信，相关工作是对 ELM 特征学习能力的一次直接、深刻的讨论与阐述。

　　为了满足信号处理领域学者对 ELM 这一新兴机器学习技术的学习与研究需求，本书着重强调可读性。首先，"问题导向"是作者梳理写作思路的重要原则，在给出模型的系统论述之前，均详细分析待解决问题与任务难点，而对所述模型在解决该问题上的机理、优势与局限性同样予以归纳总结，进而帮助读者更清晰地理解与使用所涉及的理论方法。其次，作者试图尽可能少地列举抽象的数学概念，而对于无法避免的数学基础知识，则置于正文之后的附录中方便读者查阅。

本书得以出版，要感谢人民邮电出版社有限公司对作者出版工作的大力帮助；感谢北京理工大学龙腾教授对本书的关心与支持；感谢南洋理工大学 Guang-Bin Huang 教授对本书第 1、7 章撰写的悉心指导；感谢北京理工大学赵保军教授给予的宝贵建议，同时感谢作者课题组的成员：敬栋麟、韩煜祺、李震、南京宏、唐玮、田义兵、崔婷婷、贾森、吴晨、潘宇、黄云、段晨辉、张子鹏、瓢正泉、杨星莎、王红硕等，他们都对本书提供了帮助。

ELM 发展非常迅速，当前已出现多学科、多理论交叉现象。由于作者水平有限，很难对其众多交叉领域均有精深理解，更兼时间和精力有限，书中错谬之处在所难免，欢迎读者批评指正，来函请发至 cwdeng@bit.edu.cn，不胜感激。

邓宸伟

2019 年 10 月

目 录

第1章
绪　论

🔍 1.1　引言

超限学习机（Extreme Learning Machine，ELM）[1]是近年来发展十分迅速的一种机器学习方法，已在自然图像检索与分类、生物信息识别、语音识别、遥感影像解译、工业故障识别和预测、医疗影像疾病诊断等工业领域获得有效性验证与实际应用[2]。

就具体技术层面而言，ELM 可被视为一种新型人工神经网络（Artificial Neural Network，ANN），旨在从结构、功能等方面模拟智能的生物学习系统，形成计算模型，实现对样本数据一般规律的快速学习，并将该规律应用于未观测数据的准确分析与处理任务。

在 ELM 被正式提出之前，人工神经网络已经经历了 60 多年的发展，有许多改进模型问世，例如，以径向基函数（Radial Basis Function，RBF）网络、核回归（Kernel Regression，KR）模型、支持向量机（Support Vector Machine，SVM）等为典型代表的单隐藏层前馈神经网络（Single Hidden-Layer Feedforward Neural Network，SLFNN），以及以深度学习（Deep Learning，DL）为代表的多层神经网络等[3-4]。面对纷繁复杂的网络模型，不免会引发一系列疑问：如此繁多的网络结构但本质上数学表达模型近乎相同，是否真的需要如此多且不同的模型学习算法？这些算法能否取得统一性解释？未来模型的学习机制究竟何去何从？

实际上，ELM 被提出的主要动机便是试图回答上述问题。目前，无论是人工神经网络，还是本书重点讨论的 ELM，均取得了长足的技术进步。本书接下来将介绍 ELM 基本理论、实现技术与应用案例，同时也将概览其他相关重要研究成果。

🔍 1.2　ELM 研究背景

单隐藏层前馈神经网络[5]是 ELM 的前身，如图 1-1 所示。该网络从形式上模拟生物神经系统，由多个节点（人工神经元）相互连接而成，可以用来对输入 / 输出数据之间的映射关系进行建模。不同节点之间的连接被赋予了不同的权重，每个权重代表了一个节点对另一个节点的影响大小；隐藏层（位于网络中间层）的每个节点代表一种非线性激活函数，通过接收来自其他节点的综合信息（经过其相应的权重综合计算），输出得到一个新的活性值（兴奋或抑制）。由此可以看出，SLFNN 是由多个非线性神经元通过丰富的连接而组合成的非线性信息处理系统。

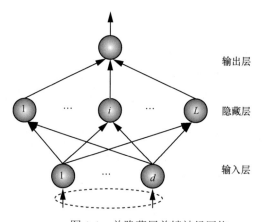

图 1-1　单隐藏层前馈神经网络

早在 20 世纪 90 年代，SLFNN 的学习能力便得到了充分的证明：任何连续目标函数都可以被 SLFNN 以可自适应调节的隐藏层节点近似表示。换言之，只要隐藏层节点数量足够且连接权重可调，SLFNN 可看作是一个通用的函数逼近器，可对目标函数获得任意小的逼近误差[6-9]，其逼近任何函数的能力大小可以称为网络容量[10]。

然而上述理论仅回答了网络模型的存在性问题，并未具体指明或限定网络的构造与权重参数学习方法。为此，在过去近 30 年产生了很多算法试图解决隐藏层节点参数调节的问题[11]，即针对特定的网络模型设计不同的学习策略。但这些方法通常会遇到以下问题。

① 对网络规模、激活函数类型非常敏感。

② 并行化、嵌入式实现困难。

③ 对设计者预设的超参数敏感。

④ 调参过程非常耗时，易陷入局部最优解等。

上述方法的诸多局限性引发一系列新的疑问，例如，人工神经网络的发展本身是不是也陷入了"局部最小点"？不同类型的神经网络是否真的需要不同类型的学习算法？是否存在一种通用的学习方法来处理不同类型的神经网络？人工神经网络与生物系统之间是否存在学习机制上的鸿沟……。因此，提出了新型神经网络设计动机：寻找一种一般化的人工神经网络参数学习方法，并具备强泛化能力、弱人工干预和实时学习 3 个方面优势，如图 1-2 所示。

图 1-2　理想的神经网络模型

1.3　ELM 概念与内涵

针对传统人工神经网络训练过程耗时、需要大量人工干预等问题，ELM 试图寻找一种训练速度快、泛化能力强的网络参数学习方法，进而构建新型神经网络学习理论，并在此基础上逐步建立与其他机器学习模型之间的联系，归纳通用的机器学习策略，最终为构建可信的生物学习机制做出探索。

1.3.1　快速前馈神经网络

基于新的设计动机与 SLFNN 的结构特点，ELM 被 HUANG 等[12]正式提出。与传统的 SLFNN 不同，ELM 理论强调有效的学习，不需自适应调整网络隐藏层节点：给定任何连续目标函数，只要前馈神经的隐藏层节点是非线性分段连续的，则神经网络模型不需调整隐藏层节点就能逼近任意连续目标函数，即具备通用逼近能力（Universal Approximation Capability，UAC）[13-15]。此外，一旦不需要调整隐藏层节点，网络输出权重便可以通过有效的凸优化（通常是线性优化）快速获取全局最优解，实现快速高效学习。

毫无疑问，放弃调节隐藏层节点参数的做法非常大胆但却不失理论支撑，直接颠覆了常规的网络学习范式。许多广泛使用的 SLFNN 在此之前都被认为是不同而且没有联系的学习或计算技术，而 ELM 理论则认为这些方法都具有类似的网络拓扑结构，只是网络的隐藏层使用的是不同类型的神经元而已。并且 ELM 提出，只要隐藏层神经元是非线性阶段连续的，即在具备 UAC 的情况下一般不需要为不同的前馈神经网络设计不同的参数学习算法。

同样的疑问也可迁移至多隐藏层前馈神经网络：真的需要迭代式地调整多隐藏层前馈神经网络的隐藏层参数吗？前馈神经网络真的要一直被认为是个黑箱吗？不同于传统的反向传播（Back Propagation，BP）算法[16]将多隐藏层前馈神经网络视为黑箱，ELM 主张将多隐藏层前馈神经网络视为白箱，并且可以逐层进行快速训练。此外，ELM 将单隐藏层前馈神经网络和多隐藏层前馈神经网络看成一个类似的统一体，用类似的方法来处理单隐藏层前馈神经网络和多隐藏层前馈神经网络。具体而言，与多隐藏层前馈神经网络需要精细、密集地调整其隐藏层节点不同，ELM 理论表明，隐藏层节点很重要，但不需要调整；其隐藏层节点参数可以与待处理数据无关，学习过程也可以避免通过烦琐的迭代式求解来实现[17-19]。

此外，ELM 还强调层次性学习的重要性，及其与多隐藏层学习间的差异性。多隐藏层学习强调的是一个特定应用（比如图像分类）由一个包含多个隐藏层的网络实现，而 ELM 的层次性学习强调的是每个隐藏层实现一个功能，各个功能单元通过级联、并联等组合形成一个复合的机器学习系统。在 ELM 的理论体系下，各个功能块可以采用与应用相关的 ELM 算法。此外，ELM 的隐藏层节点可以由多个神经元复合而成[20]。总之，与多隐藏层学习相比，ELM 所强调的层次性学习具有更加丰富的内涵。

1.3.2　通用机器学习单元

除了作为一种新型前馈神经网络模型，ELM 所积极倡导的学习理论具有通用且普适的特点[17,21]，可整合并解释很多现有的机器学习模型（如图 1-3 所示），并解决一系列常见的机器学习任务，而这与 60 多年来传统的学习理论有所不同。

ELM 学习理论强调，隐藏层节点可以与数据无关，重要的是要调整从隐藏层节点到输出层的连接。基于这种策略，常见的数据压缩、特征学习、聚类、回归拟合和分类等任务对应的基本学习单元均可由 ELM 模型实现。此外，ELM 理论也为传统神经网络提供了理论支持（包括局部感受域和池化策略），而这些理论正是当前深度学习技术的核心。

类似地，在 ELM 提出以前，岭回归理论、线性系统稳定性、矩阵稳定性、Bartlett 神经网络泛化能力理论和支持向量机的边界最大化理论等被认为是不同的理论，特别是 Bartlett 神经网络泛化能力理论在以前很少用于训练神经网络。ELM 理论显示，这些之前的理论从机器学习角度看是统一的[22-23]。例如，ELM

采用了 Bartlett 理论，提升其在数据预测过程中的泛化能力[11]。

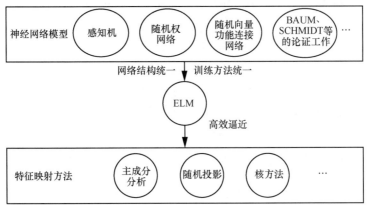

图 1-3　ELM 与其他算法间的关系[17]

1.3.3　可信生物学习机制

ELM 学习机制的关键在于，只要隐藏层神经元满足非线性分段连续特性，即使神经元随机生成且固定，系统整体仍具备通用且普适的学习能力。这种"随机神经元"可能在生物系统中普遍存在，因为生物系统通常局部无序而全局有序。ELM 学习机制与生物学习机制之间的潜在联系既展现了 ELM 学习理论之美，也反映了人类探索生物智能化奥秘的美好意愿。

人类在过去几百年对自然界和宇宙的认识飞速发展，但对生物学习特别是人脑的思维机制方面，至今还知之甚少。然而，即便生物学习系统（比如人脑）或许是宇宙中最复杂的事物之一，也仍然无法阻挡科研人员的好奇心与积极探索的脚步。起初罗森布拉特在提出他的感知机[24]结构时并没有有效的学习算法，但是他梦想可以将这种感知机看作是"计算机的一种胚胎"，一种最终能够帮助计算机实现"走路、说话、看东西、写作、繁衍自己并有自我意识"的智能源泉。这些预测在 60 多年前是极其大胆又有远见的，在当时，计算机犹如一个庞然大物，几乎没有人相信他的预测是正确且有望实现的。而 60 多年后的今天，他的感知机已成为当前神经网络模型的基石。与罗森布拉特同时期的约翰·冯·诺依曼[25]在造出第一代计算机之后，作为计算机之父的他感到困惑不解的是计算机的硬件实现要极其精致美妙，不能有任何瑕疵，因为任何硬件实现上的瑕疵都可能导致计算机不能正常运作，而与计算机需要完美硬件连接组成不同的是，为什么"一个不完美的包含许多看似随机连接的（生物）神经网络却能够可靠地实现完美的学习功能"。罗森布拉特的感知机和约翰·冯·诺依曼关于生物学习的困惑看似关联性不大，但从某种角度来看，机器和生物学习系统可以看成是一致的，只是构造的基本材料和硬件不同而已，一种由无机硅等组成，另一种由碳水化合物与蛋白质等组成。作者坚信两者之间可以存在一个共同的学习结构和学习算法。

时至今日，ELM 对约翰·冯·诺依曼的困惑给出了一种有趣的解释，神经网络的隐藏层节点即便随机化处理也不失稳定性，这种"弹性化"和"局部无序"的连接方式并未使系统变得脆弱[25]。在 ELM 理论和技术提出之后的 10 年左右，越来越多有关生物脑学习系统的研究成果直接或间接地支持了 ELM 理论。比如，由美国斯坦福大学、哈佛医学院、麻省理工学院和哥伦比亚大学等的研究人员发表在2013 年及之后《自然》等期刊上的文章显示，果蝇的嗅觉神经元活动具有极强的随机性[26]；2015 年左右，美国哥伦比亚大学与 IBM Watson 的研究人员发现，生物学习系统中神经元的随机性可以进一步帮助生物学习系统实现特征学习[27-29]；同样在 2015 年，美国乔治亚理工学院和华盛顿大学的一批研究人员通过对人的行为学进行分析验证，认为人脑中随机神经元机制可以帮助人具备小样本学习能力[30]；2017 年发表在《科学》上的文章表明，ELM 所倡导的随机性理论在果蝇的嗅觉系统中得到了验证，启发了信息检索模型的设计[31]。

未来，作者期待 ELM 的研究能够为生物可信学习机制提供新的研究思路。

1.4 ELM 的发展历程

在过去的 10 多年中，世界各地研究人员的共同努力推动着 ELM 理论与技术的快速发展。有关 ELM 的研究工作已经系统、有序地经历了三个研究阶段，本节将详细介绍其研究阶段。

1.4.1 第一阶段（2006—2010 年）：新型神经网络结构与理论

传统的人工神经网络在机器学习和数据分析领域扮演着重要的角色，然而，这些神经网络模型仍表现出诸多局限性，例如学习速度慢、需要大量的计算资源和人工干预等。

在第一阶段的发展过程中，ELM 的相关研究主要关注面向单隐藏层前馈神经网络的通用学习框架。单隐藏层前馈神经网络包括但不局限于常见的 Sigmoid 网络、RBF 网络、二值门限网络、模糊推理系统、傅里叶变换网络和小波网络等。针对各种前馈网络，ELM 提供了一种统一的快速、有效的网络参数求解方法，即基于 ELM 的快速求解法对多种类型的神经网络都适用。例如，小波网络和傅里叶变换网络在 ELM 理论框架下可以被认为是神经网络的一种，只不过隐藏层节点是小波或傅里叶基函数。更重要的是，ELM 成功证明了其具备通用逼近能力：面对众多不同种类的网络隐藏层节点（生物或非生物神经元），一个基本的学习机制便是可以不再调节神经元本身（比如随机生成，或由一个或多个神经元组成子网络），而此种情况下整个神经网络仍具备数据学习能力，进而形成一个统一的神经网络学习框架。

1.4.2　第二阶段（2011—2015 年）：通用学习模型构建与解释

除了人工神经网络模型外，诸如支持向量机、核学习、子空间投影分析等机器学习或表征学习方法也具有里程碑式意义，并在数据挖掘与分析等领域中发挥着巨大作用。然而，这些表面上并不相关的学习模型实际上存在许多内在联系。

在第二阶段的发展过程中，ELM 的研究工作主要针对各种机器学习模型进行通用化的学习框架设计与理论解释。研究结果表明，SVM 实际上提供了数据分析的次优解。相比较而言，ELM 可以通过随机特征映射将 SVM 中使用的"黑盒"核化映射"白盒"化，并完成全局最优化求解。从实际应用来看，ELM 一般可以获得比 SVM 及其变体更好的泛化能力（尤其是在数据的多分类问题中）。此外，ELM 学习网络还可完成数据降维、稀疏编码、无监督聚类、有监督回归和分类等多种任务，相比于针对特定任务的主成分分析（Principal Component Analysis，PCA）、非负矩阵分解和随机投影（Random Projection，RP）等经典方法而言，ELM 实现了任务层面与方法层面的有机统一，同时对各个方法间的内在联系进行了梳理与说明。

1.4.3　第三阶段（2016—至今）：生物学习机制研究与硬件实现

目前，以深度学习为典型代表的多层神经网络技术在针对自然条件下感知信号（视频图像、语音等）的处理方面取得了显著进展，进而重新受到科研人员的青睐。该技术所倡导的核心要义便是通过多层次逐级分解与组合，逐步提升对输入数据的抽象化表示能力，并最终建立高维感知信号与低维决策变量之间的非线性关系。实际上，该设计理念可追溯到 HUBEL 等[32]科学家为模拟猫的视觉系统而建立的层次化视觉模型，然而，基于深度学习网络的生物学习系统研究仍处于初级阶段。此外，由于网络开销较大深度学习网络在参数调节与实际运行过程中的计算开销不菲，为计算资源受限的终端硬件平台部署带来挑战。

在第三阶段的发展过程中，研究人员对机器学习和生物学习之间联系的好奇心是直接的研究动力。生物学习系统依然包含着许多目前人类远未了解的基本学习原理，而 ELM 的研究人员正在与神经科学家合作，充分汲取生物学习的基本原理与启示，以期大幅提升学习系统的学习性能与计算效率。在层次化网络学习机理方面，多层 ELM 模型在一些应用（如手写数字识别、交通标志识别、手势识别和立体图形识别等）中与深度学习效果相当甚至更好，同时模型训练速度得到了数 10 倍的提升。在 ELM 的硬件实现方面，过去几年尤其强化了关于嵌入式芯片实现的研究，实现了多核加速芯片[如现场可编程门阵列（Field Programmable Gate Array，FPGA）和专用集成电路（Application Specific Integrated Circuit，ASIC）]以及神经形态芯片两种硬件平台。

🔍 1.5 本书内容具体安排

本书主要面向两类群体：一类是已经具备一定机器学习技术基础的群体，包括相关领域（如人工智能、统计学习等专业领域）的研究者与学生；另一类是机器学习技术基础相对薄弱，但希望能够快速掌握相关领域知识，并应用于他们所开发产品中的软硬件工程师。

为了更好地服务读者，使其有针对性地选择感兴趣的内容，作者按照各章节所述内容，将全书划分为 4 个部分。

第 1 部分包括第 1~2 章，分别介绍 ELM 的基本概念与核心理论。其中，基本概念部分方便读者把握 ELM 的设计动机、核心内涵以及历史发展全貌，可增加读者对 ELM 的理性认识；核心理论部分则可以帮助机器学习领域读者全面掌握 ELM 网络的特点、学习机制以及重要的数学理论依据。

第 2 部分包括第 3~4 章，系统介绍了 ELM 理论为应对数据分类、回归以及特征学习等重要机器学习任务所做的技术性调整，可为机器学习算法研究人员提供参考。

第 3 部分包括 5~6 章，主要涉及 ELM 的工程实现与领域应用案例。其中，第 5 章所述的 ELM 软硬件实现技术可为软件工程师、嵌入式硬件工程师提供设计参考，第 6 章可帮助相关领域从业者了解 ELM 对实际问题的应用情况。

第 4 部分为第 7 章，总结全书并列举了尚待解决的开放性问题，以待后续深入研究。

需要补充说明的是，书中所涉及的数学基础知识作为本书附录，方便有需要的读者查阅。

参考文献

[1] ELM Web Portal[EB].

[2] BAI Z, KASUN L L C, HUANG G B. Generic object recognition with local receptive fields based extreme learning machine[J]. Procedia Computer Science, 2015, 53: 391-399.

[3]　GOODFELLOW I, BENGIO Y, COURVILLE A. Deep learning[M]. Cambridge：MIT Press，2016.

[4]　周志华. 机器学习[M]. 北京: 清华大学出版社, 2016.

[5]　赫金. 神经网络与机器学习[M]. 申富饶, 徐烨, 郑俊, 等, 译. 第 3 版. 北京: 机械工业出版社, 2011.

[6]　HORNIC K. Multilayer feedforward networks are universal approximators[J]. Neural Networks, 1989, 2(5): 359-366.

[7]　CYBENKO G. Approximation by superpositions of a sigmoidal function[J]. Mathematics of Control, Signals, and Systems, 1989, 2(4): 303-314.

[8]　PARK J, SANDBERG I W. Universal approximation using radial-basis-function networks[J]. Neural Computation, 1991, 3(2): 246-257.

[9]　LESHNO M, LIN V Y, PINKUS A, et al. Multilayer feedforward networks with a nonpolynomial activation function can approximate any function[J]. Neural Networks, 1993, 6(6): 861-867.

[10]　VAPNIK V. The nature of statistical learning theory[M]. Berlin: Springer, 1995.

[11]　ANTHONY M, BARTLETT P L. Neural network learning: theoretical foundations[J]. AI Magazine, 1999, 22(2): 99-100.

[12]　HUANG G B, ZHU Q Y, SIEW C K. Extreme learning machine: theory and applications[J]. Neurocomputing, 2006, 70(1-3): 489-501.

[13]　HUANG G B, CHEN L, SIEW C K. Universal approximation using incremental constructive feedforward networks with random hidden nodes[J]. IEEE Transactions on Neural Networks, 2006, 17(4): 879-892.

[14]　HUANG G B, LEI C. Convex incremental extreme learning machine[J]. Neurocomputing, 2007, 70(16): 3056-3062.

[15]　HUANG G B, CHEN Y Q, BABRI H A. Classification ability of single hidden layer feedforward neural networks[J]. IEEE Transactions on Neural Networks, 2000, 11(3): 799-801.

[16]　RUMELHART D E. Learning representations by back-propagating errors[J]. Nature, 1986, 323(9): 533-536.

[17]　HUANG G B. An insight into extreme learning machines: random neurons, random features and kernels[J]. Cognitive Computation, 2014, 6(3): 376-390.

[18]　HUANG G, HUANG G B, SONG S, et al. Trends in extreme learning machines: a review[J]. Neural Networks, 2015, 61: 32-48.

[19]　CAMBRIA E, QIANG L, LI K, et al. Extreme learning machines[J]. IEEE Intelligent Systems, 2013, 28(6): 30-31.

[20]　HUANG G B, BAI Z, KASUN L L C, et al. Local receptive fields based extreme learning machine[J]. IEEE Computational Intelligence Magazine, 2015, 10(2): 18-29.

[21]　HUANG G B, ZHOU H, DING X, et al. Extreme learning machine for regression

and multiclass classification[J]. IEEE Transactions on Systems, Man and Cybernetics, Part B (Cybernetics), 2012, 42(2): 513-529.

[22] NADARAYA E A. On estimating regression[J]. Theory of Probability and Its Applications, 1964, 9(1): 157-159.

[23] MCDONALD G C. Ridge regression[J]. Wiley Interdisciplinary Reviews Computational Statistics, 2010, 1(1): 93-100.

[24] ROSENBLATT F. The perceptron: a probabilistic model for information storage and organization in the brain[J]. Psychological Review, 1958, 65(6): 386-408.

[25] HUANG G B. What are extreme learning machines? Filling the gap between Frank Rosenblatt's dream and John von Neumann's puzzle[J]. Cognitive Computation, 2015, 7: 263-278.

[26] CARON S J C, RUTA V, ABBOTT L F, et al. Random convergence of olfactory inputs in the Drosophila mushroom body[J]. Nature, 2013, 497(7447): 113-117.

[27] FUSI S, MILLER E K, RIGOTTI M. Why neurons mix: high dimensionality for higher cognition[J]. Current Opinion in Neurobiology, 2016, 37: 66-74.

[28] RIGOTTI M, BARAK O, WARDEN M R, et al. The importance of mixed selectivity in complex cognitive tasks[J]. Nature, 2013, 497(7451): 585-590.

[29] BARAK O, RIGOTTI M, FUSI S. The sparseness of mixed selectivity neurons controls the generalization-discrimination trade-off[J]. Journal of Neuroscience, 2013, 33(9): 3844-3856.

[30] ARRIAGA R I, RUTTER D, CAKMAK M, et al. Visual categorization with random projection[J]. Neural Computation, 2015, 27(10): 2132-2147.

[31] DASGUPTA S, STEVENS C F, NAVLAKHA S. A neural algorithm for a fundamental computing problem[J]. Science, 2017, 358(6364): 793-796.

[32] HUBEL D H , WIESEL T N. Early exploration of the visual cortex[J]. Neuron, 1998, 20(3): 401-412.

第 **2** 章

超限学习机理论

自正式提出至今，ELM 理论已经获得越来越多研究者的关注，并取得了长足的发展与进步[1-2]。尽管后续改进方案层出不穷，分析经典 ELM 模型仍是把握 ELM 理论的关键，有助于从根本上理解其工作原理与实现技巧。

本章以经典的单隐藏层 ELM 为例，从模型的结构、性能以及特点 3 方面系统阐述 ELM 学习机制。

2.1 ELM 网络模型

单隐藏层 ELM 是目前研究最透彻、使用最方便、应用最广泛的 ELM 网络模型之一。通常情况下，单隐藏层 ELM 能够以极快的训练速度获得较好的泛化性能。本节将从网络结构和参数学习两个方面对单隐藏层 ELM 进行介绍，便于读者快速理解其工作原理。

2.1.1 网络结构描述

网络结构简单、轻便是单隐藏层 ELM 能够实现快速训练与广泛应用的重要原因。具体而言，单隐藏层 ELM 中的隐藏层神经元（以下简称节点）参数可随机生成且不需调节，进而使得网络的输出层权重参数求解变得快速、高效，突破了传统 SLFNN 训练耗时长、人工干预多等瓶颈。

单隐藏层 ELM 的网络结构如图 2-1 所示。其采用全连接结构，每一层包含若干个节点，同一层节点之间没有相互连接，且层间信息的传递只沿一个方向进行。网络共为 3 层：输入层、隐藏层和输出层。输入层位于最下方，用于接收描述数据的属性向量；隐藏层对应网络的中间层，通常用于增强对输入数据的抽象表示能力；输出层位于最上方，用于输出网络对输入数据的响应值或预测值。

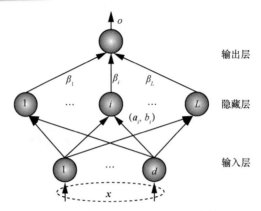

图 2-1　单隐藏层 ELM 的网络结构

图 2-1 所示的单隐藏层 ELM 网络将输入–输出间映射关系以矩阵形式表示为

$$o = \sum_{i=1}^{L} \beta_i h_i(\boldsymbol{x}) = \boldsymbol{h}(\boldsymbol{x})\boldsymbol{\beta} \tag{2-1}$$

其中，$\boldsymbol{x}$ 表示输入数据的属性向量，输出 o 表示网络对输入数据的响应值或预测值。列向量 $\boldsymbol{\beta} = [\beta_1\ \beta_2\cdots\beta_L]^{\mathrm{T}}$ 表示隐藏层与输出层节点之间的权重（以下简称输出层权重参数）；行向量 $\boldsymbol{h}(\boldsymbol{x}) = [h_1(\boldsymbol{x})\cdots h_L(\boldsymbol{x})]$ 为数据经过 L 个隐藏层节点的映射结果，其中第 i 个元素 $h_i(\boldsymbol{x})$ 即对应第 i 个节点输出，计算方法为

$$h_i(\boldsymbol{x}) = G(\boldsymbol{a}_i, b_i, \boldsymbol{x}), \quad \boldsymbol{a}_i \in \mathbf{R}^d, b_i \in \mathbf{R} \tag{2-2}$$

其中，$\boldsymbol{a}_i$ 和 b_i 即为 ELM 随机生成的隐藏层节点参数：$\boldsymbol{a}_i$ 表示连接第 i 个隐藏层节点和输入节点间的权重（行）向量，b_i 为第 i 个隐藏层节点的偏置项（标量），$G(\bullet)$ 为非线性激活函数，其常用类型见表 2-1[2]。

表 2-1　常见的非线性激活函数

非线性激活函数类型	表达式
Sigmoid 函数	$G(\boldsymbol{a},b,\boldsymbol{x}) = \dfrac{1}{1 + \mathrm{e}^{-(\boldsymbol{a}\boldsymbol{x}+b)}}$
双正切函数	$G(\boldsymbol{a},b,\boldsymbol{x}) = \dfrac{1 - \mathrm{e}^{-(\boldsymbol{a}\boldsymbol{x}+b)}}{1 + \mathrm{e}^{-(\boldsymbol{a}\boldsymbol{x}+b)}}$
高斯函数	$G(\boldsymbol{a},b,\boldsymbol{x}) = \mathrm{e}^{-b\|\boldsymbol{x}-\boldsymbol{a}\|}$
多重函数	$G(\boldsymbol{a},b,\boldsymbol{x}) = \sqrt{\|\boldsymbol{x}-\boldsymbol{a}\| + b^2}$
硬阈值函数	$G(\boldsymbol{a},b,\boldsymbol{x}) = \begin{cases} 1, & \text{当}\ \boldsymbol{a}\boldsymbol{x}+b \leqslant 0 \\ 0, & \text{其他} \end{cases}$
余弦函数	$G(\boldsymbol{a},b,\boldsymbol{x}) = \cos(\boldsymbol{a}\boldsymbol{x}+b)$

为了预测样本数据 $\boldsymbol{x}$ 的响应值，在隐藏层节点参数、非线性激活函数类型以及输出层权重参数求解结果 $\boldsymbol{\beta}^*$ 均已知的情况下，ELM 可基于式（2-3）完成简单的前馈运算，得到样本数据的预测结果。

$$f(\boldsymbol{x}) = \boldsymbol{h}(\boldsymbol{x})\boldsymbol{\beta}^* \tag{2-3}$$

2.1.2　网络参数学习

单隐藏层 ELM 的参数学习对象仅为其输出层权重参数 $\boldsymbol{\beta}$。与传统 SLFNN 对全部网络参数进行烦琐的迭代调节策略不同，ELM 网络的隐藏层节点参数可随机生成并不需调整，使得输出层权重参数 $\boldsymbol{\beta}$ 的求解转化为简单的线性优化问题，由此可大幅减少训练时间，实现参数快速学习。接下来将详细介绍输出层权重参数 $\boldsymbol{\beta}$ 的求解过程，以完成模型训练。

通过调节输出层权重参数 $\boldsymbol{\beta}$ 来降低输入数据预测值与其目标真值之间的误差是 ELM 网络参数学习的主要途径。对于 N 个不同的样本数据，网络的预测误差可基于平方函数表示为

$$\sum_{i=1}^{N}\left\|o_i - t_i\right\|^2 \tag{2-4}$$

为了确定输出层权重参数 $\boldsymbol{\beta}$，需结合式（2-1）与式（2-2）来最小化式（2-4）。首先基于给定的 N 个样本数据 $(\boldsymbol{x}_i, t_i)$，其中 $\boldsymbol{x}_i = [x_{i1}\, x_{i2}\cdots x_{id}]^{\mathrm{T}} \in \mathbf{R}^d$ 用于表示第 i 个样本数据的 d 维属性向量，对应的目标真值为 t_i。将式（2-1）与式（2-2）代入式（2-4）展开网络对数据的预测值如下

$$\sum_{l=1}^{L}\beta_l G(\boldsymbol{a}_l, b_l, \boldsymbol{x}_i) = o_i, \quad i=1,\cdots,N \tag{2-5}$$

为了进一步简化求解过程，可将上述 N 个等式以向量/矩阵形式表示为

$$\boldsymbol{H}\boldsymbol{\beta} = \boldsymbol{o} \tag{2-6}$$

其中，$\boldsymbol{H}$ 为隐藏层输出矩阵[3]，第 i 列中的元素对应各个样本在第 i 个隐藏层节点的输出值，其第 i 行对应第 i 个样本在隐藏层空间中的表示，具体为

$$\boldsymbol{H} = \begin{bmatrix} G(\boldsymbol{a}_1\boldsymbol{x}_1 + b_1) & \cdots & G(\boldsymbol{a}_L\boldsymbol{x}_1 + b_L) \\ \vdots & & \vdots \\ G(\boldsymbol{a}_1\boldsymbol{x}_N + b_1) & \cdots & G(\boldsymbol{a}_L\boldsymbol{x}_N + b_L) \end{bmatrix}_{N \times L} \tag{2-7}$$

最后，最小化式（2-4）表示的网络预测误差可转化为 N 个线性方程构成的线性方程求解问题如下

$$\min \|\boldsymbol{H\beta} - \boldsymbol{t}\|^2 \tag{2-8}$$

由于隐藏层输出矩阵 $\boldsymbol{H}$ 与目标真值向量 $\boldsymbol{t}$ 均已知，且预测误差由平方函数表示，式（2-8）具有简单、高效的闭式解。

$$\boldsymbol{\beta}^* = \boldsymbol{H}^+ \boldsymbol{t} \tag{2-9}$$

其中，$\boldsymbol{H}^+$ 是矩阵 $\boldsymbol{H}$ 的穆尔-彭罗斯（Moore-Penrose，MP）广义逆。目前已有多种方法可以用于计算该广义逆，包括正交投影法、正交化法、迭代法以及奇异值分解（Singular Value Decomposition，SVD）法等。这里仅给出基于正交投影法的闭式解。

① 当 $\boldsymbol{H}^{\mathrm{T}}\boldsymbol{H}$ 是非奇异矩阵时，$\boldsymbol{H}^+ = (\boldsymbol{H}^{\mathrm{T}}\boldsymbol{H})^{-1}\boldsymbol{H}^{\mathrm{T}}$。

② 当 $\boldsymbol{H}\boldsymbol{H}^{\mathrm{T}}$ 是非奇异矩阵时，$\boldsymbol{H}^+ = \boldsymbol{H}^{\mathrm{T}}(\boldsymbol{H}\boldsymbol{H}^{\mathrm{T}})^{-1}$。

为进一步完善输出层权重参数 $\boldsymbol{\beta}$ 的求解，可将矩阵 $\boldsymbol{H}^{\mathrm{T}}\boldsymbol{H}$ 或 $\boldsymbol{H}\boldsymbol{H}^{\mathrm{T}}$ 的对角线元素与某一正值 C 相加，以提升求逆过程稳健性与参数求解泛化性。

① 当 $\boldsymbol{H}^{\mathrm{T}}\boldsymbol{H}$ 是非奇异矩阵时，$\boldsymbol{\beta}^* = (C\boldsymbol{I}_L + \boldsymbol{H}^{\mathrm{T}}\boldsymbol{H})^{-1}\boldsymbol{H}^{\mathrm{T}}\boldsymbol{t}$。

② 当 $\boldsymbol{H}\boldsymbol{H}^{\mathrm{T}}$ 是非奇异矩阵时，$\boldsymbol{\beta}^* = \boldsymbol{H}^{\mathrm{T}}(C\boldsymbol{I}_N + \boldsymbol{H}\boldsymbol{H}^{\mathrm{T}})^{-1}\boldsymbol{t}$。

其中，$\boldsymbol{I}_L$ 与 $\boldsymbol{I}_N$ 为单位矩阵。

至此，完整的单隐藏层 ELM 网络训练算法如下所示。

算法 2.1 单隐藏层 ELM 参数学习算法

输入

训练数据：$X = \left\{ (\boldsymbol{x}_i, t_i) \mid \boldsymbol{x}_i = [x_{i1}\ x_{i2}\ \cdots\ x_{id}]^{\mathrm{T}} \in \mathbf{R}^d,\ t_i \in \mathbf{R} \right\}$

隐藏层节点数：L

非线性激活函数类型：$G(\cdot)$

输出

输出层权重参数：$\boldsymbol{\beta}^*$

第一步：随机初始化隐藏节点参数 $\boldsymbol{a}_i$、b_i

第二步：计算隐藏层输出矩阵 $\boldsymbol{H}$

第三步：计算输出层权重参数 $\boldsymbol{\beta}^* = \boldsymbol{H}^+ \boldsymbol{t}$

2.2 ELM 网络性能分析

ELM 采用的隐藏层节点参数随机化策略不仅简化了网络结构，还便于从理论上对网络性能进行分析。

本节将从拟合能力与参数学习效率两方面讨论 ELM 网络具备良好性能的理论基础。针对拟合能力问题，借助随机投影与函数逼近理论说明隐藏层随机映射在拟合过程中的作用；针对参数学习效率问题，基于凸优化理论解释隐藏层节点参数随机化对输出层权重参数求解的积极影响，重点阐述等式凸优化约束项为具体求解过程带来的便利。

2.2.1　有效拟合：随机投影与通用逼近

对人工神经网络而言，有效的拟合能力通常指，基于给定的训练样本集，能够通过调节其网络参数来拟合输入–输出函数关系，进而大幅降低训练误差。与传统 SLFNN 相比，ELM 在隐藏层参数随机化的条件下还能否实现有效的函数拟合是难以回避的问题。实际上，隐藏层参数的随机化不仅不会因为其不确定性带来理解上的困扰，反而有助于回答上述问题，其主要原因在于既定的随机参数概率分布使得整个映射过程与映射结果完全透明，有助于定性分析数据分布特性在映射前后发生的变化。

为解释隐藏层参数的"随机化"对函数拟合能力的影响，需要分别考虑 ELM 随机映射过程中的两个关键环节：随机化线性映射与逐元素非线性映射。其中，随机化线性映射可以借助经典的随机投影理论进行建模，分析线性投影前后样本数据及彼此之间的距离变化规律；逐元素非线性映射则需借助函数逼近理论对映射过程中更为复杂的非线性因素进行分析，进而证明其通用逼近能力。

1. 随机化线性映射与随机投影

随机化线性映射由 ELM 网络输入层至隐藏层激活函数之间的节点参数完成。由 2.1 节可知，该映射过程可由矩阵乘法表示。为方便而不失一般性，可将隐藏层节点的偏置参数略去，形成如下表示。

$$\bar{x} = Rx \qquad\qquad (2\text{-}10)$$

其中，随机矩阵 R 中的每一行由隐藏层节点和输入节点间的权重参数构成。

实际上，上述映射过程与经典的随机投影相一致。借助已经过严格证明的随机投影理论，可知当经过随机映射的维度"足够高"（即隐藏层节点个数"足够多"）时，任意样本数据之间的欧式距离仍以大概率保持不变，即可实现"等距"变换。换言之，如果将描述样本数据的属性向量看成高维空间中的某个点，则经过随机化线性映射后的样本"点群"空间几何分布特性仍将得以保持。通常情况下，样本间的空间距离信息是保证 ELM 等机器学习算法有效性的重要基础，因此，具有等距映射特性的 ELM 隐藏层映射不会因为参数随机生成而受到过多影响，至少不会产生严重的副作用。随机化线性映射的等距特性具有严格的数学表述。

定理 2.1 （Johnson-Lindenstrauss 定理）[4] 定义一个 $L \times d$ 大小的随机矩阵 $\boldsymbol{R}$，其中的元素均相互独立且服从标准正态分布，当 $L \geqslant 4(\varepsilon^2/2 - \varepsilon^3/3)^{-1}\ln n$，对于 $0 < \varepsilon < 1$ 时，则式（2-11）至少以概率 $1 - \exp(-L\varepsilon^2/16)$ 成立。

$$(1-\varepsilon)\|\boldsymbol{x}_i - \boldsymbol{x}_j\|^2 L \leqslant \|\boldsymbol{R}\boldsymbol{x}_i - \boldsymbol{R}\boldsymbol{x}_j\|^2 \leqslant (1+\varepsilon)\|\boldsymbol{x}_i - \boldsymbol{x}_j\|^2 L \qquad (2\text{-}11)$$

其中，d, L 分别表示样本投影前后的维数，n 是样本数据的个数，$\boldsymbol{x}_i, \boldsymbol{x}_j$ 为任意输入样本。

上述定理描述了一个"高"概率事件，任意两个样本经过随机化线性映射后的欧式距离与原空间中的比值为常数 $\sqrt{L}$（该比值可通过对 $\boldsymbol{R}$ 中的各个元素乘以归一化因子 $1/\sqrt{L}$ 或调整其概率分布的方差为 $1/L$ 归一化）。除了样本点群映射前后保持等距之外，随机化线性映射还会产生两点有益的结果：① 映射后的维度下界 $L \geqslant 4(\varepsilon^2/2 - \varepsilon^3/3)^{-1}\ln n$ 通常低于原始样本数据的维度，这意味着隐藏层节点个数在理论上可以较容易地满足要求；② 随机投影在并未对原始样本数据、目标真值分布做任何假设与限定的情况下即可实现等距映射，简单易用且通用性良好。

随机化线性映射能够保证样本点群等距，其根本原因在于映射参数服从的概率分布具有特殊性。具体而言，映射参数作为随机变量，其取值范围通常需要对称、高度集中分布于期望值附近，且取值的期望为 0。以最简单的标准正态分布为例，任意样本数据（向量）$\boldsymbol{u}$ 经过投影后，得到的投影结果 $\boldsymbol{v} = \boldsymbol{R}\boldsymbol{u}/\sqrt{L}$（为方便起见，此处考虑乘以归一化因子）必然具有如下概率分布特性。

$$E(\|\boldsymbol{v}\|^2) = \|\boldsymbol{u}\|^2 \qquad (2\text{-}12)$$

$$\begin{cases} P\left[\|\boldsymbol{v}\|^2 \leqslant (1-\varepsilon)\|\boldsymbol{u}\|^2\right] \leqslant 2\exp\left(-\left(\varepsilon^2 - \varepsilon^3\right)L/4\right) \\ P\left[\|\boldsymbol{v}\|^2 \geqslant (1+\varepsilon)\|\boldsymbol{u}\|^2\right] \leqslant 2\exp\left(-\left(\varepsilon^2 - \varepsilon^3\right)L/4\right) \end{cases} \qquad (2\text{-}13)$$

从式（2-12）可以看出，投影后向量模长平方的期望值与投影前相同。在此基础上，式（2-13）进一步指出，投影后的向量模长平方不会严重偏离这一期望值，该随机事件出现的概率随着偏离程度增加而呈指数级下降。此时若将 $\boldsymbol{u}$ 置换为单位向量 $(\boldsymbol{x}_i - \boldsymbol{x}_j)/\|\boldsymbol{x}_i - \boldsymbol{x}_j\|$，则可得到定理 2.1（详细证明过程可参见附录 B.1）。

需要指出的是，虽然满足等距特性要求的概率分布通常有限（如高斯分布、伯努利分布等），但其至少能够提供一个明确的参数随机分布的选择范畴，能够在实际应用中方便配置与生成 ELM 的隐藏层节点参数，同时获得良好的可解释性。

2. 逐元素非线性映射与通用逼近

逐元素非线性映射过程由 ELM 的隐藏层激活函数完成。不同于简单的线性投影变换，该非线性映射为分析 ELM 的函数拟合能力带来很大不便，在一定程度上仍属于开放性问题。其根本原因在于，非线性激活函数的存在使得当前随机投影理论或者随机矩阵性质等经典数学工具无法直接发挥作用。

随机投影与函数逼近理论相结合可为解决上述问题提供新的思路。由 2.1 节所述内容可知，ELM 通过调节网络输出层参数，可得到拟合的函数映射 $f(\boldsymbol{x})=\sum_{i=1}^{L}\beta_i h_i(\boldsymbol{x})$，即随机函数序列 $\{h_1(\boldsymbol{x}),h_2(\boldsymbol{x}),\cdots,h_L(\boldsymbol{x})\}$ 的线性组合。其中，序列中的每个函数均由线性随机投影与逐元素非线性映射 $G(\bullet)$ 复合而成，见式（2-2）。随机函数序列 $\{h_1(\boldsymbol{x}),h_2(\boldsymbol{x}),\cdots,h_L(\boldsymbol{x})\}$ 张成的函数空间试图将待拟合的目标函数映射"纳入"其中，由此获得较低的逼近误差，因此，随机函数序列的"有效性"将直接影响 ELM 网络的函数逼近能力。现有的函数逼近理论已经证明了若干有效的函数序列，将其统称为"函数逼近类"，并有相应的定理保证其逼近能力（例如，多项式函数类有 Weierstrass 逼近定理，三角函数类有 Weierstrass 第二逼近定理等）。显然，该函数逼近过程与 ELM 网络的训练具有类似之处，即均试图通过寻找一组函数的线性组合方式来逼近目标函数。因此，可通过判断随机函数序列是否满足函数逼近类的条件来验证其有效性。

实际上，上述随机函数序列的函数逼近能力已经得到了严格证明，并形成了两个等价定理来阐述 ELM 网络中的非线性因素对函数拟合起到的关键作用。

定理 2.2　给定任何非常数分段连续函数 $G:\mathbf{R}^d\to\mathbf{R}$，如果 $\mathrm{span}\{G(\boldsymbol{a},b,\boldsymbol{x}):(\boldsymbol{a},b)\in\mathbf{R}^d\times\mathbf{R}\}$ 在 L_2 函数空间中稠密，则对于任何连续目标函数 f 和根据任何连续概率分布随机生成的任何函数序列 $\{G(\boldsymbol{a}_i,b_i,\boldsymbol{x})\}_{i=1}^{L}$，当网络输出权重 β_i 由普通最小二乘最小化确定时，$\lim_{L\to\infty}\|f-f_L\|=0$ 以概率为 1 保持成立[5]。

定理 2.3　给定任何小的正值 $\varepsilon>0$，对于任何非常数分段连续函数，给定 N 个任意不同的样本 $(\boldsymbol{x}_i,t_i)\in\mathbf{R}^d\times\mathbf{R}$，则存在 $L<N$，使得对于由任意连续概率分布随机生成的 $\{\boldsymbol{a}_i,b_i\}_{i=1}^{L}$，以概率为 1 满足 $\|\boldsymbol{H}\boldsymbol{\beta}-\boldsymbol{t}\|<\varepsilon$。如果 $L=N$，则以概率为 1 满足 $\|\boldsymbol{H}\boldsymbol{\beta}-\boldsymbol{t}\|=0$。

以上两个定理从"连续"与"离散"两种代数角度分别阐述了随机函数序列的有效性：① 序列中的每个函数类似于"基函数"，用于张成的有效函数空间；② 序列中的每个函数对应矩阵 $\boldsymbol{H}$ 中的列向量，用于"支撑"有效的列子空间。定理 2.2 显示，在隐藏层节点数量足够多的情况下，常见的非线性激活函数（Sigmoid 函数等）均可保证随机函数序列能够拟合任意连续目标函数。虽然该定理的证明过程相对烦琐（可参考文献[6]），但其核心思路非常明确：当且仅当网络中的激活函数 $G(\bullet)$ 满足分段连续（非常数且非多项式）时，$\text{span}\left\{G(\boldsymbol{a},b,\boldsymbol{x}):(\boldsymbol{a},b)\in\mathbf{R}^{d}\times\mathbf{R}\right\}$ 的稠密性可得到满足，即随机函数序列 $\{h_{1}(\boldsymbol{x}),h_{2}(\boldsymbol{x}),\cdots,h_{L}(\boldsymbol{x})\}$ 可构成"逼近函数类"，即便隐藏层节点参数 $(\boldsymbol{a},b)$ 以随机的方式生成而并未被调节。定理 2.3 则说明，随机生成的矩阵 $\boldsymbol{H}$ 以极高的概率满足列满秩，即矩阵 $\boldsymbol{H}$ 中的列向量线性无关，可作为一组基向量。在此情况下，矩阵 $\boldsymbol{H}$ 中列向量张成的列空间足能以较小的误差（均方误差意义上）将目标向量 $\boldsymbol{t}$ "纳入"其中，而 $\boldsymbol{\beta}$ 中的各个分量则表示 $\boldsymbol{H}$ 中各列向量的"权重"。

除了代数角度的理论解释之外，从几何角度分析随机函数序列对目标函数逼近的作用则更显直观。图 2-2 形象地表述了随机函数序列与函数逼近误差之间的密切联系，任意一个非线性随机函数（节点）均对减小函数逼近误差起到作用。

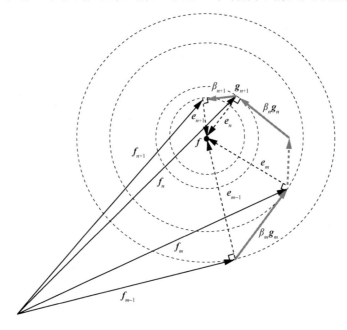

图 2-2 随机函数序列与函数逼近误差之间的联系[6]

其中，$\boldsymbol{f}$ 为 ELM 网络致力于逼近的目标函数（可以看成从原点指向圆心的一条向量），假设当前已存在的 $m-1$ 个随机函数序列构成了函数逼近结果 $\boldsymbol{f}_{m-1}$，逼近残差为 $\boldsymbol{e}_{m-1}$，设任意新增的隐藏层随机节点提供了新的基向量 $\boldsymbol{g}_{m}$，则可联合已有的向量 $\boldsymbol{f}_{m-1}$ 共同逼近目标向量 $\boldsymbol{f}$，通过确定权重 β_{m} 来控制 $\boldsymbol{g}_{m}$ 方向的向量长短，使得 $\boldsymbol{e}_{m}$ 与 $\beta_{m}\boldsymbol{g}_{m}$ 正交时实现残差 $\boldsymbol{e}_{m}$ 最小化。从上述过程中可以看出，新增随机基向量 $\boldsymbol{g}_{m}$ 的方向"似乎"直接影响逼近残差的求解，如果 $\boldsymbol{g}_{m}$ 指向同心圆的圆内,则离目标向量 f 更近,更极端地,当 g_m "恰巧"正指向圆心时,逼近残差正好为 0,此时可立即停止节点增量过程。然而,这种解释未免有些想当然。实际上,当新增基向量 g_m 的方向指向同心圆圆外时,依然不妨碍接下来的残差逼近:由于 ELM 事先并未对 g_m 的权重 β_m 添加取值约束,该权重完全可以通过取负值将 g_m 的方向反向,即将指向圆外的 g_m 重新"拉回"同心圆内。因此,只要新增的 g_m 有能力指向"任意方向"即可,不需极力苛求新增 g_m 的具体指向,该能力已为随机函数序列张成空间的稠密性所保证,而并未诉诸于 g_m 内的隐藏层参数调节。换言之,无论新增随机基向量 g_m 指向何处,输出权重 β_m 好比一台航天发动机,总可以通过控制飞行器动力大小,并沿着 g_m 的指向,引导着 f_{m-1} 逐步向"地心"靠拢。

• 当新增随机基向量 g_m 指向圆内时, g_m 与残差向量呈"正相关",即夹角越小,相关性越强, β_m 可取正值来降低逼近残差。

• 当新增随机基向量 g_m 指向圆外时, g_m 与残差向量呈"负相关",即夹角越大,负相关性越强, β_m 可取负值来降低逼近残差。

• 当新增随机基向量 g_m "碰巧"与同心圆相切时,无论如何调节 β_m 的正负性,g_m 总是"游离于"同心圆圆周之上而无法向圆心靠拢。此时,将 β_m 置零是唯一有效的措施。

总体来看,随着随机函数序列中函数个数(ELM 隐藏层节点个数)的增加,ELM 网络对目标函数的逼近误差将逐渐变小并趋近于零,即在理论上有能力仅通过调节网络输出权重参数对任意连续函数进行任意精度的逼近。然而,将 ELM 隐藏层节点个数设置为"无穷大"来降低逼近误差并不具备实际可操作性,并且会影响网络在处理测试数据时的泛化性,因此节点数目的选择策略仍是未来值得探讨的问题。

2.2.2 快速学习:等式约束优化

与传统的 SLFNN 相比,ELM 隐藏层节点参数随机化带来的直接优势是实现了网络输出层参数的快速求解,大幅提升了模型训练效率。本小节结合经典的凸优化理论,首先构建 ELM 模型训练对应的有约束凸优化问题,接着深入分析其等式约束项的几何/代数含义,最终指出等式约束优化项是 ELM 实现快速学习的重要原因。

1. 凸优化问题构建

针对 ELM 训练过程中的参数求解问题,除需考虑最小化网络预测值误差,还需考虑最小化其输出层权重参数 $\boldsymbol{\beta}$,从而得到带有正则项的优化问题[7]。

$$\min_{\boldsymbol{\beta}} \quad f(\boldsymbol{\beta}) = L_{P_{ELM}} = \frac{1}{2}\|\boldsymbol{\beta}\|^2 + C\frac{1}{2}\sum_{i=1}^{N}\xi_i^2$$
$$\text{s.t. } g(\boldsymbol{\beta}) = \boldsymbol{h}(\boldsymbol{x}_i)\boldsymbol{\beta} - t_i - \xi_i = 0, \ i=1,\cdots,N$$

(2-14)

其中，ξ_i 为目标真值与预测值之间的误差；C 为常数，用于"平衡"预测误差项与输出层权重参数项（亦称 L_2 正则项）。

可以发现，上述优化问题为凸优化问题。主要原因有两方面：① L_2 正则项（基于 L_2 范数）与预测误差项（基于平方误差）均为凸函数，两者（线性）求和为保凸运算，使得目标函数仍为凸函数；② 优化约束项是具有等式形式的仿射函数，其所限定的优化变量可行域为凸集。因此，对于该凸优化问题，优化变量（即输出层权重参数 $\boldsymbol{\beta}$）存在全局最优解。凸优化相关理论可参考文献[8]。

2. 等式约束条件的几何/代数含义

从几何角度分析，上述凸优化问题致力于在由等式约束方程 $g(\boldsymbol{\beta}) = h(\boldsymbol{x}_i)\boldsymbol{\beta} - t_i - \xi_i = 0,\ i = 1, \cdots, N$ 确定的可行域内寻找能使目标函数 $f(\boldsymbol{\beta})$ 最小化的点。为了直观地表示该过程，现假设输出权重参数 $\boldsymbol{\beta}$ 为二维向量，则优化过程如图 2-3 所示。

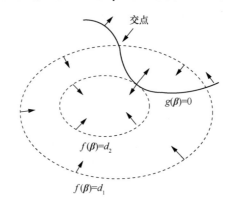

图 2-3　等式约束优化过程

图 2-3 所示虚线代表目标函数 $f(\boldsymbol{\beta})$ 的等值线，实线为约束函数 $g(\boldsymbol{\beta}) = 0$ 所表示的优化变量可行域，箭头指向为等高线或等式约束线的切线法向量方向。显然，只有等高线 $f(\boldsymbol{\beta})$ 与等式约束函数 $g(\boldsymbol{\beta}) = 0$ 相切而产生的切点才有可能为最优解 $\boldsymbol{\beta}^*$，若两者不相切，则仍可在等式约束线上移动该点使得目标函数值 $f(\boldsymbol{\beta})$ 进一步减小。因此，ELM 网络输出层参数的最优解 $\boldsymbol{\beta}^*$ 所满足的必要条件便是目标函数与约束函数相切。

这种"相切"的几何性质很容易由代数解析式精确表示[9]。

$$\nabla f(\boldsymbol{\beta}^*) + \alpha \nabla g(\boldsymbol{\beta}^*) = 0 \qquad (2\text{-}15)$$

即在目标函数与约束函数的切点处，目标函数的梯度方向与约束函数的梯度方向共线。其中，常数 $\alpha \neq 0$ 描述了两个梯度方向的共线情况：当 $\alpha > 0$ 时，梯度 $\nabla f(\boldsymbol{\beta}^*)$ 和 $\nabla g(\boldsymbol{\beta}^*)$ 方向相反，反之则表示 $\nabla f(\boldsymbol{\beta}^*)$ 和 $\nabla g(\boldsymbol{\beta}^*)$ 方向相同。

因此，优化问题中的等式约束条件能够直接诱导出式（2-15）所示的线性方程组，便于快速、高效求解方程组中的未知参数，即输出层权重参数 $\boldsymbol{\beta}$。

3. 等式/不等式约束项差异分析

尽管 ELM 模型训练对应的优化问题并未采用不等式约束项，但通过比较等式/不等式项的内在差异，可以更清晰地反映等式约束项为参数快速学习带来的便利。

不等式约束项与等式约束项的关键差异在于，以前者为条件的最优解并不能准确地通过计算目标函数与约束项函数间的"相切点"得到，还需要基于"相切"之外的其他几何特性来确定最优解的"位置"。换言之，不等式约束条件下将无法导出类似于式（2-15）的线性方程。

为了直观地显示两个约束项的差异，依旧从几何和代数的角度分析不等式约束优化过程。假设优化问题中存在不等式约束 $g(\boldsymbol{\beta}) \leqslant 0$，此时对应的优化变量可行域将由等式约束条件下的"等式约束线"扩展为范围更广阔的"约束区域"。依旧以 $\boldsymbol{\beta}$ 为二维向量为例（如图 2-4 所示），可以看出此时需要在虚线围成的平面区域（约束项）内寻找到目标函数取到最小值的位置，这与目标函数固有的最小值位置不一定相同。

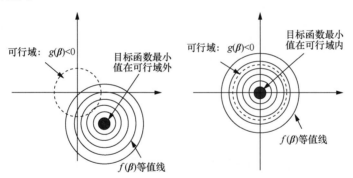

(a) 目标函数最小值在可行域外　　　(b) 目标函数最小值在可行域内

图 2-4　等式/不等式约束优化示意

为进一步减小最优解的搜索范围，此时需要分两种情况考虑。

① 目标函数的最小值点落在可行域以外，如图 2-4（a）所示。此时与等式约束显著不同，目标函数与约束函数在最优解处的梯度 $\nabla f(\boldsymbol{\beta}^*)$ 和 $\nabla g(\boldsymbol{\beta}^*)$ 方向必定相反，即当且仅当 $\alpha > 0$ 时 $\nabla f(\boldsymbol{\beta}^*) + \alpha \nabla g(\boldsymbol{\beta}^*) = 0$ 成立。

② 目标函数的最小值落在可行域内，如图 2-4（b）所示。显然，此时的不等式约束项不起作用，直接最小化 $f(\boldsymbol{\beta})$ 即可。考虑完备性，α 可置为 0。

综合上述两种情况，可以得出在不等式约束 $g(\boldsymbol{\beta}) \leqslant 0$ 的情况下，凸优化问题

的最优解 $\boldsymbol{\beta}^*$ 必须满足如下不等式约束。

$$\begin{cases} g(\boldsymbol{\beta}^*) \leqslant 0 \\ \alpha \geqslant 0 \\ \alpha g(\boldsymbol{\beta}^*) = 0 \end{cases} \tag{2-16}$$

从上述分析可知，含有不等式约束项的优化问题求解过程较为复杂，无法诱导出类似于式（2-15）的线性方程形式，因此求解效率通常低于等式约束优化问题。实际上，式（2-16）所示的不等式约束本质上即为凸优化理论中的 KKT 条件，该条件对最优解的求取具有重要意义。

4. 网络参数快速求解

通过分析等式/不等式约束项的求解过程，可知等式约束优化项是 ELM 实现快速学习的重要原因。接下来将正式结合凸优化理论求解式（2-14）所描述的等式约束凸优化问题，详细求解过程可参考文献[7]。

定义优化问题式（2-14）的增广的目标函数（拉格朗日函数）。

$$l(\boldsymbol{\beta}, \boldsymbol{\alpha}) = f(\boldsymbol{\beta}) + \boldsymbol{\alpha} g(\boldsymbol{\beta}) = \frac{1}{2}\|\boldsymbol{\beta}\|^2 + C\frac{1}{2}\sum_{i=1}^{N}\xi_i^2 + \sum_{i=1}^{N}\alpha_i(\boldsymbol{h}(\boldsymbol{x}_i)\boldsymbol{\beta} - t_i - \xi_i) \tag{2-17}$$

根据 KKT 条件，最优解需要满足式（2-18）～（2-20）。

$$\frac{\partial l}{\partial \boldsymbol{\beta}} = 0 \rightarrow \boldsymbol{\beta} = \sum_{i=1}^{N}\alpha_i \boldsymbol{h}(\boldsymbol{x}_i)^{\mathrm{T}} = \boldsymbol{H}^{\mathrm{T}}\boldsymbol{\alpha} \tag{2-18}$$

$$\frac{\partial l}{\partial \xi_i} = 0 \rightarrow \alpha_i = C\xi_i, \ i = 1, \cdots, N \tag{2-19}$$

$$\frac{\partial l}{\partial \alpha_i} = 0 \rightarrow \boldsymbol{h}(\boldsymbol{x}_i)\boldsymbol{\beta} - t_i + \xi_i = 0, \ i = 1, \cdots, N \tag{2-20}$$

不难发现，最优解需要满足的所有表达式均为等式形式。根据训练集的大小不同，上述方程组的求解可分为两种情况分析。

① 小训练数据集情形（$N < L$），"小训练数据集"指训练样本数量（远）少于 ELM 隐藏层节点个数。在这种情况下，将式（2-18）、式（2-19）代入式（2-20），得

$$\left(\frac{\boldsymbol{I}_N}{C} + \boldsymbol{HH}^{\mathrm{T}}\right)\boldsymbol{\alpha} = \boldsymbol{t} \tag{2-21}$$

联立式（2-18）、式（2-21）可得

$$\boldsymbol{\beta}=\boldsymbol{H}^{\mathrm{T}}\left(\frac{\boldsymbol{I}_N}{C}+\boldsymbol{H}\boldsymbol{H}^{\mathrm{T}}\right)^{-1}\boldsymbol{t} \qquad (2\text{-}22)$$

② 大训练数据集情形（$N>L$），"大训练数据集"指训练样本数量（远）多于 ELM 隐藏层节点个数。此时由式（2-18）、式（2-19）可知

$$\boldsymbol{\beta}=C\boldsymbol{H}^{\mathrm{T}}\boldsymbol{\xi} \qquad (2\text{-}23)$$

$$\boldsymbol{\xi}=\frac{1}{C}(\boldsymbol{H}^{\mathrm{T}})^{+}\boldsymbol{\beta} \qquad (2\text{-}24)$$

再由式（2-20）可得

$$\boldsymbol{H}\boldsymbol{\beta}-\boldsymbol{t}+\frac{1}{C}(\boldsymbol{H}^{\mathrm{T}})^{+}\boldsymbol{\beta}=0 \qquad (2\text{-}25)$$

$$\boldsymbol{H}^{\mathrm{T}}\left(\boldsymbol{H}+\frac{1}{C}(\boldsymbol{H}^{\mathrm{T}})^{+}\right)\boldsymbol{\beta}=\boldsymbol{H}^{\mathrm{T}}\boldsymbol{t} \qquad (2\text{-}26)$$

联立式（2-25）、式（2-26）可得

$$\boldsymbol{\beta}=\left(\frac{\boldsymbol{I}_L}{C}+\boldsymbol{H}^{\mathrm{T}}\boldsymbol{H}\right)^{-1}\boldsymbol{H}^{\mathrm{T}}\boldsymbol{t} \qquad (2\text{-}27)$$

综合以上两种情况，最终可得到与 2.1 节完全等价的闭式解。

$$\boldsymbol{\beta}=\begin{cases}\boldsymbol{H}^{\mathrm{T}}\left(\dfrac{\boldsymbol{I}_N}{C}+\boldsymbol{H}\boldsymbol{H}^{\mathrm{T}}\right)^{-1}\boldsymbol{t},\ N\leqslant L\\[2ex]\left(\dfrac{\boldsymbol{I}_L}{C}+\boldsymbol{H}^{\mathrm{T}}\boldsymbol{H}\right)^{-1}\boldsymbol{H}^{\mathrm{T}}\boldsymbol{t},\ N\geqslant L\end{cases} \qquad (2\text{-}28)$$

2.3 ELM 学习机制通用性分析

在 ELM 提出之前，线性回归器（Linear Regressor，LR）、高斯过程（Gaussian Process，GP）、核回归（KR）[10]、支持向量机（SVM）[11]、Adaboost 以及多层感知机（Multilayer Perceptron，MLP）[12]等许多机器学习方法已然具备十分相似的模型表示形式，但大相径庭的模型训练策略容易让研究者忽略这些方法之间的内在联系，同时也为实际应用中的方法选择带来不便。

ELM 模型在继承相似模型表示形式的同时，通过采用隐藏层随机映射机制，大幅简化了模型训练策略，提升了模型的易用性与通用性[13]。本节将模型表示形

式进一步细分为"显式映射"与"核化映射"，并在此基础上分别归纳相关机器学习模型的参数求解策略，由此建立 ELM 及其他模型之间的联系，进而突出 ELM 学习机制的通用性。

2.3.1 显式映射形式与参数求解策略

"显式映射"旨在以明确的参数化映射形式描述输入数据与目标真值之间的非线性关系。在映射形式确定的情况下，可通过既定的参数求解策略完成模型训练。接下来将分别概述 ELM 及其他相关机器学习模型在映射形式与参数求解方面的异同。

1. 显式映射形式下的模型表示

由 2.1 节可知，ELM 通过采用隐藏层随机映射机制，显式建立了输入层与输出层之间的非线性映射关系。

$$f(\boldsymbol{x}) = \sum_{i=1}^{L} \beta_i h_i(\boldsymbol{x}) = \sum_{i=1}^{L} \beta_i G(\boldsymbol{a}_i, b_i, \boldsymbol{x}) \tag{2-29}$$

其中，$h_i(\boldsymbol{x}) = G(\boldsymbol{a}_i, b_i, \boldsymbol{x})$ 即为隐藏层随机映射，具有明确的参数化映射形式。

实际上，式（2-29）所示的 ELM 模型表示形式与 LR、MLP、Adaboost 等模型近乎相同。例如，当 $h_i(\boldsymbol{x})$ 退化为 $\boldsymbol{x}$ 时，$f(\boldsymbol{x})$ 表示最简单的线性映射关系，其映射结果即为 LR 的输出；当 $h_i(\boldsymbol{x})$ 增强为新的单隐藏层神经网络时，$f(\boldsymbol{x})$ 可表示多个非线性映射函数嵌套与线性加权，其映射结果即为 MLP 的输出；当 $h_i(\boldsymbol{x})$ 被抽象为简易的学习或决策单元时，多个 $h_i(\boldsymbol{x})$ 线性加权所得到的输出 $f(\boldsymbol{x})$ 即为经典的 Adaboost 模型。

由相似的显式映射形式可以推测，上述不同机器学习方法均试图通过对 $h_i(\boldsymbol{x})$ 进行线性加权来逼近非线性目标函数 $f(\boldsymbol{x})$。为了预测训练集外新样本点的目标真值，不同机器学习方法均可直接使用式（2-29）进行前馈计算。

2. 显式映射形式下的参数求解

在显式映射形式下，模型训练过程中需要求解的参数包括：① 映射 $h_i(\boldsymbol{x}) = G(\boldsymbol{a}_i, b_i, \boldsymbol{x})$ 中的参数 $\boldsymbol{a}_i$ 与 b_i（方便起见，以下统称为 $\boldsymbol{\omega}_i$）；② 线性加权系数 β_i。根据经典的机器学习理论，给定由 N 个样本 $(\boldsymbol{x}_i, t_i)$ 构成的训练集合，对映射参数的求解问题可归结为最小化对目标函数 $f(\boldsymbol{x})$ 的逼近误差[14]。

$$\min_{\boldsymbol{a}_i, b_i, \beta_i} \quad \frac{1}{N} \sum_{n=1}^{N} l\left(\sum_{i=1}^{L} \beta_i G(\boldsymbol{\omega}_i, \boldsymbol{x}_n), t_i \right) \tag{2-30}$$

其中，函数 $l(\bullet, \bullet)$ 为代价函数或损失函数，用于度量模型预测值 $f(\boldsymbol{x})$ 与目标真值 t 之间的误差。

针对上述问题，ELM 采用随机化策略来简化参数求解过程。具体而言，ELM 以式（2-3）对目标函数的连续积分形式进行蒙特卡洛逼近。

$$f(\pmb{x}) = \int \beta(\pmb{\omega}) G(\pmb{\omega}, \pmb{x}) \mathrm{d}\pmb{\omega} \tag{2-31}$$

其中，映射参数 $\pmb{\omega}_i$ 可以以任意连续概率分布随机采样生成并固定，由此实现目标函数的离散化近似。在此基础之上，ELM 可通过高效的线性优化工具求解加权系数 β_i，而均方误差代价函数的使用则促进了 β_i 的闭式求解。

与 ELM 相比，其他机器学习方法所采取的参数求解策略通常大相径庭。例如，在 LR 中，通常采用均方误差代价函数与最小二乘优化方法实现线性映射参数 β_i 求解；在 MLP 中，其主张通过反向传播（BP）算法对参数 $\pmb{\omega}_i$ 和 β_i 联合迭代调优，而选择不同类型的代价函数（如均方误差、交叉熵等）则会显著改变参数迭代效率；Adaboost 则通过设计"精巧"的贪婪式策略逐步交替优化参数 $\pmb{\omega}_i$ 和 β_i，即先固定 $G(\pmb{\omega}_i, \pmb{x})$，再根据其对逼近误差的"贡献程度"来赋值参数 β_i。其使用的指数代价函数让 β_i 的计算更加精准，理论上可确保逼近误差逐步减小并收敛。

纵观上述不同的参数求解方法，可以发现 ELM 的隐藏层映射随机化策略具备良好的易用性与通用性。其主要原因体现在两方面：① 隐藏层映射函数 $G(\pmb{\omega}_i, \pmb{x})$ 的随机生成过程本身易于实现，且一旦 $G(\pmb{\omega}_i, \pmb{x})$ 生成，在后续的模型训练乃至测试过程中均不需做出调整；② 隐藏层映射参数的固定使得加权系数 α_i 可高效线性求解，进而大幅降低了求解难度，既避免了 BP 算法冗长耗时的联合迭代调优过程，也不需技巧性极强的贪婪式交替优化策略设计。显然，良好的易用性以及随机化策略的有效性（见 2.2.1 小节）为提升 ELM 的通用性奠定了基础。

2.3.2　核化映射形式与参数对偶表示

"核化映射"旨在基于经典的核技巧，以核函数"隐式"定义的非参映射构建输入数据与目标真值之间的非线性关系。需要指出的是，"非参"并非指映射过程中不存在待求解参数，而是不再对映射形式（或者映射结果）做出先验性假设。在核化映射形式中，参数的求解通常需要借助对偶解法。接下来将分别概述 ELM 等机器学习模型在核化映射形式与求解策略方面的异同。

1. 核化映射形式下的模型表示

通过引入核技巧，ELM 网络的核化映射形式为

$$f(\pmb{x}) = \sum_{i=1}^{N} \alpha_i K(\pmb{x}, \pmb{x}_i) \tag{2-32}$$

其中，$K(\bullet, \bullet)$ 为预先设定的核函数，其输出值 $K(\pmb{x}_i, \pmb{x}_j)$ 通常度量样本 $\pmb{x}_i$ 与 $\pmb{x}_j$ 之间的相似度。可以看出，核化映射形式中并不存在针对样本数据的显式映射

$G(\omega_i, x)$，其最终的输出结果仅依赖核函数控制的样本相似度输出 $K(x, x_i)$ 以及相应的加权系数 α_i。

实际上，式（2-32）所示的 ELM 核化映射形式与经典的 GP、KR 以及核化 SVM 等模型存在密切联系。例如，在 GP 模型中，参与输出值预测的样本协方差矩阵便由径向基函数（RBF）计算而来；在 KR 模型中，样本数据的目标真值即对应于式（2-32）中的 α_i；而经典的核化 SVM 模型较式（2-32）仅多增加了一个偏置参数项，以消除映射逼近误差。

针对相似的核化映射形式，可以发现上述机器学习方法在预测样本目标真值过程中存在相似的设计思想：待测样本 x 的目标真值取决于相近邻的训练集样本的插值结果，与 x "相似"的训练样本将被给予更高的权重参与补插过程，而核函数则是度量样本间相似性的有效工具。以式（2-32）所示的 ELM 网络为例，模型为了预测待测样本 x 的目标真值，需将 x 与 N 个训练样本进行相似度匹配，并经过"综合考虑"（线性加权）输出最终结果。因此，与 2.3.1 节所述的显式映射相比，基于核化映射的样本目标真值预测更显直观。该过程甚至在一些文献中被直接解释为"模板匹配"，同时启发了近年来新兴的注意力机制模型与外部记忆模型。

2. 核化映射形式下的参数求解

在核化映射形式下，模型训练过程中需要求解的参数主要为线性加权系数 α_i，其所依赖的求解方法通常被称为对偶解法。

针对参数 α_i 的求解问题，ELM 采用 2.2.2 节所述的凸优化方法进行求解，即通过构造原始优化问题的对偶描述形式，完成基于线性等式方程组的参数快速计算。需要指出的是，此处的线性加权系数 α_i 即为对偶优化问题中等式约束项对应的拉格朗日乘子。具体的优化过程已于 2.2.2 节介绍，此处不再赘述。

与 ELM 相比，核化 SVM、KR 以及 GP 所采取的参数求解策略存在显著差异。核化 SVM 虽然同样采用拉格朗日乘数法进行参数求解，但由于其核化映射形式与 ELM 存在细微差异，导致参数的寻优范围较 ELM 有所"收窄"；KR 以及 GP 所采取的措施则直接将线性加权系数 α_i 置为样本的目标真值，转而将注意力聚焦于基于核函数的样本相似度或密度估计。

在上述不同的求解策略中，ELM 的求解策略更显稳健但又不失简洁，仍然具备良好易用性与通用性。首先，与 KR 或者 GP 相比，ELM 对线性加权系数 α_i 的调节直观上可以有效缓解样本相似度或密度估计失准（如核函数类型、邻域大小选择等）造成的负面影响。其次，与核化 SVM 相比，ELM 中的线性加权系数 α_i 对应的优化约束条件更加宽松，在一定程度上可避免寻优结果受样本数据噪声的影响，如图 2-5 所示。

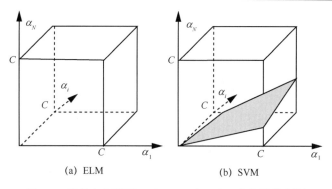

(a) ELM　　　　　　(b) SVM

图 2-5　线性加权系数 α_i 在 ELM 与 SVM 中的寻优范围

由于 SVM 的核化映射形式中包含偏置项，导致 α_i 在对偶问题求解中的搜索范围被限制在超平面 $\sum_{i=1}^{N} \alpha_i t_i = 0$ 上，因此求解结果会对目标真值中的噪声敏感。

2.3.3　"显式"与"核化"的统一

由前述章节可知，ELM 的显式与核化[15]映射形式分别与许多经典机器学习模型存在相似性，并且对应表示形式下的求解策略更加简单易用。在此基础上，本节将讨论 ELM 如何实现显式/核化映射形式及对应求解策略的统一。显然，统一的表示形式与求解策略将进一步反映 ELM 学习机制的通用性。

1. 表示形式的统一性

ELM 的显式映射形式与核化映射形式完全等价，均可以用于描述输入–输出之间的函数关系，且对样本目标真值的预测结果完全相同。具体而言，两种模型表示形式通过式（2-33）实现统一。

$$K(\boldsymbol{x}_i, \boldsymbol{x}_j) = \left\langle \boldsymbol{h}(\boldsymbol{x}_i), \boldsymbol{h}(\boldsymbol{x}_j) \right\rangle \tag{2-33}$$

其中，$\langle \cdot, \cdot \rangle$ 为向量的内积运算。从式（2-33）看出，核函数 $K(\cdot, \cdot)$ 的输出可以完全代替样本显式映射的内积结果，这将意味着：① 不同的核函数类型"隐式"地定义了样本的显式映射，因此避免了显式映射的人工设计（如随机参数分布、激活函数类型的指定）、前向运算以及映射空间中样本映像之间的内积运算；② 不同的显式映射类型也"隐式"定义了核函数类型，而 ELM 在显式映射中采用的随机化策略则可以以较低的计算代价逼近某些类型的核函数（如高斯核函数、拉普拉斯核函数等），这种快速逼近能力将提升模型在大规模数据集环境下的效用。

实际上，显式映射形式与核化映射形式的等价性可以由更一般性的表示定理来描述。

定理 2.4（表示定理） 令 H 表示核函数 $K(\cdot,\cdot)$ 对应的可再生核希尔伯特（函数）空间，$\|f\|_H$ 为 H 空间中关于函数 f 的范数，则对于任意的单调递增函数 Ω：$[0,\infty] \rightarrow \mathbf{R}$ 和任意非负损失函数 l：$\mathbf{R} \rightarrow [0,\infty]$，能够最小化训练集预测代价

$$\min_{f \in H} F(f) = \Omega(\|f\|_H) + \sum_i l(f(\boldsymbol{x}_i), t_i) \tag{2-34}$$

的最优输入-输出函数关系总体可写为

$$f(\boldsymbol{x}) = \sum_{i=1}^{N} \alpha_i K(\boldsymbol{x}, \boldsymbol{x}_i) \tag{2-35}$$

其证明可参阅参考文献[16]。可以看出，定理 2.4 对损失函数类型没有任何限制，且未限定范数正则项类型（仅要求单调递增）。在此情况下，最优输入-输出函数中样本总以内积的形式存在，即为了预测样本数据 $\boldsymbol{x}$ 的目标真值，预测函数总是在评估待测样本与训练样本之间的内积结果。

因此，对于具有式（2-32）形式的 ELM 预测函数 $f(\boldsymbol{x}) = h(\boldsymbol{x})\boldsymbol{\beta}$，其最终的最优输入-输出函数关系总可以转化为核函数 $K(\boldsymbol{x}, \boldsymbol{x}_i)$ 的线性组合，即显式映射形式与核化映射形式完全等价。

2. 求解策略的统一性

虽然待求解的参数对象在显式映射与核化映射形式下存在显著差异，但它们彼此之间存在着数量关系，因此可实现不同表示形式下各自求解策略的统一。

由前面章节可知，ELM 在显式映射与核化映射形式下的参数求解对象分别为输出层权重参数 $\boldsymbol{\beta}$ 与线性加权系数 $\boldsymbol{\alpha}$。这两个求解对象之间满足式（2-36）的数量关系。

$$\boldsymbol{\beta} = \boldsymbol{H}^{\mathrm{T}}\boldsymbol{\alpha} = \sum_{i=1}^{N} \alpha_i h(\boldsymbol{x}_i) \tag{2-36}$$

即输出层权重参数 $\boldsymbol{\beta}$ 可以被表示为训练样本（对应的隐藏层输出）的线性组合，而组合系数即为线性加权系数 $\boldsymbol{\alpha}$。正是这种线性关系统一了两个求解对象的不同求解策略，$\boldsymbol{\beta}$ 与 $\boldsymbol{\alpha}$ 分别为原始优化问题与对偶优化问题中的优化变量，其对应的求解策略分别为原始解法与对偶解法，两者"殊途同归"。

实际上，$\boldsymbol{\beta}$ 与 $\boldsymbol{\alpha}$ 间的线性关系可由多种推导方法确定。相比于 2.2.2 节提到的 KKT 方法，2.1.2 节所述的"矩阵广义逆"方法更加简单直观。以 $\boldsymbol{H}^{\mathrm{T}}\boldsymbol{H}$ 是非奇异矩阵的情况为例，则有闭式解 $\boldsymbol{\beta} = (C\boldsymbol{I}_L + \boldsymbol{H}^{\mathrm{T}}\boldsymbol{H})^{-1}\boldsymbol{H}^{\mathrm{T}}\boldsymbol{t}$ 成立。此时可以尝试将 $\boldsymbol{\beta}$ 重写为样本数据的线性组合，即 $\boldsymbol{\beta} = C^{-1}\boldsymbol{H}^{\mathrm{T}}(\boldsymbol{t} - \boldsymbol{H}\boldsymbol{\beta}) = \boldsymbol{H}^{\mathrm{T}}\boldsymbol{\alpha}$，则必有式（2-37）成立。

$$\boldsymbol{\alpha} = C^{-1}(\boldsymbol{t} - \boldsymbol{H}\boldsymbol{\beta}) \tag{2-37}$$

将式（2-37）中的 $\boldsymbol{\beta}$ 替换为 $\boldsymbol{\beta} = \boldsymbol{H}^{\mathrm{T}} \boldsymbol{\alpha}$，可进一步化简得到 $\boldsymbol{\alpha}$ 的闭式解。

$$
\begin{aligned}
\boldsymbol{\alpha} &= C^{-1}(\boldsymbol{t} - \boldsymbol{H}\boldsymbol{\beta}) \rightarrow \\
C\boldsymbol{\alpha} &= (\boldsymbol{t} - \boldsymbol{H}\boldsymbol{H}^{\mathrm{T}}\boldsymbol{\alpha}) \rightarrow \\
(\boldsymbol{H}\boldsymbol{H}^{\mathrm{T}} + C\boldsymbol{I}_N)\boldsymbol{\alpha} &= \boldsymbol{t} \rightarrow \\
\boldsymbol{\alpha} &= (\boldsymbol{G} + C\boldsymbol{I}_N)^{-1}\boldsymbol{t}
\end{aligned}
\tag{2-38}
$$

其中，$\boldsymbol{G} = \boldsymbol{H}\boldsymbol{H}^{\mathrm{T}}$ 通常被称为 Gram 矩阵，其内部各个元素分量为 $\boldsymbol{G}_{i,j} = \langle h(\boldsymbol{x}_i), h(\boldsymbol{x}_j) \rangle$。

虽然针对 $\boldsymbol{\beta}$ 与 $\boldsymbol{\alpha}$ 的原始解法与对偶解法在求解结果方面可保持统一，但两者的计算代价存在显著不同。对于参数 $\boldsymbol{\beta}$ 的求解而言，必然涉及含有 L 个未知数和 L 个方程的线性方程组：$(\boldsymbol{H}^{\mathrm{T}}\boldsymbol{H} + C\boldsymbol{I}_L)\boldsymbol{\beta} = \boldsymbol{H}^{\mathrm{T}}\boldsymbol{t}$，该任务的计算复杂度为 $O(L^3)$；而对于参数 $\boldsymbol{\alpha}$ 的求解而言，将涉及含有 N 个未知数的 N 个线性方程 $(\boldsymbol{H}\boldsymbol{H}^{\mathrm{T}} + C\boldsymbol{I}_N)\boldsymbol{\alpha} = \boldsymbol{t}$，该任务的计算复杂度为 $O(N^3)$。显然，当 ELM 隐藏层节点个数 L 多于训练样本个数 N 时，求解参数 $\boldsymbol{\alpha}$ 的效率将比参数 $\boldsymbol{\beta}$ 要高一些，毕竟 Gram 矩阵 $\boldsymbol{G} = \boldsymbol{H}\boldsymbol{H}^{\mathrm{T}}$ 的"尺寸"要小于矩阵 $\boldsymbol{H}^{\mathrm{T}}\boldsymbol{H}$，进而可简化矩阵生成与求逆运算。反之，当训练样本个数 N 多于隐藏层节点个数 L 时，求解参数 $\boldsymbol{\alpha}$ 的代价将比参数 $\boldsymbol{\beta}$ 要高。

综上所述，在原始-对偶解法的求解结果保持一致的情况下，ELM 可以灵活选择计算代价较低的模型表示形式与求解策略，实现对训练样本集规模与网络规模的良好扩展性。

2.4　本章小结

本章以单隐藏层 ELM 网络为例，重点强调了基于隐藏层节点参数随机化策略的学习机制，及其对 ELM 网络结构与性能的影响，最终突出该学习机制的通用性。

2.1 节全面介绍了单隐藏层 ELM 网络结构以及参数学习方法，方便相关研究人员直接使用；2.2 节介绍了 ELM 网络隐藏层节点参数随机化对函数拟合及参数学习效率的积极影响，详细的理论解释便于研究人员深入探究 ELM 模型的合理性与有效性；2.3 节分析了单隐藏层 ELM 与相关机器学习算法在模型表示形式与参数求解策略方面的内在联系，明确指出了 ELM 所具备的表示通用性与求解简易性。

参考文献

[1] HUANG G B, ZHU Q Y, SIEW C K. Extreme learning machine: a new learning scheme of feedforward neural networks[C]//2004 IEEE International Joint Conference on Neural Networks. Piscataway: IEEE Press, 2004, 2: 985-990.

[2] HUANG G, HUANG G B, SONG S, et al. Trends in extreme learning machines: a review[J]. Neural Networks, 2015, 61: 32-48.

[3] HUANG G B, ZHU Q Y, SIEW C K. Extreme learning machine: theory and applications[J]. Neurocomputing, 2006, 70(1-3): 489-501.

[4] DASGUPTA S, GUPTA A. An elementary proof of a theorem of Johnson and Lindenstrauss[J]. Random Structures & Algorithms, 2003, 22(1): 60-65.

[5] HUANG G B, CHEN L. Enhanced random search based incremental extreme learning machine[J]. Neurocomputing, 2008, 71(16-18): 3460-3468.

[6] HUANG G B, CHEN L, SIEW C K. Universal approximation using incremental constructive feedforward networks with random hidden nodes[J]. IEEE Transactions on Neural Networks, 2006, 17(4): 879-892.

[7] HUANG G B, ZHOU H, DING X, et al. Extreme learning machine for regression and multiclass classification[J]. IEEE Transactions on Systems, Man and Cybernetics, Part B (Cybernetics), 2012, 42(2): 513-529.

[8] BOYD S, VANDENBERGHE L. Convex optimization[M]. Cambridge: Cambridge University Press, 2004.

[9] 周志华. 机器学习[M]. 北京: 清华大学出版社, 2016.

[10] BISHOP C M. Pattern recognition and machine learning (Information science and statistics)[M]. New York: Springer-Verlag , 2006.

[11] CORTES C, VAPNIK V. Support-vector networks[J]. Machine Learning, 1995, 20(3): 273-297.

[12] FREUND Y, SCHAPIRE R E. A decision-theoretic generalization of on-line learning and an application to boosting[J]. Journal of Computer and System Sciences, 1999, 55: 119-139.

[13] LIU X, GAO C, LI P. A comparative analysis of support vector machines and extreme learning machines[J]. Neural Networks, 2012, 33: 58-66.

[14] VAPNIK V. The nature of statistical learning theory[M]. Berlin: Springer, 1995.

[15] FRÉNAY B, VERLEYSEN M. Parameter-insensitive kernel in extreme learning

for non-linear support vector regression[J]. Neurocomputing, 2011, 74(16): 2526-2531.

[16] SCHLKOPF B, SMOLA A J. Learning with kernels: support vector machines, regularization, optimization, and beyond[M]. Massachusetts: MIT Press, 2003.

第3章
超限学习机分类与回归

在机器学习领域中，一个重要且经典的任务是设计模型学习样本数据的属性变量与相应的目标变量（样本标签）之间的函数关系，使得对任何一个属性集合，计算模型可以预测其输出响应。根据目标变量取值的离散情况，上述任务可进一步分为分类与回归任务。

得益于 ELM 网络采用的均方误差代价函数以及优化过程中采用的等式约束项所具备的良好性质，ELM 可兼顾数据分类和回归任务，免于复杂的模型调整，故具有良好的易用性与通用性。此外，为应对分类与回归任务中常见的标签不平衡、标签缺失、样本动态更迭以及样本含噪等一系列挑战性问题[1]，ELM 网络可在隐藏层非线性映射、代价函数等方面进行灵活的技术调整，同时延续其训练速度快、泛化性良好等传统优势。

本章以分类与回归任务的特点、挑战性问题为切入点，在第 2 章介绍的 ELM 理论基础之上，详细阐述 ELM 针对不同问题分析所做的技术性调整。

3.1 分类与回归——ELM 的统一性解决策略

由第 2 章内容可知，ELM 网络模型可以描述输入数据与对应目标真值之间的函数关系[2]，使得对于给定的新数据，可以自主预测其真实响应值。需要指出的是，目标真值的取值类型，既可以是离散的，也可以是连续的，取值类型的不同使得研究人员给予它们不同的任务名称：前者通常被称为数据分类（如疾病类型诊断），而后者被称为回归任务（如商品价格预测），如图 3-1 所示。

鉴于目标真值存在取值类型差异，许多机器学习模型在应对分类与回归任务时，采取的建模策略存在显著差别。例如，支持向量机（SVM）为应对数据分类任务而设计的"类间间隔最大化"策略，在面临回归问题时不得不修正为"回归间隔带最小化"，控制模型对预测值与标签之间所能容忍的"带状"偏差。

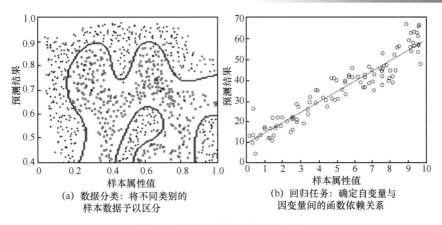

(a) 数据分类：将不同类别的　　　　(b) 回归任务：确定自变量与
　　样本数据予以区分　　　　　　　　因变量间的函数依赖关系

图 3-1　数据分类与回归任务示意

然而，与"定制化"机器学习模型分别解决分类与回归任务不同，ELM 网络可避免复杂的模型调整、新策略的引入，从而兼顾数据分类和回归任务，具有良好的通用性与易用性。其直接原因在于，ELM 作为一种新型前馈神经网络可用于逼近任意输入数据与目标变量间的连续函数关系，即具有通用逼近能力——当待预测目标变量为离散值时，隐藏层非线性随机映射使得样本数据在映射空间内更易线性可分；当目标变量为连续值时，隐藏层非线性随机映射函数作为有效的逼近函数类，可用于"线性加权"表示样本数据与目标变量之间的函数关系。

为了进一步分析 ELM 分类与回归任务的灵活统一性原因，本节分别从代价函数与等式约束优化两方面加以阐述。

3.1.1　均方误差代价函数：分类与回归的统一

无论对于分类任务还是回归任务，ELM 网络模型均采用均方误差代价函数来计算模型在训练数据集上的预测损失。以 2.1 节所述的 ELM 网络模型为例，在单输出节点的情况下，采用的均方误差代价函数[2]（不考虑正则项）可表示为

$$l(\boldsymbol{\beta}) = \frac{1}{N} \sum_{i=1}^{N} \left\| h(\boldsymbol{x}_i)\boldsymbol{\beta} - t_i \right\|^2 \tag{3-1}$$

由此可得，ELM 网络要求当且仅当预测值与标签值完全相同时，损失趋于最小。

一般而言，无论是分类（标签取离散值）还是回归（标签取连续值）任务，均方误差代价函数对预测损失的这种"严格"估计方式并无不妥，因为标签信息是模型训练过程中的最具价值的人工判读依据，凡是与标签信息不一致的预测值应受到相应的"惩罚"。此外，均方误差代价函数具备与 L_2 范数相近的数学性质（详见附录 A），为模型训练求解提供了便利。

　　然而，这种兼顾分类与回归任务的代价函数可能会对"离群"的样本个例较为敏感。通常情况下，样本数据的采集一般存在"噪声"，且标签信息标记的过程中往往会存在偏差，两者的共同存在使得某些样本个例不能真实反映数据与标签之间的函数映射关系。在这种情况下，样本数据的训练代价将随预测误差以二次方的趋势被"放大"，进而显著影响模型参数的调节结果。

　　综合来看，在尽可能保证训练数据质量的前提下，采用均方误差代价函数来统一解决分类与回归任务可以提升 ELM 网络模型的易用性。当模型在解决回归问题时，模型的输出值 $f(x)$ 即为对连续目标变量的估计结果；当应对分类问题（尤其是常见的二分类）时，模型的类别预测值 $f(x)$ 对类别标签 {+1, −1} 的预测结果可由式（3-2）求得。

$$f(x) = \text{sign}(h(x)\beta) \tag{3-2}$$

3.1.2　等式优化约束项：二分类与多分类的统一

　　不同于许多二分类模型为迁移至多分类任务中采取的"拆分性"策略（如"一对一"和"一对其余"等），ELM 网络采用的等式优化约束项是其灵活应对二分类任务与多分类学习任务的重要原因。具体而言，ELM 首先通过配置不同数量的输出层节点来对应待区分的类别数目，而模型产生的分类代价为输出层各个节点产生的误分类代价的简单求和。因此，不同输出节点个数条件下的模型优化过程必然会有相近的数学表达形式。在此基础上，等式优化约束项的优化过程适合以矩阵的数学形式进行简化表达。鉴于二分类的情况已于 3.1.1 节简要介绍，接下来主要分析多分类任务在不同输出节点配置情况下的 ELM 统一优化策略。

　　在单输出节点的情形下，基于等式约束优化的多分类问题（考虑正则优化项）可表示为

$$\min_{\beta} \quad l(\beta) = \frac{1}{2}\|\beta\|^2 + C\frac{1}{2}\sum_{i=1}^{N}\xi_i^2 \tag{3-3}$$
$$\text{s.t.} \quad h(x_i)\beta = t_i - \xi_i, \quad i = 1, \cdots, N$$

　　其中，目标值 t_i 为标量，取值为离散值。根据 2.2 节所述的 ELM 凸优化理论可知，其对偶问题的最优解必然满足以下条件。

$$\frac{\partial l}{\partial \beta} = 0 \rightarrow \beta = \sum_{i=1}^{N}\alpha_i h(x_i)^{\mathrm{T}} = H^{\mathrm{T}}\alpha \tag{3-4}$$

$$\frac{\partial l}{\partial \xi_i} = 0 \rightarrow \alpha_i = C\xi_i, \quad i = 1, \cdots, N \tag{3-5}$$

$$\frac{\partial l}{\partial \alpha_i} = 0 \rightarrow \boldsymbol{h}(\boldsymbol{x}_i)\boldsymbol{\beta} - t_i + \xi_i = 0, \ i = 1, \cdots, N \tag{3-6}$$

其中，$\boldsymbol{\alpha} = [\alpha_1 \ \cdots \ \alpha_N]^{\mathrm{T}}$。

在多输出节点情况下，ELM 输出层包含 m 个输出节点，分别对应 m 个待分类别。简单起见，采用独热编码方式对类别标签进行编码。如果原始类别标签为 p，则 m 个输出节点期望的输出向量为 $[0 \ \cdots \ 0 \ \overset{p}{1} \ 0 \ \cdots \ 0]^{\mathrm{T}}$，即 $\boldsymbol{t}_i = [t_{i,1} \ \cdots \ t_{i,m}]^{\mathrm{T}}$ 中只有第 p 个元素是 1，其余元素全为 0。在此情况下，基于等式约束优化的多分类优化问题可表示为

$$\min_{\boldsymbol{\beta}} \quad l(\boldsymbol{\beta}) = \frac{1}{2}\|\boldsymbol{\beta}\|^2 + C\frac{1}{2}\sum_{i=1}^{N}\|\boldsymbol{\xi}_i\|^2$$
$$\text{s.t.} \ \boldsymbol{h}(\boldsymbol{x}_i)\boldsymbol{\beta} = \boldsymbol{t}_i^{\mathrm{T}} - \boldsymbol{\xi}_i^{\mathrm{T}}, \ i = 1, \cdots, N \tag{3-7}$$

其中 $\boldsymbol{\xi}_i = [\xi_{i,1} \ \cdots \ \xi_{i,m}]^{\mathrm{T}}$ 是 m 个输出节点关于训练样本 $\boldsymbol{x}_i$ 的训练误差向量。同理，上述问题的对偶最优解必然满足以下条件。

$$\frac{\partial l}{\partial \boldsymbol{\beta}_j} = 0 \rightarrow \boldsymbol{\beta}_j = \sum_{i=1}^{N}\alpha_{i,j}\boldsymbol{h}(\boldsymbol{x}_i)^{\mathrm{T}} \rightarrow \boldsymbol{\beta} = \boldsymbol{H}^{\mathrm{T}}\boldsymbol{\alpha} \tag{3-8}$$

$$\frac{\partial l}{\partial \boldsymbol{\xi}_i} = 0 \rightarrow \boldsymbol{\alpha}_i = C\boldsymbol{\xi}_i, \ i = 1, \cdots, N \tag{3-9}$$

$$\frac{\partial l}{\partial \boldsymbol{\alpha}_i} = 0 \rightarrow \boldsymbol{h}(\boldsymbol{x}_i)\boldsymbol{\beta} - \boldsymbol{t}_i^{\mathrm{T}} + \boldsymbol{\xi}_i^{\mathrm{T}} = 0, \ i = 1, \cdots, N \tag{3-10}$$

其中 $\boldsymbol{\alpha}_i = [\alpha_{i,1} \cdots \alpha_{i,m}]^{\mathrm{T}}$，且 $\boldsymbol{\alpha} = [\boldsymbol{\alpha}_1 \cdots \boldsymbol{\alpha}_N]^{\mathrm{T}}$。

从上述分析中可以看出，单输出节点的情形可看作多输出节点在输出节点数为 1 时的特例，因此，实际应用中通常仅需考虑多输出节点配置下的 ELM 分类器，输出值最高节点的索引将被视作输入样本的类别预测值。在这种情况下，ELM 对使用独热编码后的二值标签进行拟合。令 $\boldsymbol{f}_i(\boldsymbol{x})$ 表示第 i 个输出节点的输出函数，即 $\boldsymbol{f}_i(\boldsymbol{x}) = [f_1(\boldsymbol{x}) \ \cdots \ f_m(\boldsymbol{x})]^{\mathrm{T}}$，那么样本 $\boldsymbol{x}$ 的类别标签预测输出值为

$$\text{label} = \arg\max_{i \in \{1, \cdots, m\}} \boldsymbol{f}_i(\boldsymbol{x}) \tag{3-11}$$

🔍 3.2　标签不平衡——加权 ELM

针对分类问题进行 ELM 建模与理论分析的过程中，通常假设用于模型训练

的不同类别样本数量相当，即类别标签处于"数量"相对平衡的状态。在此情况下，模型理论推导过程可能较为简单。

然而，类别标签不平衡的现象在实际任务中极为普遍。例如，对于一个从计算机断层扫描图像中识别某种罕见肿瘤的医学图像分析应用，由于肿瘤发病患者群体数目相对较少，而正常或未患肿瘤的医学影像则更为常见，"患病与否"的样本数据存在典型的类别标签不平衡现象。

类别标签不平衡问题会对模型训练与性能分析带来困难。以基于 1 000 个训练样本数据集训练一个单输出节点 ELM 二分类网络为例，如果正样本只有 1 个，而负样本有 999 个，那么模型很容易"倾向于"照顾负样本，返回一个永远将输入样本预测为负样本的模型便可达到 99.9%的训练精度，获得几乎"完美"的误分类代价。显然，这样的二分类器几乎没有任何实用价值，因为其永远无法预测出正样本。

基于上述分析可知，训练样本类别标签不平衡的主要原因在于获取特定类别样本的成本过高（如患罕见肿瘤、发生车祸等），或者经济、法律和道德约束限制了该类样本数据量扩充的可能性（如个人隐私数据等）。

为了缓解上述类别不平衡问题带来的影响，本节介绍的加权 ELM[3]（Weighted ELM，W-ELM）基于"代价敏感学习"策略来修正 3.1 节所描述的 ELM 分类模型。具体而言，该 ELM 分类器不再以最小化分类错误率为目标，转而最小化加权分类代价，对于样本数目较小的类别，通过人为设定较大的分类错误代价来影响分类器的训练过程，增加小样本对模型的影响，起到类别标签数量"再平衡"的作用。

3.2.1　加权 ELM 模型构建

与单隐藏层 ELM 网络无差异对待各个训练数据不同，W-ELM 在其代价函数中给予各训练样本以不同的误分类代价权重，缓解样本类别标签不平衡对代价计算与网络参数调节的影响[4]。显然，如果各个样本的误分类代价权重相等，那么 W-ELM 将与单隐藏层 ELM 网络在模型构建与训练方面完全等价。因此，W-ELM 在标签平衡的数据集上可以继承前者的训练高效性与良好泛化性，而在标签不平衡情况下获得更强的稳健性。鉴于两者在模型构建方面的相似性，这里重点介绍 W-ELM 的模型训练过程。

W-ELM[3]训练对应的优化函数如下所示。

$$\min_{\boldsymbol{\beta}} \quad l(\boldsymbol{\beta}) = \frac{1}{2}\|\boldsymbol{\beta}\|^2 + \frac{1}{2}\sum_{i=1}^{N} C_i \|\boldsymbol{e}_i\|^2$$
$$\text{s.t.} \quad \boldsymbol{h}(\boldsymbol{x}_i)\boldsymbol{\beta} = \boldsymbol{t}_i^{\mathrm{T}} - \boldsymbol{e}_i^{\mathrm{T}}, \ i = 1, \cdots, N \tag{3-12}$$

其中，C_i 是与第 i 个训练样本相对应的误分类惩罚系数。对标签不平衡数据集，可以对样本数少的类别赋以较大的权重，而对样本数较大的类别赋以较小的权重，从而"再平衡"整个分类代价计算过程。进一步将等式约束项加入优化函数，并以矩阵的形式化简为

$$\min_{\boldsymbol{\beta}} \; l(\boldsymbol{\beta}) = \frac{1}{2}\|\boldsymbol{\beta}\|^2 + \frac{1}{2}(\boldsymbol{T} - \boldsymbol{H\beta})^{\mathrm{T}} \boldsymbol{C}(\boldsymbol{T} - \boldsymbol{H\beta}) \tag{3-13}$$

其中，$\boldsymbol{C}$ 是对角阵，其对角元素 C_{ii} 即与样本误分类惩罚系数 C_i 一一对应（为方便起见，以下以 C_{ii} 表示该概念）。令式（3-13）导数为 0，可完成 W-ELM 网络模型参数 $\boldsymbol{\beta}$ 的闭式求解。

$$\boldsymbol{\beta} = \begin{cases} (\boldsymbol{H}^{\mathrm{T}}\boldsymbol{CH} + \boldsymbol{I})^{-1}\boldsymbol{H}^{\mathrm{T}}\boldsymbol{CT}, & L \leqslant N \\ \boldsymbol{H}^{\mathrm{T}}(\boldsymbol{CHH}^{\mathrm{T}} + \boldsymbol{I})^{-1}\boldsymbol{CT}, & L \geqslant N \end{cases} \tag{3-14}$$

样本权重 C_{ii} 的设置方法在 W-ELM 算法中扮演重要角色。C_{ii} 的取值取决于用户所需的分类代价的再平衡程度。用户可以基于不同类别的样本先验预估数量为每个样本手工制定权重。简单而又有效的样本权重设置方案有如下两种。

① 反比例加权。

$$C_{ii} = 1 / \#(t_i) \tag{3-15}$$

其中，#代表统计某样本数量操作符，$\#(t_i)$ 用于统计属于类别 t_i（$i = 1, \cdots, m$）样本的数量。经过上述方式加权后，可以大致认为不平衡类别被重新平衡。

② "黄金分割"加权。

$$C_{ii} = \begin{cases} 0.618 / \#(t_i), & t_i > \mathrm{AVG}(t_i) \\ 1 / \#(t_i), & t_i \leqslant \mathrm{AVG}(t_i) \end{cases} \tag{3-16}$$

该启发式加权策略旨在将少数类别和多数类别的比例重新平衡至 0.618：1。在二分类问题中，小样本类别被认为是正类而大类别样本被看作负类。在多分类情况下，小样本类别被看作低于均值的类别，而大样本类别被看作高于均值的类别。因此和第一种加权策略相比，该策略将分类边界轻微的拉回小样本类别，从而大样本类别中作为加权代价的误分类现象得以减轻。

3.2.2　加权 ELM 机理分析

样本加权的直接结果便是影响分类边界的确定，防止分类边界过于靠近样本数较小的类别。回顾一下单隐藏层 ELM 分类模型，其本质是找到一个决策边界，它以边界最大化准则将隐藏层映射空间内的数据分为两个或者多个不相交的部分。在不平衡类别的条件下，分类边界必定会倾向于靠近样本数较小的类别。W-ELM 由

单隐藏层 ELM 演变而来，它对那些属于不平衡类别的样本给予了"额外"关注，小类别样本被赋予了较大的权重，进而改变其拉格朗日乘子大小，重新将分类边界移动至"平衡状态"。这种分类边界的移动过程如图 3-2 所示，图 3-2（a）～（c）中不同类的数据比例为 1：43，图 3-2（d）～（f）中不同类的数据比例为 3：43。

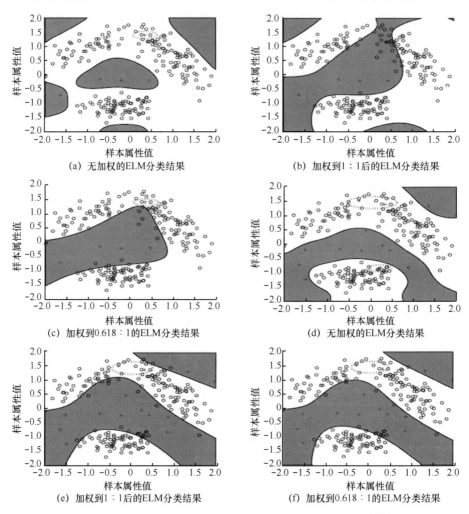

(a) 无加权的ELM分类结果

(b) 加权到1：1后的ELM分类结果

(c) 加权到0.618：1的ELM分类结果

(d) 无加权的ELM分类结果

(e) 加权到1：1后的ELM分类结果

(f) 加权到0.618：1的ELM分类结果

图 3-2　加权 ELM 与经典非加权 ELM 的分离边界的移动[3]

　　图 3-2 中的分类边界由单隐藏层 ELM 或加权 ELM 在不平衡数据集上产生。图 3-2（b）、（e）相比于图 3-2（a）、（d）可以看出，利用加权 ELM 后，决策边界明显向大样本类别移动，小样本类别分类精度从而有所提高，但是有可能会降低主要类别的分类精度。样本加权使分类边界向大样本类别移动的现象，一方面可以从 W-ELM 的代价函数中得到解释。小样本类别拥有更大的权重系数，从而

对应的误分类代价对参数调节的影响将被放大，而部分靠近边界的大类别样本，因其分配的权重系数较小，故产生的误分类代价较小，进而"划分"为小类别。另一方面可以从"增广"的角度来阐述。为小样本类别加以更高的权重，相当于在邻域复制了这些样本的影响，从而达到了一种类似于样本重采样的效果，使得不同类别的样本在数量上达到平衡。

3.2.3　加权 ELM 性能评估

为验证 W-ELM 应对标签不平衡数据的分类性能，使用 3 个正负样本比例不同的数据集来加以说明：① 数据集 yeast6，正负样比例为 0.024 3，② 数据集 yeast1，正负样比例为 0.406 4，③ 数据集 banana，正负样比例为 0.860 5。

参与对比的方法分别为单隐藏层 ELM（未考虑标签不平衡问题）、反比例加权方案（W1）以及"黄金分割"加权方案（W2）。在方法的性能评估方面，由于总体分类误差无法衡量标签不平衡数据的分类精度，此处以受试者工作特性（Receiver Operating Characteristic，ROC）曲线来代替，图 3-3 中的 3 个离散点代表不同的方法，越靠近左上角的最优点则说明该方法性能越好。

在正负样本比例极端不平衡的数据集 yeast6 中，W-ELM 在考虑加权方案后，真正类率大幅提高，如图 3-3（a）所示。进一步讲，加权方案 W1 和 W2 的 ELM 计算结果接近，但相比于反比例加权方案，"黄金分割"加权方案的假正类率略好，真正类率略差。

在正负样本比例不平衡情况逐步缓和的数据集 yeast1 与 banana 中，W-ELM 与单隐藏层 ELM 方法的分类性能也逐渐接近，从一定程度上反映了 W-ELM 也能够很好地处理标签平衡数据，分别如图 3-3（b）与图 3-3（c）所示。

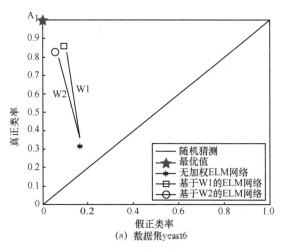

图 3-3　针对 3 个不同数据集（正负样本比例不同），3 种分类方法的 ROC 曲线[3]

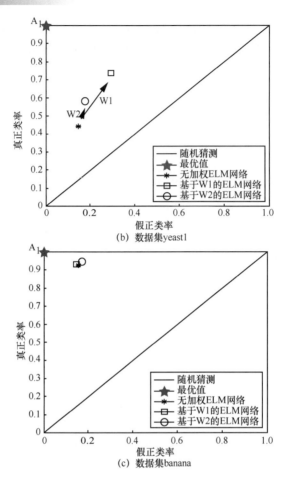

(b) 数据集yeast1

(c) 数据集banana

图 3-3　针对 3 个不同数据集（正负样本比例不同），3 种分类方法的 ROC 曲线[3]（续）

🔍 3.3　标签缺失——弱监督 ELM

理想情况下，分类与回归任务中的每个样本数据均有明确的目标变量与之对应，这使得目标变量在 ELM 学习预测函数的过程中起到了明确的监督与指导作用，完成有监督条件下的 ELM 模型快速训练，进而实现数据分类与回归。

然而，在许多实际应用中，"数据海量，标记不足"的情况时有发生，即出现"标签缺失"现象。例如，在互联网时代，手机用户在客户端几乎每天都会收到各种类型的新闻推送以及电子邮件，但是通常仅有一小部分用户情愿主动配合或者花费时间将推送的信息及时标记（是否"感兴趣"，是否为"垃圾邮件"）并反馈至云端，帮助了解用户偏好，实现定制化推送。因此，对于信息推送方而言，可供参考的有标记数据量仅为少数，而大多数的数据并未得到有效标记。更极端的情况在于，样本数据可能完全没有标记，需要自定义规则来挖掘数据的内在性质与规律。

针对上述标签缺失的问题，有必要对有监督 ELM 模型进行调整，使之能够适应标签缺失的应用场景，在"弱监督"的条件下完成 ELM 模型训练[5]。其中，3.3.1 小节的第一部分介绍的半监督 ELM（Semi-Supervised ELM，SS-ELM）模型，可在少量有标记数据基础之上，有效利用大量未标记数据来进一步提升模型性能，同时继承了有监督 ELM 模型的训练效率和泛化能力，有效地解决部分标签缺失的问题；3.3.1 小节的第二部分介绍的无监督 ELM（Unsupervised ELM，US-ELM）模型，可基于无标记样本数据，利用其拟合的非线性函数将数据映射至具有"簇状"结构的输出空间，协助完成数据聚类。

3.3.1　弱监督 ELM 模型构建

1. 半监督 ELM 模型构建

在一些实际应用中，收集大量训练数据样本通常可行，但在此基础上进行数据标记却需要消耗极大的人力、物力与财力。例如各种推荐类应用，用户没有精力对每一次享受到的互联网服务做出评价。对此，线上互联网众包服务平台以及线下"小型数据贴标"实体工厂应运而生，雇佣人员兼职甚至全职进行数据标记工作。但即便如此，人工标记代价高昂依旧是不争的事实，它可能导致一种普遍现象，即有标记的数据量只是占很少一部分，而大多数的数据并未得到有效标记。

针对上述情形，若直接使用有监督 ELM 分类模型，则可能产生以下问题：① 由于有标记的数据占比较小，训练样本不足，使得以此训练的 ELM 网络模型泛化能力较弱；② 大量未标记数据无法使用造成严重的信息丢失与浪费。因此，如何降低 ELM 模型对有监督信号的依赖程度，充分利用"未标记"样本数据来进一步提升学习性能是一条关键的解决思路，而与之相关的技术被称为半监督学习技术——是一种利用"未标记"数据样本学习的廉价技术途径。

本小节介绍的半监督 ELM[5]可以很好地解决上述问题。该技术借鉴了流形正则化方法[6]——一种经典的"相似性"先验假设，直接对定义在有标记样本上的代价函数进行正则化，使得优化后的预测函数具有局部光滑性，即"相似的输入数据样本具有相似的类别变量"。此外，SS-ELM 继承了有监督 ELM 的训练效率和泛化能力，并可直接应用于单/多分类等任务。在公开的实验数据集上显示，SS-ELM 在准确性和效率方面均具有良好表现。

记训练集中有标签的数据表示为 $\{\boldsymbol{X}_l, \boldsymbol{Y}_l\} = \{\boldsymbol{x}_i, \boldsymbol{y}_i\}_{i=1}^{l}$，没有标签的数据表示为 $\boldsymbol{X}_u = \{\boldsymbol{x}_i\}_{i=1}^{u}$，其中 $\boldsymbol{x}$ 和 $\boldsymbol{y}$ 分别代表输入数据与标签，l 和 u 分别是标记数据以及未标记数据的数量。SS-ELM 通过对 2.1 节单隐藏层 ELM 分类模型的优化代价进行调整，形成如下优化问题。

$$\min_{\boldsymbol{\beta}} \quad \frac{1}{2}\|\boldsymbol{\beta}\|^2 + \frac{1}{2}\sum_{i=1}^{l} C_i \|\boldsymbol{e}_i\|^2 + \frac{\lambda}{2}\mathrm{Tr}(\boldsymbol{F}^{\mathrm{T}}\boldsymbol{L}\boldsymbol{F})$$

$$\text{s.t.} \quad \boldsymbol{h}(\boldsymbol{x}_i)\boldsymbol{\beta} = \boldsymbol{y}_i^{\mathrm{T}} - \boldsymbol{e}_i^{\mathrm{T}}, \quad i = 1, \cdots, l \tag{3-17}$$

$$\boldsymbol{f}_i = \boldsymbol{h}(\boldsymbol{x}_i)\boldsymbol{\beta}, \quad i = 1, \cdots, l+u$$

其中，$\mathrm{Tr}(\boldsymbol{F}^{\mathrm{T}}\boldsymbol{L}\boldsymbol{F})$ 即为流行正则项，$\boldsymbol{L} \in \mathbf{R}^{(l+u)\times(l+u)}$ 是标记数据以及未标记数据的图拉普拉斯矩阵[7]，λ 为权衡误差项与流形正则项的超参数，$\boldsymbol{F} \in \mathbf{R}^{(l+u)\times n_o}$ 是网络的输出矩阵，其行向量为网络的输出结果：$\boldsymbol{f} = \boldsymbol{h}(\boldsymbol{x}_i)\boldsymbol{\beta}$。

最小化流形正则项可以"迫使"模型参数 $\boldsymbol{\beta}$ 对"相似"的样本数据做出"相似"的标签预测结果。其主要原因在于，当样本对 $\boldsymbol{x}_i$ 与 $\boldsymbol{x}_j$ 相似度高，但对应的标签信息预测结果差异却很大时，流形正则项的取值便会增加，进而推升包含该正则项的优化代价函数。在此情况下，最小化流形正则项意味着优化算法会对 SS-ELM 网络中的参数 $\boldsymbol{\beta}$ 进行调整，以维持预测结果随样本变化的平缓特性，即实现平滑性或流形假设约束。有关流形假设与图拉普拉斯矩阵的数学基础内容可参考附录 A.2。

除此之外，SS-ELM 还考虑修正分类误差优化项 $C_i\|\boldsymbol{e}_i\|^2$，即对不同数据的类别预测误差手动设置不同的惩罚系数 C_i，来消除有标记样本与未标记样本数量不平衡对分类的潜在影响。该方法的设计动机与 3.2 节所述的加权 ELM 类似，后者明确指出了样本量不平衡对模型分类的影响：ELM 通常对拥有更多训练样本的类别拟合的效果更好，但对拥有少量训练样本的类别拟合效果较差，最终导致模型在测试集上的泛化能力不足。因此，SS-ELM 提出类似的方法来解决标记不平衡问题，避免模型过度偏向样本数量占优的类别（如未标记数据），同时也不会忽略样本量较少的类别数据（如有标记数据）。

为了进一步求解式（3-17）所述的优化问题，可将约束条件代入目标函数，并形成以下优化形式。

$$\min_{\boldsymbol{\beta}} \frac{1}{2}\|\boldsymbol{\beta}\|^2 + \frac{1}{2}\left\|\boldsymbol{C}^{\frac{1}{2}}(\widetilde{\boldsymbol{Y}} - \boldsymbol{H}\boldsymbol{\beta})\right\|^2 + \frac{\lambda}{2}\mathrm{Tr}(\boldsymbol{\beta}^{\mathrm{T}}\boldsymbol{H}^{\mathrm{T}}\boldsymbol{L}\boldsymbol{H}\boldsymbol{\beta}) \tag{3-18}$$

其中，$\widetilde{\boldsymbol{Y}} \in \mathbf{R}^{(l+u)\times n_o}$ 是增强的训练目标，其前 l 行等于 $\boldsymbol{Y}_i$ 并且其余的等于零，$\boldsymbol{C}$ 是一个 $(l+u)\times(l+u)$ 的对角矩阵，它的前 l 个对角元素 $[\boldsymbol{C}]_{ii} = C_i$，其余的都等于 0。对 $\boldsymbol{\beta}$ 计算目标函数的梯度如下。

$$\nabla l_{\mathrm{SS-ELM}} = \boldsymbol{\beta} + \boldsymbol{H}^{\mathrm{T}}\boldsymbol{C}(\widetilde{\boldsymbol{Y}} - \boldsymbol{H}\boldsymbol{\beta}) + \lambda \boldsymbol{H}^{\mathrm{T}}\boldsymbol{L}\boldsymbol{H}\boldsymbol{\beta} \tag{3-19}$$

令梯度等于零，可以得到 SS-ELM 的闭式解。

$$\boldsymbol{\beta}^* = (\boldsymbol{I}_{n_h} + \boldsymbol{H}^{\mathrm{T}}\boldsymbol{C}\boldsymbol{H} + \lambda \boldsymbol{H}^{\mathrm{T}}\boldsymbol{L}\boldsymbol{H})^{-1}\boldsymbol{H}^{\mathrm{T}}\boldsymbol{C}\widetilde{\boldsymbol{Y}} \tag{3-20}$$

其中，$\boldsymbol{I}_{n_h}$ 为单位矩阵，矩阵大小为 $n_h \times n_h$，主对角线元素均为 1，其余元素均为 0。当标记的数据少于隐藏神经元数 n_h，特别是在半监督学习中，还有以下可供选择的求解形式。

$$\boldsymbol{\beta}^* = \boldsymbol{H}^{\mathrm{T}}(\boldsymbol{I}_{l+u} + \boldsymbol{CHH}^{\mathrm{T}} + \lambda \boldsymbol{LHH}^{\mathrm{T}})^{-1}\boldsymbol{C}\tilde{\boldsymbol{Y}} \tag{3-21}$$

其中，$\boldsymbol{I}_{l+u}$ 为 $l+u$ 阶的单位矩阵。需要注意的是，当 λ 设置为零，对角线元素 $C_i(i=1,\cdots,l)$ 设为相等的常数，式（3-20）和式（3-21）就退化为单隐藏层 ELM 的求解策略。

2. 无监督 ELM 模型构建

当所获得的样本数据完全没有标记时，则通常需要使用无监督学习技术来挖掘数据的内在性质与规律，以便更好地服务于实际应用。直觉上讲，或许很难理解这些数据的用途与价值，如果只知道自变量（输入数据）而不知道因变量（目标响应值），似乎没有太多的事可以继续进行。

有趣的是，这种"无所适从"的感觉恰恰反映了无监督条件下学习任务的关键特点——强主观性。显然，在没有明确的监督信号情况下，面向实际任务需求，自主定义规则将成为进一步工作的必然选择。本节将以研究最多、应用范围最广的聚类任务为切入点加以分析。

聚类的目标在于，创建满足处于同一组内数据样本相似、不同组内数据对象相异的分组方式。例如，某在线商城想构建自主推荐系统来改善用户购物体验，增加用户消费。一种可行的方式是，基于搜集的购物记录数据，以聚类的方式将消费者划分为 K 组，使得每组具有相似的购物模式，而同一组中消费者的购物微小差异可以作为推荐系统的基础；同样也可以基于购物记录数据，对所需用户购买的不同商品进行聚类，然后为用户推荐与其已经购买商品相似的商品。从上述例子可以看出，商家预先明确定义"消费者类型"和"商品类型"并不容易，但在基于"相似的数据样本具有相似的类型"假设的情况下，不需知晓样本数据的类别也并未影响实际任务的完成。因此，对于聚类而言，"聚什么"甚至"怎么聚"并不存在客观标准，而这种强主观性也是聚类应用广泛、具体实现算法繁多的主要原因之一。

本小节将要介绍的无监督 ELM[7]是协助实现上述聚类任务的一种简单预处理方法。其针对原始数据可能不具备"簇"类结构而难以聚类的问题，引入以下 3 项关键技术。

① 随机数据嵌入。利用 ELM 的隐藏层非线性映射预先将数据 $\boldsymbol{X}$ 嵌入至隐藏层随机空间，方便进一步挖掘数据分布规律。

② 基于流形正则假设的优化问题构建。在待优化的目标函数中添加流形正则项，用于控制样本数据在输出层的分布规律，促进在输出空间形成"簇"类结构。

③ 数据嵌入函数快速求解。充分利用拉普拉斯矩阵的特征值/特征向量的性

质，基于高效的线性系统（矩阵）分析方法，快速求解数据从输入空间至输出空间的完整映射关系。

在无监督聚类任务中，训练数据 $X=\{x_i\}_{i=1}^N$ 没有对应的类别标记，其中 N 是训练样本的数量。在此情况下，US-ELM 提出与 SS-ELM 相接近的模型参数求解方法。当样本数据不存在类别标记时，式（3-18）的分类误差优化项便被舍弃，同时保留流形正则项，进而可转化为如下优化问题。

$$\min_{\boldsymbol{\beta}\in\mathbf{R}^{n_h\times n_o}}\quad \|\boldsymbol{\beta}\|^2+\lambda\mathrm{Tr}(\boldsymbol{\beta}^{\mathrm{T}}\boldsymbol{H}^{\mathrm{T}}\boldsymbol{LH\beta}) \tag{3-22}$$

然而，上述优化问题必定会产生平凡解，即始终在 $\boldsymbol{\beta}=0$ 的时候取得最优解。为了避免这种无意义的退化问题，此处必须引入额外的优化约束，例如强迫网络输出结果满足正交性，如式（3-23）所示。

$$\min_{\boldsymbol{\beta}\in\mathbf{R}^{n_h\times n_o}}\quad \|\boldsymbol{\beta}\|^2+\lambda\mathrm{Tr}(\boldsymbol{\beta}^{\mathrm{T}}\boldsymbol{H}^{\mathrm{T}}\boldsymbol{LH\beta})$$
$$\text{s.t.}\quad (\boldsymbol{H\beta})^{\mathrm{T}}\boldsymbol{H\beta}=\boldsymbol{I}_{n_o} \tag{3-23}$$

为求解上述优化问题，需要充分利用前面介绍的拉普拉斯矩阵性质。首先介绍以下定理。

定理 3.1 求解 $\boldsymbol{\beta}$ 的问题，等价于求解以下线性系统的广义特征值对应的特征向量。

$$(\boldsymbol{I}_{n_h}+\lambda\boldsymbol{H}^{\mathrm{T}}\boldsymbol{LH})\boldsymbol{v}=\gamma\boldsymbol{H}^{\mathrm{T}}\boldsymbol{H}\boldsymbol{v} \tag{3-24}$$

其最优解 $\boldsymbol{\beta}$ 即为前 n_o 个最小广义特征值对应的特征向量 $\boldsymbol{v}$。

证明 可以把式（3-23）转化为

$$\min_{\boldsymbol{\beta}\in\mathbf{R}^{n_h\times n_o},\boldsymbol{\beta}^{\mathrm{T}}\boldsymbol{B\beta}=\boldsymbol{I}_{n_o}}\mathrm{Tr}(\boldsymbol{\beta}^{\mathrm{T}}\boldsymbol{A\beta}) \tag{3-25}$$

其中，$A=\boldsymbol{I}_{n_h}+\lambda\boldsymbol{H}^{\mathrm{T}}\boldsymbol{LH}$ 和 $\boldsymbol{B}=\boldsymbol{H}^{\mathrm{T}}\boldsymbol{H}$，$A$ 和 B 都是自共轭的厄米特矩阵（矩阵中任意第 i 行、第 j 列的元素均与第 j 行、第 i 列的元素共轭相等）。因此，根据瑞利-里兹（Rayleigh-Ritz）定理[5]，上述迹最小化问题可以得到最优解——当且仅当 $\boldsymbol{\beta}$ 的列空间是最小特征空间，同时也是对应式（3-24）前 n_o 个最小特征值的特征向量。

通过叠加式（3-24）的前 n_o 个最小广义特征值对应的归一化特征向量，就可以求解式（3-23）对应的 $\boldsymbol{\beta}$。此外，在 US-ELM 中，式（3-24）的第一个特征向量在嵌入过程中对数据的表示不起作用，因此，要去掉第一个特征向量。假设 $\gamma_1,\gamma_2,\cdots,\gamma_{n_o+1}(\gamma_1\leqslant\gamma_2\leqslant\cdots\leqslant\gamma_{n_o+1})$ 表示式（3-24）的前 (n_o+1) 最小特征值，其对应的特征向量为 $[\boldsymbol{v}_1\ \boldsymbol{v}_2\cdots\boldsymbol{v}_{n_o+1}]$，然后就可以求解输出权重 $\boldsymbol{\beta}$。

$$\boldsymbol{\beta}^* = \begin{bmatrix} \tilde{\boldsymbol{v}}_2 & \tilde{\boldsymbol{v}}_3 & \cdots & \tilde{\boldsymbol{v}}_{n_o+1} \end{bmatrix} \tag{3-26}$$

其中，$\tilde{\boldsymbol{v}}_i = \boldsymbol{v}_i / \|\boldsymbol{H}\boldsymbol{v}_i\|$（$i = 2, \cdots, n_o + 1$）是归一化特征向量。

如果标记数据的数量小于隐藏神经元的数量，则式（3-24）是欠定的。此情况下，可以采用与 3.3.1 节相同的技巧，即

$$(\boldsymbol{I}_u + \lambda \boldsymbol{L}\boldsymbol{H}\boldsymbol{H}^{\mathrm{T}})\boldsymbol{u} = \gamma \boldsymbol{H}\boldsymbol{H}^{\mathrm{T}}\boldsymbol{u} \tag{3-27}$$

其中，$\boldsymbol{u}_1, \boldsymbol{u}_2, \cdots, \boldsymbol{u}_{n_o+1}$ 为式（3-27）产生的对应前 $(n_o + 1)$ 最小特征值的广义特征向量，最后 US-ELM 的参数求解结果可以表示为

$$\boldsymbol{\beta}^* = \boldsymbol{H}^{\mathrm{T}} \begin{bmatrix} \tilde{\boldsymbol{u}}_2 & \tilde{\boldsymbol{u}}_3 & \cdots & \tilde{\boldsymbol{u}}_{n_o+1} \end{bmatrix} \tag{3-28}$$

其中，$\tilde{\boldsymbol{u}}_i = \boldsymbol{u}_i / \|\boldsymbol{H}\boldsymbol{H}^{\mathrm{T}}\boldsymbol{u}_i\|$（$i = 2, \cdots, n_o + 1$）是归一化特征向量。

最终，通过计算嵌入映射结果 $\boldsymbol{H}\boldsymbol{\beta}^*$ 即可得到样本数据在映射空间里的嵌入表示向量。此时可使用常规聚类方法（如 K 均值聚类方法）完成样本聚类任务。

3.3.2　弱监督 ELM 机理分析

纵观前面所介绍的监督、半监督和无监督的 ELM 分类模型，可以看出这些方法实际上都可以放入一个统一的框架中，在这个框架中，模型训练均由两个阶段组成。

（1）随机映射

即利用随机生成的隐藏神经元构建隐藏层。ELM 理论中的这一关键概念不同于现有的许多特征学习方法。生成的特征随机映射使得 ELM 能够快速学习非线性特征，减轻了过拟合问题。

（2）权重求解

即求解隐藏层和输出层之间的权重 $\boldsymbol{\beta}$。这就是监督、半监督和无监督 ELM 的主要区别之处。监督 ELM 主要是求解正则化最小二乘问题；在监督 ELM 的基础上，半监督 ELM 融合了流形正则化算法的思想，利用未标记数据提高数据的分类精度；由于没有标记数据，无监督 ELM 求解正则化项时，需要增加额外的约束项，通过求解广义特征值问题，最终求解出 ELM 的输出权重。

总而言之，弱监督 ELM 的提出极大地扩展了 ELM 对分类与回归任务的适应性。

3.3.3　弱监督 ELM 性能评估

1. 半监督 ELM 性能评估

（1）分类性能对比

为验证 SS-ELM 应对标签部分缺失数据的处理能力，这里使用了 3 个数据集来进行证明：① G50C，二分类数据集；② COIL20，图像多分类数据集，COIL20

（B）是二分类数据集；③ USPST，多分类手写体数字识别数据集，USPST（B）是其对应的二分类数据集。

参与和 SS-ELM 对比的算法包括：两种监督算法（SVM 和 ELM）用于基准分类器进行分类，3 种半监督学习算法（直推式支持向量机（TSVM）[8]、拉普拉斯正则最小二乘（LapRLS）[9]和拉普拉斯支持向量机（LapSVM）[9]）用于进阶分类器进行对比。未标记数据集 Un、验证数据集 Ve 以及测试数据集 Te 中的误分类数据占比与随机性波动量均列于表 3-1 中。

表 3-1　不同算法的分类误差对比（单位：%）

数据集	测试集	SVM	ELM	TSVM	LapRLS	LapSVM	SS-ELM
G50C	Un	9.33 ± 2.00	8.91 ± 2.29	5.43 ± 1.11	6.03 ± 1.32	5.52 ± 1.15	5.24 ± 1.17
	Ve	9.83 ± 3.46	8.20 ± 3.05	4.67 ± 1.81	6.17 ± 3.66	5.67 ± 2.67	4.07 ± 0.95
	Te	10.06 ± 2.80	9.20 ± 2.07	4.96 ± 1.37	6.54 ± 2.11	5.51 ± 1.65	4.96 ± 1.53
COIL20（B）	Un	16.23 ± 2.63	11.28 ± 1.95	13.68 ± 3.09	8.07 ± 2.05	8.31 ± 2.19	6.04 ± 1.26
	Ve	18.54 ± 6.20	11.30 ± 2.29	12.25 ± 3.99	7.92 ± 3.96	8.13 ± 4.01	5.95 ± 1.68
	Te	15.93 ± 3.00	12.22 ± 2.00	15.19 ± 2.52	8.59 ± 1.90	8.68 ± 2.04	7.33 ± 2.15
USPST（B）	Un	17.00 ± 2.74	17.49 ± 2.44	22.75 ± 2.68	8.87 ± 1.88	8.84 ± 2.20	9.24 ± 2.79
	Ve	18.17 ± 5.94	17.40 ± 2.01	21.40 ± 3.78	10.17 ± 4.55	8.67 ± 4.38	9.40 ± 2.07
	Te	17.10 ± 3.21	17.98 ± 2.86	22.06 ± 2.52	9.42 ± 2.51	9.68 ± 2.48	10.98 ± 2.99
COIL20	Un	29.49 ± 2.24	29.23 ± 1.68	24.61 ± 3.16	10.35 ± 2.30	10.51 ± 2.06	10.92 ± 2.05
	Ve	31.46 ± 7.79	29.25 ± 2.81	21.25 ± 3.63	9.79 ± 4.94	9.79 ± 4.94	10.75 ± 3.02
	Te	28.98 ± 2.74	29.19 ± 3.61	23.83 ± 3.61	11.30 ± 2.17	11.44 ± 2.39	11.16 ± 1.97
USPST	Un	23.84 ± 3.26	23.91 ± 2.36	18.92 ± 2.81	15.12 ± 2.90	14.36 ± 2.55	13.51 ± 1.89
	Ve	24.67 ± 4.54	24.00 ± 2.33	17.53 ± 4.29	14.67 ± 3.94	15.17 ± 4.04	13.47 ± 2.65
	Te	23.60 ± 2.32	23.85 ± 2.71	18.92 ± 3.19	16.44 ± 3.53	14.91 ± 2.83	13.85 ± 2.41

从表 3-1 可以看出，在所有数据集上，半监督 ELM 的性能均优于监督 SVM 和 ELM，足以证明半监督 ELM 能够有效利用未标记数据，从而比监督学习算法取得了更好的实验效果。通过观察可以发现，SS-ELM 与 3 种常见的半监督算法相比，精确度较高。当 ELM 和 SVM 在其中任何一个数据集中取得了相近的检测结果，那么相应的 SS-ELM 与 LapSVM 在该数据集上也会有相近的效果；当 ELM 的效果优于 SVM 时，例如在 COIL20（B）数据集上，那么 SS-ELM 性能也优于 LapSVM。

（2）不同标记比例条件下的分类性能比较

图 3-4 展示了 G50C、COIL20（B）以及 USPST（B）数据集的 SS-ELM 的性能，实验中采用了不同数量的标记数据，其余所有设置均保持一致。观察可知，当标记数据量比较小的时候，SS-ELM 的结果比 ELM 的效果更好。

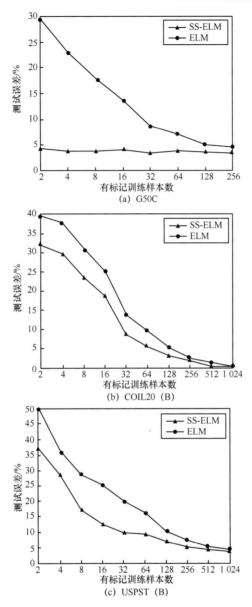

图 3-4　不同标记数据量下的测试误差[5]

　　图 3-5 展示了 SS-ELM 在 G50C、COIL20（B）和 USPST（B）数据集上实验结果，实验过程中不断改变未标记数据的比例。标记数据集 La，验证数据集 Ve 以及测试数据集 Te 保持不变。但是，未标记数据集 Un 每次以 10%的数据量不断增加未标记模式数量。图 3-5 的结果可以明显证明，随着未标记数据量的不断增多，SS-ELM 对未标记的数据的预测误差比 ELM 更低。即使未标记数据集 Un 里

全是标记数据，SS-ELM 的性能也优于 ELM。这是因为流形正则化同样也适用于监督 ELM。

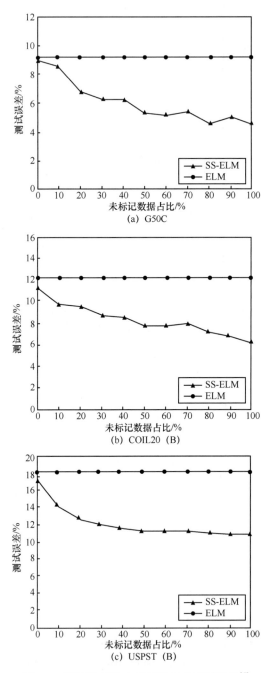

图 3-5　不同比例的未标记数据的测试误差[5]

（3）计算效率评估

为了评估 SS-ELM 计算效率，表 3-2 中给出了 SS-ELM、TSVM、LapRLS 和 LapSVM 的训练时间。可以得出在 3 个二分类数据集 G50C，COIL20（B）和 USPST（B）中 SS-ELM 的训练时间与 LapRLS 和 LapSVM 相近。然而，在多分类数据集 COIL20 和 USPST 上，SS-ELM 比其他两种算法快几倍。通常分类越多，SS-ELM 展现的效果也越明显。

表 3-2　训练 TSVM、LapRLS、LapSVM 和 SS-ELM 所需时间[5]

数据集	训练时间/s			
	TSVM	LapRLS	LapSVM	SS-ELM
G50C	0.324	0.041	0.045	0.035
COIL20（B）	16.82	0.512	0.459	0.516
USPST（B）	68.44	0.921	0.947	1.029
COIL20	18.43	5.841	4.946	0.814
USPST	68.14	7.121	7.259	1.373

需要注意的是，对于分类问题，SS-ELM 通常比半监督 SVM 更加高效，即使是在二分类问题上也是如此，只是 SS-ELM 所花费的训练时间与 LapSVM 相比没有明显的优势。这是由于矩阵乘法 H^TLH 或者 LHH^T 花费时间较长，占据 SS-ELM 与 LapSVM 的大部分计算开销。例如，前 3 个二分类数据集中，SS-ELM 在矩阵乘法部分花费大约 0.028 s，0.351 s 与 0.692 s，然而仅在计算输出权重上花费 0.008 s，0.097 s 与 0.198 s。当然可以通过使用迭代方法求解输出权重，改善这种低效率计算的情况。

2. 无监督 ELM 性能评估

（1）聚类与嵌入效果对比

为了验证本小节介绍的无监督 ELM 的聚类性能，使用了多个数据集来加以说明：① UCI 数据集 IRIS、WINE、SEGMENT；② 人脸识别数据集 YALEB、ORL；③ 多分类数据集 COIL20、USPST。参与对比的算法分别为 K 均值（K-Means）、深度自编码器（Deep Auto-Encoder，DA）[10]、谱聚类（Spectral Clustering，SC）[11]、拉普拉斯特征映射（Laplacian Eigenmaps，LE）[7]以及 US-ELM。在性能评估指标方面，以类别预测正确的数据占比作为聚类精度。表 3-3 中给出了聚类的平均精度以及能达到的最高精度，精度值越高说明该算法的性能越良好。

从结果可以看出，US-ELM 在所有的数据集上都取得了令人满意的实验结果。从聚类的最高精度来看，5 种算法中，US-ELM 在 7 个数据集中的 6 个数据集中都取得了最好的实验结果。DA 虽然在 IRIS 与 WINE 数据集上取得了较高的精度，但在其他数据集上的结果较差。总体来说，US-ELM 与 LE 结果比较接近，主要是因为使用了相同的图拉普拉斯算子。然而，在 COIL20 和 ORL 数据集中，US-ELM 比 LE 拥有更好的性能，这是引入了流行正则化项所致。

表 3-3　无监督算法聚类精度对比[5]（单位：%）

数据集	精度	K 均值	DA	SC	LE	US-ELM
IRIS	平均精度	82.28 ± 13.93	89.69 ± 14.01	76.16 ± 8.92	80.85 ± 13.82	86.06 ± 15.92
	最高精度	89.33	97.33	84.00	89.33	97.33
WINE	平均精度	94.47 ± 3.85	95.24 ± 0.48	93.32 ± 11.36	96.63 ± 0	96.63 ± 0
	最高精度	96.63	95.51	96.63	96.63	96.63
SEGMENT	平均精度	60.53 ± 5.86	59.06 ± 4.03	65.64 ± 4.72	62.39 ± 5.03	64.22 ± 5.64
	最高精度	67.1	62.21	77.10	68.27	74.5
COIL20	平均精度	57.92 ± 5.44	41.43 ± 1.15	42.21 ± 4.88	64.76 ± 7.82	87.58 ± 3.47
	最高精度	70.56	44.86	55.21	80.00	90.35
USPST	平均精度	65.42 ± 3.22	69.04 ± 4.81	69.37 ± 10.39	72.44 ± 6.20	75.78 ± 5.90
	最高精度	72.45	80.57	84.00	81.32	87.39
YALEB	平均精度	38.46 ± 3.74	32.24 ± 1.70	42.32 ± 3.37	41.96 ± 3.52	44.08 ± 3.24
	最高精度	47.27	35.76	47.27	49.09	50.91
ORL	平均精度	50.86 ± 3.03	35.06 ± 1.36	52.53 ± 2.74	52.94 ± 3.20	59.26 ± 3.54
	最高精度	58.75	38.00	57.25	61.75	67.50

为了可视化对比无监督 ELM 与 LE 的嵌入结果，图 3-6 给出了一个 2 维的原始数据的嵌入结果，嵌入算法分别为：不使用嵌入算法，使用 LE 和使用无监督 ELM。

如图 3-6（a）所示，数据点共分为 3 类，原始空间的数据没有很好地聚类。圆圈圈起来的错误聚类数据点，是 K 均值聚类效果比较差的结果。后续利用 LE 对数据进行嵌入处理，从图 3-6（b）可以发现，数据结构比原始的数据空间结构更加清晰。然而 LE 的嵌入处理依旧不是很令人满意。虽然第一类点都聚在了一起，第二类与第三类点却没有很好地区分开来。相比之下，图 3-6（c）中 US-ELM 的嵌入处理更合理一些，效果更好一些。在 US-ELM 嵌入空间中执行 K 均值聚类，最好的聚类精度可以达到 97.33%（仅有 4 个错误聚类的点），进而证明了 US-ELM 聚类与嵌入的有效性。

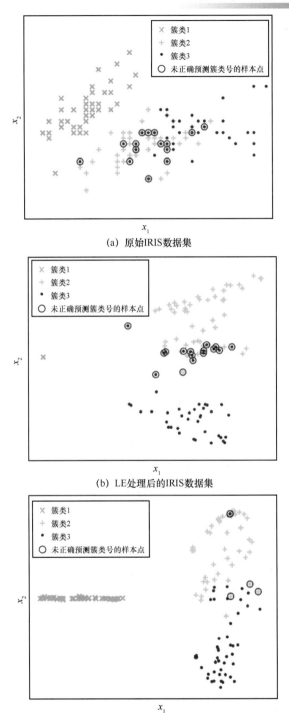

(a) 原始IRIS数据集

(b) LE处理后的IRIS数据集

(c) US-ELM处理后的IRIS数据集

图 3-6　原始 IRIS 数据集以及分别由 LE 和 US-ELM 处理后的数据集的可视化结果[5]

（2）计算效率对比

表 3-4 展示了上面提到的算法聚类所需的训练时间。很明显 K 均值效率最高。在其余 4 个嵌入算法中，SC 与 LE 的计算效率相近，而 DA 花费时间最大。虽然 US-ELM 训练花费时间比 SC 与 LE 要长，但是训练也算比较高效的。从表 3-4 可以看出，US-ELM 在这些数据集上的训练最多只需要几秒。

表 3-4 不同算法聚类所需的训练时间[5]

数据集	训练时间/s				
	K 均值	DA	SC	LE	US-ELM
IRIS	0.004	1.624	0.014	0.017	0.04
WINE	0.005	1.452	0.029	0.037	0.041
SEGMENT	0.028	19.67	0.490	0.591	1.796
COIL20	0.139	5681	1.215	0.514	2.201
USPST	0.101	556.2	0.506	0.113	3.246
YALEB	0.021	328.5	0.026	0.087	0.156
ORL	0.035	729.2	0.068	0.148	0.318

（3）抗噪性能分析

为了测试 US-ELM 在受噪声干扰的数据集上的性能，对一系列不同噪声水平的数据集进行了聚类。这些被污染的数据集是从手写数字数据集 USPST 中创建的，创建时用（−0.5,0.5）上的均匀随机值替换原始特征。图 3-7 列举了原始数据和噪声数据样例：第 1 行图像切片为人为添加噪声像素；在第 2 行~第 6 行中，噪声像素所占比例分别为 10%、20%、30%、40% 和 50%，噪声像素点被替换为随机值。US-ELM 和 LE 的聚类精度如图 3-8 所示，可以看出，随着噪声水平的提高，US-ELM 和 LE 的性能都有下降的趋势，但 US-ELM 性能总体上优于 LE，并且当图像切片中 40% 的像素被随机值所替代时，US-ELM 的聚类精度仅下降了约 5%，这也证明了其对噪声的稳健性。此外，US-ELM 在低噪声（噪声像素占比低于 15%）数据上的性能甚至高于无噪声数据上的性能，这与相关文献发现的"人为添加噪声"有助于提高学习准确性是一致的。当噪声水平增加到 50% 时，US-ELM 和 LE 的表现都明显弱于无噪声数据。

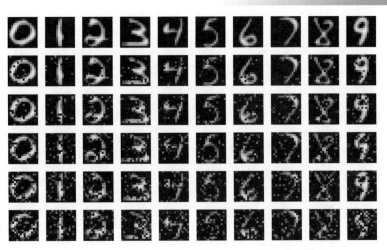

图 3-7　噪声像素占比不同的 USPST 样本图像[5]

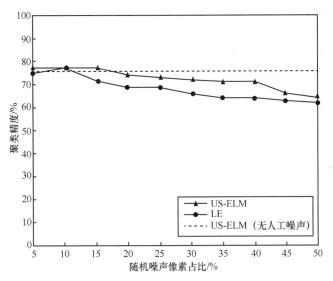

图 3-8　针对不同噪声程度，US-ELM 和 LE 的聚类精度变化情况[5]

3.4　样本动态更迭——在线序贯 ELM

"样本动态更迭"指训练数据并未在 ELM 模型训练开始时准备就绪，而是在实际任务中持续成批量动态生成。以基于互联网大数据平台的人脸识别应用为例，由于互联网数据量庞大，用于识别的系统网络训练一次的耗时很长，如果每新注册一个人脸图像就需要将整个网络重新训练一次，那么必然会导致服务器超负荷运转，进而大幅增加计算开销。

针对上述问题，本节介绍一种在线序贯超限学习机（Online Sequential ELM，OS-ELM）[12]训练机制。该训练机制能够根据动态更迭的样本数据，实时快速地进行模型参数调整，使得模型及时反映样本数据的变化，提高分类与回归的准确率。此外，得益于隐藏层节点参数随机设置策略，OS-ELM 可灵活地批量处理样本的动态更迭数目，能够一个接一个或者一组接一组地学习，即可适应组内的样本数量灵活多变的情况。参数学习的快速性、应对样本动态更迭的灵活性显著拓展了 OS-ELM 在分类与回归任务中的适应能力。

3.4.1 在线序贯 ELM 模型构建

OS-ELM 主要分为两部分。① 网络输出层权重参数计算。OS-ELM 网络与 2.1 节介绍的单隐藏层 ELM 相同，即通过初始训练数据对输出层权重进行闭式求解。② 网络输出层权重参数更新。每当接收到新一批次数据，便基于此前计算得到的输出权重参数进行"整合"，完成参数更新。接下来将介绍 OS-ELM 的实现步骤。

1. 输出层权重参数初始化

与单隐藏层 ELM 相同，基于一批初始训练集 $\aleph_0 = \left\{ \left(\boldsymbol{x}_i, \boldsymbol{t}_i \right) \right\}_{i=1}^{N_0}$，OS-ELM 网络输出层权重参数的初始值可由闭式解表达式 $\boldsymbol{\beta}^{(0)} = \left(\boldsymbol{H}_0^{\mathrm{T}} \boldsymbol{H}_0 \right)^{-1} \boldsymbol{H}_0^{\mathrm{T}} \boldsymbol{T}_0$ 计算而得，其中 $\boldsymbol{H}_0$ 与 $\boldsymbol{T}_0$ 分别为隐藏层输出矩阵与目标真值构成的矩阵。

$$\boldsymbol{H}_0 = \begin{bmatrix} G(\boldsymbol{a}_1 \boldsymbol{x}_1 + b_1) & \cdots & G(\boldsymbol{a}_L \boldsymbol{x}_1 + b_L) \\ \vdots & & \vdots \\ G(\boldsymbol{a}_1 \boldsymbol{x}_N + b_1) & \cdots & G(\boldsymbol{a}_L \boldsymbol{x}_N + b_L) \end{bmatrix}_{N \times L} \tag{3-29}$$

$$\boldsymbol{T}_0 = \begin{bmatrix} \boldsymbol{t}_1^{\mathrm{T}} \\ \vdots \\ \boldsymbol{t}_{N_0}^{\mathrm{T}} \end{bmatrix} \tag{3-30}$$

2. 输出层权重参数快速更新

当有一批新的数据输入网络中，此时需要在已经训练好的模型基础上，加入新的数据以达到修正模型的目的。这里用 $\aleph_1 = \left\{ \left(\boldsymbol{x}_i, \boldsymbol{t}_i \right) \right\}_{i=N_0+1}^{N_0+N_1}$ 表示新输入的数据，其中 $\aleph_1$ 表示该批数据的观察数量。因此，优化式即变成了求解式（3-31）。

$$\left\| \begin{bmatrix} \boldsymbol{H}_0 \\ \boldsymbol{H}_1 \end{bmatrix} \boldsymbol{\beta} - \begin{bmatrix} \boldsymbol{T}_0 \\ \boldsymbol{T}_1 \end{bmatrix} \right\| \tag{3-31}$$

同理，也可以得到新加入数据的特征映射矩阵和对应的输出标签值。

$$H_0 = \begin{bmatrix} G(\boldsymbol{a}_1 \boldsymbol{x}_{N_0+1} + b_1) & \cdots & G(\boldsymbol{a}_L \boldsymbol{x}_{N_0+1} + b_L) \\ \vdots & & \vdots \\ G(\boldsymbol{a}_1 \boldsymbol{x}_{N_0+N_1} + b_1) & \cdots & G(\boldsymbol{a}_L \boldsymbol{x}_{N_0+N_1} + b_L) \end{bmatrix}_{N_1 \times L} \quad (3\text{-}32)$$

$$T_0 = \begin{bmatrix} \boldsymbol{t}_{N_0+1}^{\mathrm{T}} \\ \vdots \\ \boldsymbol{t}_{N_0+N_1}^{\mathrm{T}} \end{bmatrix} \quad (3\text{-}33)$$

显然，一种最简单的方式就是将两批数据集 $\aleph_0$ 和 $\aleph_1$ 融合在一起，重新计算出新的输出权重 $\boldsymbol{\beta}^{(1)}$，并将其表示为

$$\boldsymbol{\beta}^{(1)} = \boldsymbol{K}_1^{-1} \begin{bmatrix} \boldsymbol{H}_0 \\ \boldsymbol{H}_1 \end{bmatrix}^{\mathrm{T}} \begin{bmatrix} \boldsymbol{T}_0 \\ \boldsymbol{T}_1 \end{bmatrix} \quad (3\text{-}34)$$

相应地，$\boldsymbol{K}_1$ 可表示为

$$\boldsymbol{K}_1 = \begin{bmatrix} \boldsymbol{H}_0 \\ \boldsymbol{H}_1 \end{bmatrix}^{\mathrm{T}} \begin{bmatrix} \boldsymbol{H}_0 \\ \boldsymbol{H}_1 \end{bmatrix} \quad (3\text{-}35)$$

然而，由于之前已经对原数据集 $\aleph_0$ 进行了训练，为了避免计算资源的重复消耗，希望能对新输入的数据进行单独训练，然后再融入到原数据集上训练的权重中。换言之，这里希望能够在不引入数据集 $\aleph_0$ 相关函数的情况下，利用含有 $\boldsymbol{\beta}^{(0)}$、$\boldsymbol{K}_1$、$\boldsymbol{H}_1$ 和 $\boldsymbol{T}_1$ 的函数来表示 $\boldsymbol{\beta}^{(1)}$。接下来详细分析该函数的推导过程。

首先，将 $\boldsymbol{K}_1$ 的乘积形式进行展开，同时有 $\boldsymbol{K}_0 = \boldsymbol{H}_0^{\mathrm{T}} \boldsymbol{H}_0$，则 $\boldsymbol{K}_1$ 可以表示为

$$\boldsymbol{K}_1 = \begin{bmatrix} \boldsymbol{H}_0^{\mathrm{T}} & \boldsymbol{H}_1^{\mathrm{T}} \end{bmatrix} \begin{bmatrix} \boldsymbol{H}_0 \\ \boldsymbol{H}_1 \end{bmatrix} = \boldsymbol{K}_0 + \boldsymbol{H}_1^{\mathrm{T}} \boldsymbol{H}_1 \quad (3\text{-}36)$$

其次，这里将式（3-36）展开成加和的形式，再同时乘以 $\boldsymbol{K}_0$ 和 $\boldsymbol{K}_0$ 的逆矩阵，并利用 $\boldsymbol{H}_0$ 和 $\boldsymbol{T}_0$ 构造出 $\boldsymbol{\beta}^{(0)}$ 的形式。同时，由式（3-36）可得：$\boldsymbol{K}_0 = \boldsymbol{K}_1 - \boldsymbol{H}_1^{\mathrm{T}} \boldsymbol{H}_1$，进而得到式（3-37）。

$$\begin{aligned} \begin{bmatrix} \boldsymbol{H}_0 \\ \boldsymbol{H}_1 \end{bmatrix}^{\mathrm{T}} \begin{bmatrix} \boldsymbol{T}_0 \\ \boldsymbol{T}_1 \end{bmatrix} &= \boldsymbol{H}_0^{\mathrm{T}} \boldsymbol{T}_0 + \boldsymbol{H}_1^{\mathrm{T}} \boldsymbol{T}_1 = \boldsymbol{K}_0 \boldsymbol{K}_0^{-1} \boldsymbol{H}_0^{\mathrm{T}} \boldsymbol{T}_0 + \boldsymbol{H}_1^{\mathrm{T}} \boldsymbol{T}_1 = \boldsymbol{K}_0 \boldsymbol{\beta}^{(0)} + \boldsymbol{H}_1^{\mathrm{T}} \boldsymbol{T}_1 = \\ &\left(\boldsymbol{K}_1 - \boldsymbol{H}_1^{\mathrm{T}} \boldsymbol{H}_1 \right) \boldsymbol{\beta}^{(0)} + \boldsymbol{H}_1^{\mathrm{T}} \boldsymbol{T}_1 = \boldsymbol{K}_1 \boldsymbol{\beta}^{(0)} - \boldsymbol{H}_1^{\mathrm{T}} \boldsymbol{H}_1 \boldsymbol{\beta}^{(0)} + \boldsymbol{H}_1^{\mathrm{T}} \boldsymbol{T}_1 \end{aligned} \quad (3\text{-}37)$$

最后，将式（3-34）中与第一次训练相关的 $\boldsymbol{H}_0$ 和 $\boldsymbol{T}_0$ 全部用其他变量进行替换，并联立式（3-34）和式（3-37）得到

$$\boldsymbol{\beta}^{(1)} = \boldsymbol{K}_1^{-1} \begin{bmatrix} \boldsymbol{H}_0 \\ \boldsymbol{H}_1 \end{bmatrix}^{\mathrm{T}} \begin{bmatrix} \boldsymbol{T}_0 \\ \boldsymbol{T}_1 \end{bmatrix} = \boldsymbol{K}_1^{-1} \left(\boldsymbol{K}_1 \boldsymbol{\beta}^{(0)} - \boldsymbol{H}_1^{\mathrm{T}} \boldsymbol{H}_1 \boldsymbol{\beta}^{(0)} + \boldsymbol{H}_1^{\mathrm{T}} \boldsymbol{T}_1 \right) = \boldsymbol{\beta}^{(0)} + \boldsymbol{K}_1^{-1} \boldsymbol{H}_1^{\mathrm{T}} \left(\boldsymbol{T}_1 - \boldsymbol{H}_1 \boldsymbol{\beta}^{(0)} \right)$$

$$(3\text{-}38)$$

从以上推导即可看出，OS-ELM 不需要将新的数据和原始数据进行混合、再重新训练获得网络的输出权重，而是在原有的输出权重基础上，按照式（3-38）计算输出权重。

3.4.2　在线序贯 ELM 机理分析

本小节通过比较 OS-ELM 与其他序贯学习算法的异同点，进而阐述前者的运行机理。这里从建模方式、参数选取、激活函数类型 3 个方面将 OS-ELM 与几个常见的模型（随机梯度下降反向传播（SGBP）[13]、资源分配网络（RAN）[14]、基于扩展卡尔曼滤波的 RAN（RANEKF）[15]、最小化 RAN（MRAN）[16]、基于生长剪枝的径向基函数网络（GAP-RBF）[17]）进行比较和分析。

1. 建模方式

在实际应用中，数据是一个接一个或者一组接一组到达网络。SGBP、RAN、RANEKF、MRAN、GAP-RBF、基于广义生长剪枝的径向基函数网络（GGAP-RBF）[18]模型只能处理数据单个到达的情况。其中 SGBP 实际上也可以对数据进行成组的学习，但 SGBP 要求在下一组数据输入之前即完成上一组数据的训练，不仅难度大而且会造成学习速度的下降。相比之下，OS-ELM 模型可以同时实现单个到达的数据和成组到达的数据的训练，并且不需要每组的训练数据个数相同，因此具有较大灵活性和较高泛化性能。

2. 参数选择

RAN、RANEKF、MRAN、GAP-RBF、GGAP-RBF 模型中的控制参数包括距离参数和影响因子。除此之外，MRAN 模型还需要定义生长和修剪参数；GAP-RBF 和 GGAP-RBF 模型需要输入样本分布或者样本区域范围的估计；SGBP 模型的控制参数包括整个网络模型的大小、学习速率和动力常数。这些参数要根据具体的问题来调整，适应性差。然而本小节介绍的 OS-ELM 唯一需要定义和选择的参数，只有网络的大小，即隐藏层节点的个数。因此，相对于其他对比模型来说，OS-ELM 模型具有更加优越的易用性。

3. 激活函数类型

RAN、RANEKF、MRAN、GAP-RBF 和 GGAP-RBF 的激活函数只能使用径向基函数，SGBP 的激活函数只能使用加性函数，而 OS-ELM 的激励函数既可以是加性函数也可以是径向基函数。在 OS-ELM 中，已经将基于加性函数和基于径向基函数融合在一起，因此两种激活函数可以利用同样的学习算法进行顺序训练。

3.4.3　在线序贯 ELM 性能评估

为了验证 OS-ELM 的性能，这里在不同的数据集上对算法进行试验，每次试验随机选择训练和测试数据，将 50 次实验结果进行平均，作为最后的统计结果。参与对比的算法包括：SGBP、RAN、RANEKF、MRAN、GAP-RBF 以及 OS-ELM。回归问题采用平均训练时间、平均训练和测试的均方根误差（Root Mean Square Error，RMSE）作为评价指标，分类问题采用平均训练时间、训练和测试分类准确率作为评价指标。

1. 回归问题

为了验证 OS-ELM 在回归问题上的可行性，这里采用 3 组数据集对算法进行验证，即 Auto-MPG、Abalone 和 California housing 数据集。Auto-MPG 数据集是预测不同型号汽车的燃料消耗（每加仑英里数），Abalone 数据集是从物理测量中估计 Abalone 的年龄；而 California housing 数据集是根据 1990 年人口普查中加利福尼亚州所有小区收集的信息来预测加州房屋的中位数价格。

表 3-5 总结了回归问题的实验结果，包括平均训练时间、平均训练和测试的RMSE，以及每种算法的隐藏单元数。OS-ELM（Sigmoid）、OS-ELM（RBF）和SGBP 的隐藏单元数量是基于经验设定的，而对于 RAN、RANEKF 和 MRAN 和GAP-RBF 是由算法自动生成的。

从表 3-5 可知，OS-ELM（Sigmoid）和 OS-ELM（RBF）的性能相接近，但是 OS-ELM（RBF）的平均训练时间约是 OS-ELM（Sigmoid）的两倍。在算法训练时间上，OS-ELM 和 SGBP 训练所花费的时间远远小于 RAN、RANEKF、MRAN 和GAP-RBF。而且，在所有算法中，OS-ELM 取了的了最好的 RMSE 测试结果。

表 3-5 OS-ELM 与其他序列算法在回归问题上的比较[12]

数据集	算法	平均训练时间/s	RMSE		隐藏单元数
			平均训练	平均测试	
Auto-MPG	OS-ELM（Sigmoid）	0.044 4	0.068 0	0.074 5	25
	OS-ELM（RBF）	0.091 5	0.069 6	0.075 9	25
	SGBP	0.087 5	0.111 2	0.102 8	13
	GAP-RBF	0.452 0	0.114 4	0.140 4	3.12
	MRAN	1.464 4	0.108 6	0.137 6	4.46
	RANEKF	1.010 3	0.108 8	0.138 7	5.14
	RAN	0.804 2	0.292 3	0.308 0	4.44
Abalone	OS-ELM（Sigmoid）	0.590 0	0.075 4	0.077 7	25
	OS-ELM（RBF）	1.247 8	0.075 9	0.078 3	25
	SGBP	0.747 2	0.099 6	0.097 2	11
	GAP-RBF	83.784	0.096 3	0.096 6	23.62
	MRAN	1 500.4	0.083 6	0.083 7	87.571
	RANEKF	90 806	0.073 8	0.079 4	409
	RAN	105.17	0.093 1	0.097 8	345.58

（续表）

数据集	算法	平均训练时间/s	RMSE		隐藏单元数
			平均训练	平均测试	
California housing	OS-ELM（Sigmoid）	3.575 3	0.130 3	0.133 2	50
	OS-ELM（RBF）	6.962 9	0.132 1	0.134 1	50
	SGBP	1.686 6	0.168 8	0.170 4	9
	GAP-RBF	115.34	0.141 7	0.138 6	18
	MRAN	2 891.5	0.159 8	0.158 6	64
	RANEKF	14 181	0.073 6	0.149 5	200
	RAN	3 505.2	0.108 3	0.153 1	3 552

2. 分类问题

为了验证 OS-ELM 在分类问题上的可行性，这里采用 3 组数据集对算法进行验证，即图像分割分类、卫星图像分类和 DNA 分类。图像分割分类数据集目的是将分割出来的区域分类为面砖、天空、树叶、水泥、窗户、道路和草。卫星图像分类数据集目的是将数据分类为红土、棉花作物、灰土、潮湿的灰土、植被残留的土壤和非常潮湿的灰土 6 类区域。DNA 分类数据集目的是将外显子（剪接后保留的 DNA 序列部分）和内含子（被剪接出的 DNA 序列部分）进行分类。

表 3-6 总结了分类问题的实验结果，包括平均训练时间、平均训练和测试的准确率，以及每种算法的隐藏单元数。OS-ELM（Sigmoid）、OS-ELM（RBF）和 SGBP 的隐藏单元数量是基于经验设定的，而对于 MRAN 和 GAP-RBF，是由算法自动生成的。

从表 3-6 中可以看出，与 MRAN 相比，OS-ELM 以极快的学习速度达到了最佳的泛化性能。虽然 SGBP 在这些实际问题中以最快的速度完成训练，但其泛化性能比 OS-ELM 差很多。因此，从上述实验可以看出 OS-ELM 在保持了单隐藏层 ELM 训练效率的同时，还提高了算法的泛化性，具有较高的实际应用价值。

表 3-6 OS-ELM 与其他分类算法在分类问题上的比较[12]

数据集	算法	平均训练时间/s	准确率/%		隐藏单元数
			平均训练	平均测试	
图像分割分类	OS-ELM（Sigmoid）	9.998 1	97.00	94.88	180
	OS-ELM（RBF）	12.197	96.65	94.53	180
	SGBP	2.577 6	83.71	82.55	80
	GAP-RBF	1 724.3	—	89.93	44.2
	MRAN	7 004.5	—	93.40	53.1

（续表）

数据集	算法	平均训练时间/s	准确率/%		隐藏单元数
			平均训练	平均测试	
卫星图像分类	OS-ELM（Sigmoid）	302.48	91.88	88.93	400
	OS-ELM（RBF）	319.14	93.18	89.01	400
	SGBP	3.141 5	85.23	83.75	25
	MRAN	2 469.4	—	86.36	20.4
DNA 分类	OS-ELM（Sigmoid）	16.742	95.79	93.43	200
	OS-ELM（RBF）	20.951	96.12	94.37	200
	SGBP	1.084 0	85.64	82.11	12
	MRAN	6 079.0	—	86.85	5

🔍 3.5　样本含噪——滤波型 ELM

样本数据中包含"噪声"是机器学习领域中普遍存在的问题，例如数据采集测量时传感器产生的误差，数据传输信道不稳定引起的误码，系统出现软、硬件故障，以及在人机交互过程中的输入错误等。

噪声的存在无疑会影响样本数据的质量，进而考验 ELM 模型训练与测试的稳健性。在 ELM 网络中，由于隐藏层参数（权重项与偏置项）以某种连续概率分布随机产生，隐藏层输出矩阵 H 可能为病态矩阵，伴有微弱噪声扰动的输入数据，可能使得基于 H 求解的输出层参数结果发生显著波动，大幅降低模型训练与测试的可靠性。

为解决上述问题，本节从模型设计的角度出发，介绍一种应对数据含噪问题的滤波型 ELM。通过在网络隐藏层灵活地嵌入有限长单位冲击响应（Finite Impulse Response，FIR）滤波模块，ELM 能够更好地完成含噪声数据的回归和分类任务。此外，该方法可与常见的"数据清洗"方法（检查数据一致性、无效值、缺失值、异常值等）相结合，共同减轻噪声对 ELM 模型训练的影响。

3.5.1　滤波型 ELM 模型构建

由于神经元的输出与其输入的加权和有关，ELM 隐藏层的每个神经元节点均可被视为一个 FIR 滤波器，这从经典的信号处理角度为含噪序列数据条件下的模型训练提供了新视角。具体而言，如果基于 FIR 滤波理论精心设计隐藏层权重参数，使之等效于一组低通/高通/带通/带阻或者其他形式的滤波器，就可能去除输入序列数据中不需要的频率分量，进而提升隐藏层输出矩阵 H 与输出层参数学习的稳定性。

滤波型 ELM（FIR-ELM）网络[19]的结构如图 3-9 所示。它包含一个输入抽头延迟线存储器，以及 $\widetilde{N}$ 个线性节点的隐藏层。输入序列 $x(k), x(k-1), x(k-2), \cdots,$ $x(k-n+1)$ 表示过去 k 时刻及隔 $n-1$ 时刻观测值的时间序列。输入数据向量和输出数据向量可表示为

$$\boldsymbol{x}(k) = \begin{bmatrix} x(k) & x(k-1) & \cdots & x(k-n+1) \end{bmatrix} \tag{3-39}$$

$$\boldsymbol{o}(k) = \begin{bmatrix} o_1(k) & o_2(k) & \cdots & o_m(k) \end{bmatrix} \tag{3-40}$$

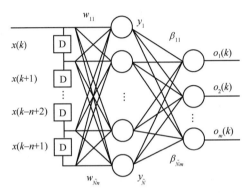

图 3-9　FIR-ELM 网络结构（配备线性滤波节点）[19]

第 i 个隐藏层节点的输出值可按式（3-41）计算。

$$y_i = \sum_{j=1}^{n} w_{ij} x(k-j+1) = \boldsymbol{w}_i^{\mathrm{T}} \boldsymbol{x}(k), \ i=1,\cdots,\widetilde{N} \tag{3-41}$$

其中，

$$\boldsymbol{w}_i = \begin{bmatrix} w_{i1} & w_{i2} & \cdots & w_{in} \end{bmatrix}^{\mathrm{T}}, \ i=1,\cdots,\widetilde{N} \tag{3-42}$$

网络第 i 个输出层节点的输出形式如下。

$$o_i(k) = \sum_{p=1}^{\widetilde{N}} \beta_{pi} \boldsymbol{w}_p^{\mathrm{T}} \boldsymbol{x}(k), \ i=1,\cdots,m \tag{3-43}$$

因此，输出数据向量 $\boldsymbol{o}(k)$ 可表示为

$$\boldsymbol{o}(k) = \sum_{p=1}^{\widetilde{N}} \boldsymbol{\beta}_p \boldsymbol{w}_p^{\mathrm{T}} \boldsymbol{x}(k) \tag{3-44}$$

其中，网络输出层参数可表示为

$$\boldsymbol{\beta}_i = \begin{bmatrix} \beta_{i1} & \beta_{i2} & \cdots & \beta_{im} \end{bmatrix}^{\mathrm{T}}, \ i=1,\cdots,\widetilde{N} \tag{3-45}$$

对于全部 N 个训练样本，FIR-ELM 的前馈运算过程可写作如下矩阵形式。

$$H\beta = o \tag{3-46}$$

其中，H 为隐藏层输出矩阵，H 的第 i 列对应第 i 个隐藏层神经元对应训练样本 $x_1, x_2, \cdots, x_N$ 的输出值，β 与 o 分别为输出层参数矩阵与目标矩阵。

$$
H = \begin{bmatrix} w_1^{\mathrm{T}} x_1 & \cdots & w_{\tilde{N}}^{\mathrm{T}} x_1 \\ \vdots & & \vdots \\ w_1^{\mathrm{T}} x_N & \cdots & w_{\tilde{N}}^{\mathrm{T}} x_1 \end{bmatrix} = \begin{bmatrix} h_{11} & \cdots & h_{1\tilde{N}} \\ \vdots & & \vdots \\ h_{N1} & \cdots & h_{N\tilde{N}} \end{bmatrix}
$$

$$
\beta = \begin{bmatrix} \beta_1^{\mathrm{T}} \\ \vdots \\ \beta_{\tilde{N}}^{\mathrm{T}} \end{bmatrix}_{\tilde{N} \times m}, \quad o = \begin{bmatrix} o_1^{\mathrm{T}} \\ \vdots \\ o_N^{\mathrm{T}} \end{bmatrix}_{N \times m} \tag{3-47}
$$

FIR-ELM 模型训练包含两个关键步骤：① 基于 FIR 滤波原理的隐藏层权重参数 w_{ij} 设计；② 基于隐藏层输出矩阵 H 计算网络输出层参数 β。

1. 隐藏层权重参数设计

以第 i 个隐藏层节点的输出表达式为例进行分析。

$$y_i(k) = \sum_{j=1}^{n} w_{ij} x(k-j+1) = w_i^{\mathrm{T}} x(k), \ i = 1, \cdots, \tilde{N} \tag{3-48}$$

可以看出，式（3-48）是 FIR 滤波器的典型形式，其中输入权重 w_{ij} 可被视作滤波器的系数，即滤波器的脉冲响应，而输出值 $y_i(k)$ 是输入数据（时间序列）与滤波器脉冲响应的卷积，滤波器的长度与网络输入节点的数量相等。

欲使该隐藏层节点具备滤除输入数据中高频噪声的能力，可先预设具有如下频率响应的低通滤波器

$$H_{id}(\omega) = \begin{cases} \mathrm{e}^{-\mathrm{j}\omega(n-1)/2}, & |\omega| \leqslant \omega_c \\ 0, & \omega_c < |\omega| < \pi \end{cases} \tag{3-49}$$

其中，ω_c 是低通滤波器的截止频率，低于截止频率的为滤波器的通带，而高于截止频率的为阻带。考虑到隐藏层节点个数有限，需要对上述低通滤波器加矩形窗截断，进而形成长度为 n 的网络隐藏层，其单位冲激响应如下所示。

$$\hat{h}_{id}[k] = \frac{1}{2\pi} \int_{-\omega_c}^{\omega_c} \mathrm{e}^{-\mathrm{j}\omega(n-1)/2} \mathrm{e}^{\mathrm{j}\omega k} \mathrm{d}\omega = \frac{\sin[\omega_c(k-(n-1)/2)]}{\pi(k-(n-1)/2)}, \ 0 \leqslant k \leqslant n-1 \tag{3-50}$$

由 FIR 滤波器特性可知，如果各个滤波器抽头系数为正且对称，即满足

$$\hat{h}_{id}[k] - \hat{h}_{id}[n \quad k \mid 1] \tag{3-51}$$

那么该滤波器的输出值是稳定的——因为其对应一个具有非递归结构的线性

相位 FIR 滤波器，其传递函数不存在极点，对于幅值有限的输入，滤波器的输出也为有限值。因此，第 i 个隐藏层节点的权重 w_{ij} 可设置为

$$w_{i1} = \hat{h}_{id}[0], w_{i2} = \hat{h}_{id}[1], \cdots, w_{in} = \hat{h}_{id}[n-1] \tag{3-52}$$

2. 网络输出层参数计算

鉴于 FIR-ELM 隐藏层参数已根据预设的频率响应特性设计完毕，网络输出层参数矩阵 $\boldsymbol{\beta}$ 的求解可以参照 3.1 节的优化过程描述。

$$\min_{\boldsymbol{\beta}} \quad \frac{\gamma}{2}\|\boldsymbol{\varepsilon}\|^2 + \frac{d}{2}\|\boldsymbol{\beta}\|^2 \tag{3-53}$$
$$\text{s.t.} \quad \boldsymbol{\varepsilon} = \boldsymbol{o} - \boldsymbol{T} = \boldsymbol{H}\boldsymbol{\beta} - \boldsymbol{T}$$

上述问题可以利用拉格朗日乘子求解，并为此构建如下拉格朗日函数。

$$L = \frac{\gamma}{2}\sum_{i=1}^{N}\sum_{j=1}^{m}\varepsilon_{ij}^2 + \frac{d}{2}\sum_{i=1}^{\bar{N}}\sum_{j=1}^{m}\beta_{ij}^2 \sum_{k=1}^{N}\sum_{p=1}^{m}\lambda_{kp}(\boldsymbol{h}_k^{\mathrm{T}}\bar{\boldsymbol{\beta}}_p - T_{kp} - \varepsilon_{kp}) \tag{3-54}$$

其中，ε_{ij} 是误差矩阵 $\boldsymbol{\varepsilon}$ 的第 i 行 j 列的元素，β_{ij} 是输出层参数矩阵 $\boldsymbol{\beta}$ 的第 i 行 j 列的元素，T_{kp} 是输出数据矩阵 $\boldsymbol{T}$ 的第 k 行 p 列的元素，$\boldsymbol{h}_k$ 是隐藏层输出矩阵 $\boldsymbol{H}$ 的第 k 列，$\bar{\boldsymbol{\beta}}_p$ 是输出层参数矩阵 $\boldsymbol{\beta}$ 的第 p 列，λ_{kp} 是拉格朗日乘子，γ 和 d 分别是用于平衡回归误差项与 L_2 范数正则项的常数。

类似地，通过对拉格朗日函数中的 β_{ij}、ε_{ij} 求偏导，并置零构建线性方程组，可得到输出层权重矩阵 $\boldsymbol{\beta}$ 的闭式解。

$$\boldsymbol{\beta} = \left(\frac{d}{\gamma}\boldsymbol{I} + \boldsymbol{H}^{\mathrm{T}}\boldsymbol{H}\right)^{-1}\boldsymbol{H}^{\mathrm{T}}\boldsymbol{T} \tag{3-55}$$

3.5.2 滤波型 ELM 机理分析

针对样本含噪问题，FIR-ELM 网络有效性的关键在于其具有滤波特性的隐藏层映射单元可改善病态隐藏层输出矩阵 $\boldsymbol{H}$ 以及输出层参数矩阵 $\boldsymbol{\beta}$ 的求解稳定性。本节试图从理论方面评估 FIR-ELM 的抗噪性能。

记噪声扰动引起的隐藏层输出矩阵 $\boldsymbol{H}$ 变化为 $\Delta\boldsymbol{H}$，则相应求解得到的输出层参数矩阵 $\boldsymbol{\beta}$ 变化量为 $\Delta\boldsymbol{\beta}$。由于

$$(\boldsymbol{H} + \Delta\boldsymbol{H})(\boldsymbol{\beta} + \Delta\boldsymbol{\beta}) = \boldsymbol{o} \tag{3-56}$$

则必有

$$\boldsymbol{H}\Delta\boldsymbol{\beta} = -\Delta\boldsymbol{H}(\boldsymbol{\beta} + \Delta\boldsymbol{\beta}) \tag{3-57}$$

$$\Delta\boldsymbol{\beta} = -\boldsymbol{H}^{+}(\Delta\boldsymbol{H}(\boldsymbol{\beta} + \Delta\boldsymbol{\beta})) \tag{3-58}$$

其中，H^+ 是矩阵 H 的 Moore-Penrose 广义逆。进一步对式（3-58）整理可以得到如下的不等式。

$$\left\| \Delta \boldsymbol{\beta} \right\| \leqslant \left\| H^+ \right\| \left\| \Delta H \right\| \left\| \boldsymbol{\beta} + \Delta \boldsymbol{\beta} \right\| \tag{3-59}$$

由此可得出输出层参数矩阵 $\boldsymbol{\beta}$ 对噪声输入的敏感性。

$$\frac{\left\| \Delta \boldsymbol{\beta} \right\|}{\left\| \boldsymbol{\beta} \right\|} \approx \frac{\left\| \Delta \boldsymbol{\beta} \right\|}{\left\| \boldsymbol{\beta} + \Delta \boldsymbol{\beta} \right\|} \leqslant \left\| H^+ \right\| \left\| \Delta H \right\| = \left\| H^+ \right\| \left\| H \right\| \frac{\left\| \Delta H \right\|}{\left\| H \right\|} \tag{3-60}$$

从式（3-60）可以看出，当输入数据中的噪声扰动成分被起到 FIR 滤波作用的隐藏层映射抑制时，由噪声引起的隐藏层输出矩阵 H 变化量将被减小至 0，即 $\left\| \Delta H \right\| = 0$。在此情况下，输出层参数矩阵 $\boldsymbol{\beta}$ 的敏感性也将被减小到 0。因此，在实际应用中，基于 FIR 滤波原理设计隐藏层权重参数有望抑制输入样本中的噪声扰动成分，并将 $\left\| \Delta H \right\|$ 的值控制在非常小的范围内，从而大幅降低输出层参数矩阵 $\boldsymbol{\beta}$ 的敏感性，提升模型训练结果对含噪样本的稳健性。

3.5.3　滤波型 ELM 性能评估

正如前面所述，由于输入权重和隐藏层偏置是随机产生的，当输入附加随机扰动时，输出的结构风险和经验风险都会大幅增加。为了验证 FIR-ELM 应对含噪数据的处理能力，这里分别使用不同的数据对其回归和分类的抗噪能力进行评估。

1. 回归抗噪能力评估

针对其回归抗噪能力，这里采用包含 5 个隐藏层节点的 ELM 拟合带噪声线性函数 $y = 2x + 1$，参与对比的方法包括单隐藏层 ELM、正则化 ELM（Regularized ELM, RLM）以及 FIR-ELM。

图 3-10 给出了函数的拟合情况以及对应的拟合误差值[19]。其中，图 3-10（a）～（c）分别对应单隐藏层 ELM、RLM、FIR-ELM 的输出值，即网络对函数的拟合情况；图 3-10（d）～（f）分别表示目标函数的趋势拟合情况以及拟合误差情况。实验结果表明 FIR-ELM 对隐藏层节点进行线性低通滤波，能很好地拟合出目标函数，大大减少了输出误差，因此可以提高回归器的抗噪能力，很好地平衡和减少系统的结构风险以及经验风险。

2. 分类抗噪能力评估

针对其分类抗噪能力，图 3-11 使用了一个低频音调分类的数据集来验证其性能。数据总共分为 10 类，分别对应着不同频率的音调（100 Hz, 150 Hz, 200 Hz, 300 Hz, …, 900 Hz）。参与对比的方法包括：单隐藏层 ELM、RLM 以及 FIR-ELM。

图 3-11（a）所示为采用 ELM 训练的分类结果，图 3-11（b）所示为相应的

均方根误差。可以清楚地看到，由于 ELM 的输入权重是任意分配的，其结构风险和经验风险都非常高，不能通过最小化输出权重来降低输入噪声的影响。

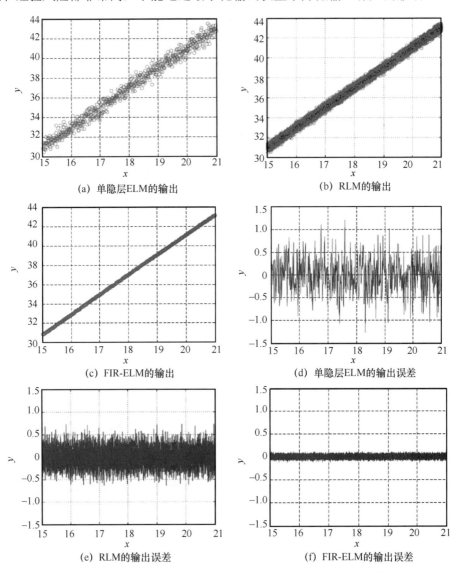

(a) 单隐层ELM的输出

(b) RLM的输出

(c) FIR-ELM的输出

(d) 单隐层ELM的输出误差

(e) RLM的输出误差

(f) FIR-ELM的输出误差

图 3-10 3 种 ELM 对于含噪线性函数 $y = 2x + 1$ 的拟合结果[19]

图 3-11（c）和（d）分别展示了 RLM 的分类结果和均方根误差，由于 RLM 的输入权重是任意赋值的，具有较高的结构和经验风险，导致对输入扰动的数据的稳健性较差，与 ELM 的图 3-11（a）、（b）相比，没有明显的性能改善。

图 3-11（e）、（f）显示 FIR-ELM 的分类结果和均方根误差，相对于前面算法

的训练结果，FIR-ELM 对输入噪声数据的分类准确性和稳健性已经大大改善了。主要是由于输入权重使用了矩形窗低通滤波技术进行重新组合，其结构和经验风险已经大大减少。

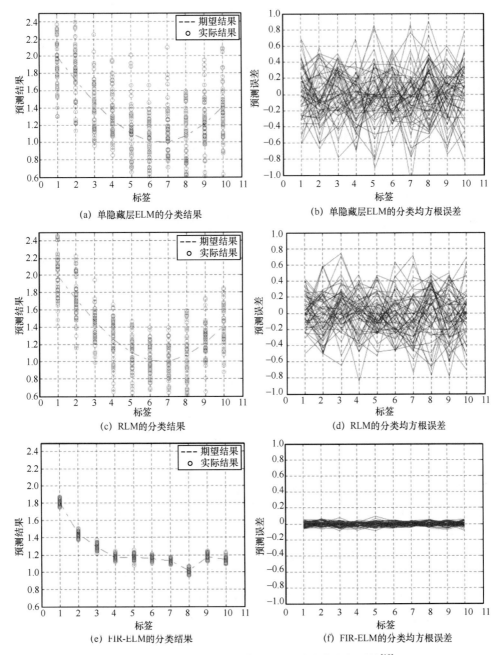

图 3-11　3 种算法的分类结果以及对应的均方根误差[19]

🔍 3.6 本章小结

由于 ELM 在分类与回归任务的统一性，可用于逼近任意输入数据与目标变量间的连续函数关系，使得 ELM 可以应用于各种各样的任务中。本章在分析上述统一性的同时，以不同任务进行展开，针对标签不平衡、标签缺失、样本动态更迭、样本含噪等问题开展研究，不断深化 ELM 模型。

针对标签不平衡问题，迫使分类超边界向样本较多的类别移动，进而起到提高模型对小样本分类泛化性的作用。应对标签缺失问题，引入弱监督 ELM 模型，利用流行正则项，提升标签缺失情况下函数关系的稳定性。应对序贯输入数据时，采用动态更迭输出参数的方法，提高模型的学习速度与效率。在处理数据含噪的问题上，将输入层权重设计为 FIR 滤波器，形成滤波型 ELM，在隐藏层节点对噪声进行抑制，从而提升了 ELM 模型的拟合精度，减少泛化误差。以上 4 种经典 ELM 模型在具备优秀泛化能力的同时，均可实现网络参数的高效求解或更新。

参考文献

[1] HUANG G B, WANG D H, LAN Y. Extreme learning machines: a survey[J]. International Journal of Machine Learning and Cybernetics, 2011, 2(2): 107-122.

[2] HUANG G B, ZHOU H, DING X, et al. Extreme learning machine for regression and multiclass classification[J]. IEEE Transactions on Systems, Man and Cybernetics, Part B (Cybernetics), 2012, 42(2): 513-529.

[3] ZONG W, HUANG G B, CHEN Y. Weighted extreme learning machine for imbalance learning[J]. Neurocomputing, 2013, 101: 229-242.

[4] HE H, GARCIA E A. Learning from imbalanced data[J]. IEEE Transactions on Knowledge & Data Engineering, 2009, 21(9): 1263-1284.

[5] HUANG G, SONG S, GUPTA J N D, et al. Semi-supervised and unsupervised extreme learning machines[J]. IEEE Transactions on Cybernetics, 2014, 44(12): 2405-2417.

[6] WANG G, WANG F, CHEN T, et al. Solution path for manifold regularized semi-supervised classification[J]. IEEE Transactions on Systems, Man, and

Cybernetics, Part B (Cybernetics), 2012, 42(2): 308-319.

[7] BELKIN M, NIYOGI P. Laplacian eigenmaps for dimensionality reduction and data representation[M]. Massachusetts: MIT Press, 2003.

[8] JOACHIMS T. Transductive inference for text classification using support vector macines[C]//International Conference on Machine Learning (ICML). San Francisco: Morgan Kaufmann Publishers Inc., 1999: 200-209.

[9] BELKIN M, NIYOGI P, SINDHWANI V. Manifold regularization: a geometric framework for learning from labeled and unlabeled examples[J]. Journal of Machine Learning Research, 2006, 7(1): 2399-2434.

[10] BENGIO Y. Learning deep architectures for AI[J]. Foundations and Trends in Machine Learning, 2009, 2(1):1-127.

[11] NG A Y, JORDAN M I, WEISS Y. On spectral clustering: analysis and an algorithm[C]//Proceedings of the 14th International Conference on Neural Information Processing Systems: Natural and Synthetic. Massachusetts: MIT Press, 2001: 849–856.

[12] LIANG N, HUANG G, SARATCHANDRAN P, et al. A fast and accurate online sequential learning algorithm for feedforward networks[J]. IEEE Transactions on Neural Networks, 2006, 17(6): 1411-1423.

[13] LECUN Y, BOTTOU L, ORR G B, et al. Efficient backprop[J]. Lecture Notes in Computer Science, 1998, 1524(1): 9-50.

[14] PLATT J. A resource-allocating network for function interpolation[J]. Neural Computation, 1991, 3(2): 213-225.

[15] KADIRKAMANATHAN V, NIRANJAN M. A function estimation approach to sequential learning with neural networks[J]. Neural Computation, 1993, 5(6): 954-975.

[16] LU Y, SUNDARARAJAN N, SARATCHANDRAN P. A sequential learning scheme for function approximation using minimal radial basis function (RBF) neural networks[J]. Neural Computation, 1997, 9(2): 461-478

[17] HUANG G B, SARATCH P, MEMBER S, et al. An efficient sequential learning algorithm for growing and pruning RBF (GAP-RBF) networks[J]. IEEE Transactions on Systems, Man, and Cybernetics, Part B (Cybernetics), 2004, 34(6): 2284-2292.

[18] HUANG G B, SARATCHANDRAN P, SUNDARARAJAN N. A generalized growing and pruning RBF (GGAP-RBF) neural network for function

approximation[J]. IEEE Transactions on Neural Networks, 2005, 16(1): 57-67.

[19] MAN Z, LEE K, WANG D, et al. A new robust training algorithm for a class of single-hidden layer feedforward neural networks[J]. Neurocomputing, 2011, 74(16): 2491-2501.

第4章
超限学习机特征学习

特征学习旨在通过计算模型自主学习目标数据的特征表示[1-2]，获取异于其他类别数据的属性信息。在一些学术文献中，特征属性信息的提取通常需要借助表征函数：借助从原始数据空间到合适特征空间的某种函数映射，得到数据在映射空间内的特征表示。

实际上，表征函数的概念常常在科学和工程领域的各个分支中以不同的名称出现。例如，它在信息论中被称为编码，在学习理论中被称为特征映射；在谐波分析或信号处理领域中被称为变换；在计算几何中被称为嵌入[3]。本章为了简单起见，统一以"特征映射函数"指代这一关键概念。

与手工设计特征映射函数相比，特征映射函数的自主学习可有效降低特征设计难度。近年来，特征学习吸引了越来越多研究者的关注，其影响力更是得益于深度学习技术的复兴而被推升至全新高度。

显然，提升特征的稳健性以及模型的运算效率是特征学习面临的关键问题。首先，有必要稳健、快速地学习目标数据的特征映射函数；其次，还需基于该函数将数据从原始输入空间快速映射至合适的特征空间，得到数据在映射空间的特征表示。

如前述章节所述，ELM 作为一种快速神经网络模型，本身兼具对目标函数的快速学习能力与良好的泛化性能，因此可用于快速而有效地学习目标数据的特征映射函数。本章从最基本的"特征选择"方法出发，由"浅"至"深"依次介绍"单隐藏层特征映射"与"层次化特征映射"学习策略，实现对基于 ELM 特征映射函数学习的系统性介绍。最后，将 ELM 层次化特征学习与当前的深度学习技术进行对比分析，从建模策略与优化方法两方面客观阐述两者的异同。

🔍 4.1 ELM 特征选择

特征选择[4]，顾名思义，旨在从描述样本数据的原始属性集合（向量）中选择出"相对重要的"属性子集（维度）作为新的特征表征。显然，这种属性"选择"的过程可被视为一种简单的特征映射函数。实际上，特征选择具有悠久的发展历史，是机器学习学科中研究最早的分支领域之一，甚至可以看成当前深度学习技术的前奏。该项技术的悠久探索历程在一定程度上反映了原始数据的特征表征对解决实际任务的重要意义。

单纯地增加样本数据特征的属性数量未必会使最终的特征描述能力得到相应的提升。实际上，当所描述样本数据的属性过多，即样本数据表征向量（以下简称"表征向量"）的维度过高时，将引发后续学习系统（如分类器）的泛化性降低、计算复杂度上升等一系列问题，该类问题亦被称为"维数灾难"。其中，泛化性降低的原因在于，随着表征向量维度的增加，向量在高维空间内的密度会急剧下降，从而无法反映出样本整体分布的一般性规律。表征向量对样本数据鉴别能力的降低将导致后续学习系统仅学到了异常表示（如噪声）而引发严重过拟合。此外，计算复杂度上升的原因则相对容易理解，过高的表征向量维度（描述文本、图像等类型数据可达万级）使得一些基本的向量运算操作（如内积、求和、求均值等）都变得极为耗时。

因此，在实际任务中，有必要考虑对表征向量进行"特征选择"预处理，即从描述数据的属性集合中选择出"相对重要的"特征子集。属性的选择过程可被认为是一种简单的特征变换或映射，将原始样本数据所在的坐标系移动到一个维度被"削减"的新坐标系，得到样本数据的"低维"特征表示，在提升特征鉴别能力的同时，降低后续学习器过拟合风险，提升计算效率。

特征选择的通用策略框架如图 4-1 所示。从图中可以看出，特征子集的搜索策略与评估准则是整个特征选择框架的核心环节，即如何设计高效的搜索策略来逐步引导特征子集的选择，并在此基础上进行有效的特征子集评价是整个特征选择策略的关键。两者的实现途径差异大致形成了以下 3 类方法（各方法的异同见表 4-1）。

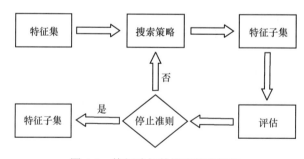

图 4-1　特征选择的通用策略框架

表 4-1　典型特征选择方法之间的异同

方法	嵌入式	包裹式	过滤式
特点	属性搜索、评估与后续学习器训练密切相关	属性搜索、评估以后续学习器性能为参考，但训练过程相对独立	属性搜索、评估基于启发式规则，与后续学习器相对独立
优势	任务相关性较强 特征选择结果鉴别能力较强	任务相关性较强 特征选择结果鉴别能力较强	计算复杂度低
不足	计算复杂度较高	人工干预较多 计算复杂度较高	任务相关性较弱 可能损失有价值的属性

1. 过滤式特征选择

该类方法将特征选择作为一种"预处理"步骤，其中根据一些预定义的度量准则对各个特征进行评分和排序。需要指出的是，过滤式特征选择过程相对后续学习过程独立，即与后续学习器（如特征分类器）无关。因此无法保证选出的特征子集有助于提高后续学习器的性能。

2. 包裹式特征选择

该类方法认为，如果当前属性与解决的实际任务没有相关性，那该属性的存在对于任务的解决意义不大。因此，有必要摒弃与任务无关的特征属性，只留下关键的影响因素。在实现方法方面，包裹式特征选择将后续学习器的性能作为特征选择的评价准则，对训练得到的模型效果进行打分，然后通过评分来决定当前属性的去留，为学习器选择最有利于其性能的特征。

需要指出的是，虽然包裹式特征选择方法考虑了后续学习器的性能，但特征选择过程与后续学习器的训练过程仍相对独立，仅是将后者的性能作为特征选择依据，以此衡量特征向量内的各个属性类型是否与实际任务足够"相关"。

3. 嵌入式特征选择

该类方法主张将特征选择过程与学习器训练过程融合在一起，让两者在同一个优化过程中完成，这与当前流行的深度特征学习所提倡的"端到端学习"十分相似，对原始数据直接进行复杂嵌入或变换的策略大幅拓展了传统面向"属性筛选"的特征选择技术范畴，为更加稳健、高级的特征学习与提取方法提供了参考方案。显然，这与在过滤式和包裹式特征选择方法中特征选择与后续学习器训练过程独立的情形截然不同。

由于过滤式特征选择方法所使用的预定义评估准则与后续特征分类器无关，无法保证可选取适合后续学习器的最佳特征子集。为此，本节仅对 ELM 在包裹式和嵌入式特征选择方法范畴内的技术应用进行介绍与分析，重点阐述 ELM 作为快速神经网络模型在图 4-1 所示的评估环节发挥的作用。

4.1.1　ELM 包裹式特征选择

本节介绍的 ELM 包裹式特征选择方法包括特征子集搜索与性能评估两个相

对独立的过程。在特征子集搜索策略中，与输入、输出均明确的确定性算法相比，使用像遗传算法（Genetic Algorithm，GA）这样的进化算法对全局进行搜索，可以更好地避免陷入局部最优中，并生成尺寸较小的特征子集，然而常会面临计算量大的问题。为了解决该问题，性能评估部分则利用 ELM 分类器训练速度快、分类准确率高等特点，参与评估生成的特征子集是否满足停止准则。

1. 问题分析与解决思路

传统的包裹式特征选择研究大多重视提升搜索策略的效率而忽略特征子集评估的作用。一些研究工作基于经典的分类器（如 SVM）优化适配于不同尺寸特征子集的分类参数，进而完成特征评估。然而，这种做法为分类器带来一系列问题与挑战：① 不同的特征属性组合导致潜在的特征子集数量巨大，大幅增加分类器的训练时间开销；② 不同特征子集的空间分布特性存在显著差异，严重影响分类模型的数据适应性，使得分类器设计不得不依赖强人工干预（如进行超参数设定与调节）。

针对上述问题，本节介绍一种遗传算法与多个增量式 ELM 分类器（集成）相结合的包裹式特征选择[5]（Hybrid Genetic Algorithm-and Extreme Learning Machine-Based Feature Selection，HGEFS）算法。在常规搜索策略基础上，充分利用 ELM 分类器训练速度快、分类准确率高、使用灵活性强的特点，进一步提升特征子集评估准确率与评估效率。具体而言，通过为不同尺寸的特征子集自动确定 ELM 分类模型超参数（如隐藏层节点个数），或者采用多 ELM 模型集成策略，从而提升 ELM 分类器对特征子集的评估能力。

2. 算法原理

（1）遗传算法

遗传算法是一种通过模拟达尔文进化论的自然选择以及生物进化过程来搜索最优解的计算模型。对每个特征进行编码作为遗传物质的主要载体"染色体"，产生初代"特征"种群后，按照"物竞天择，适者生存"的原理，根据每个特征的"适应度"（对环境的适应程度）选择合适的特征，并借助自然遗传学的"遗传算子"对"染色体"进行"组合交叉"和"变异"，产生新的"种群"。这个过程不断迭代，最后将末代种群中的最优个体进行解码，得到特征子集。遗传算法过程如图 4-2 所示。

（2）增量式 ELM 分类器

在训练单隐藏层 ELM 时，需要预设的关键超参数为隐藏层节点的数量，这一参数将直接影响到 ELM 分类器的泛化性能。为了使特征子集在评估时均达到最佳性能，文献[5]使用增量式 ELM 分类器自主确定隐藏节点的数量，进而最小化分类误差，实现快速训练与良好泛化。为方便引用，接下来以误差最小化 ELM（Error Minimized ELM，EM-ELM）指代该分类器。

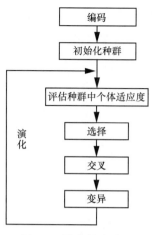

图 4-2　遗传算法过程

在 EM-ELM 中，需要预设隐藏层节点的初始数量、隐藏层节点的最大数量以及预期的训练准确度。隐藏层节点可以通过迭代计算从初始值开始增加，直到满足预期的训练准确度或达到隐藏层节点的最大数量。

输出权重可以通过递归的方式快速更新。

$$D_j = ((I - H_j H_j^{\dagger})\delta H_j)^{\dagger} \tag{4-1}$$

$$U_j = H_j^{\dagger}(I - \delta H_j^{\mathrm{T}} D_j) \tag{4-2}$$

$$\beta_{j+1} = H_{j+1}^{\dagger} T = \begin{bmatrix} U_j \\ D_j \end{bmatrix} T \tag{4-3}$$

其中，H_j 是第 j 次迭代后的隐藏层输出矩阵；δH_j 是新加入隐藏层节点的输出矩阵，并且 $H_{j+1} = [H_j + \delta H_j]$。

3. 实现方法

HGEFS 算法完整的实现流程[5]如图 4-3 所示。其中，虚线框内第①部分为 GA 的特征子集搜索过程，第②部分为特征子集选择与生成过程，第③部分为集成 ELM 分类算法。可以看出，该算法首先随机初始化特征，每一个候选特征均被编码为染色体。基于染色体修剪数据集，训练不同的集成 ELM 分类模型评估每个生成的特征子集对应的适应度值。最后，通过使用遗传算子产生新的特征子集。经过几代迭代后，为了避免陷入局部最优，使用 EI（Extinction and Immigration）策略，即用随机生成的新特征来替换原子集中的特征，以改善整个特征子集的多样性。重复该过程直到满足停止条件。这里，GA 旨在最大化分类准确率并最小化特征子集大小。在搜索过程之后，首先基于适应度值选择一组候选特征子集。

然后，根据相应网络的输出权重范数选择更小的特征子集。最后，用所有选定的 EM-ELM 预测测试数据集，最终结果通过"多数投票"规则来计算。

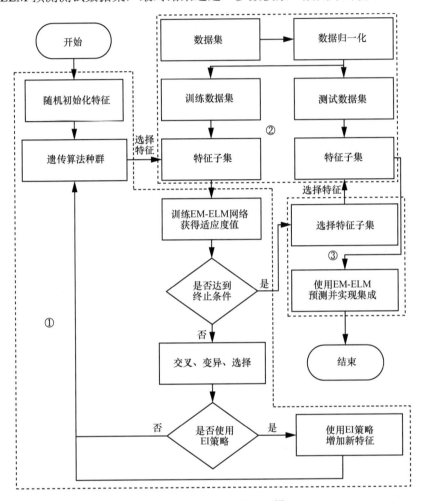

图 4-3   HGEFS 算法流程[5]

在 GA 的演化过程中，具有较高预测准确率的子集更有可能存活到下一代。换句话说，GA 试图最大化子集相应的准确率。为了最小化特征子集以满足给定的子集大小要求，这里添加了一个惩罚项来定义适应度函数，如下所示。

$$F(\theta) = \text{accuracy}(\theta) - \lambda\,|\,n-m\,| = \sqrt{\frac{\sum_{j=1}^{N}\left\|\sum_{i=1}^{K}\beta_i g(\omega_i x_j + b_i) - t_j\right\|_2^2}{N}} - \lambda\,|\,n-m\,| \quad (4\text{-}4)$$

其中，N 是验证集样本的数量，K 是隐藏节点的数量，θ 是对应的特征子集，n 是所有特征的数量，m 是需要的特征数量。λ 是惩罚系数，用于折中所获得的特征子集的准确度与特征子集的大小。当计算 accuracy(θ) 时，将训练数据集划分为用来训练相应 EM-ELM 的训练数据集以及用来评估预测准确率的验证集。

为了提高预测准确率并得到稳健的结果，使用"特征选择集成"的策略，组合几个近似最佳特征子集的输出，以降低选择不稳定子集的风险，并给出最佳子集的更好近似。众所周知，集成几个相同的分类器并不能提高性能，这一点可以通过对不同的特征子集分类来实现。一个好的集成不仅需要不同的分类结果，同时也需要要求这些分类器有准确的结果。上文中定义的适应度值只能衡量训练误差，并不能保证泛化性能。根据 ELM 的泛化理论，在训练误差和输出权重同时较小时，ELM 网络往往表现出更好的泛化性能。根据以上分析结果，在 GA 的搜索之后，具有高适应度值的特征子集将被保留。从这些保留的特征子集中进行选择可以保证较小的训练误差。为了满足 ELM 的泛化理论，需要进一步选择输出权重较小的特征子集。

基于以上考虑，按照以下步骤进行集成。首先根据适应度值对特征子集排序，并选择 $2M$ 个（其中 M 是集成中分类器的数量）最适合的特征子集。然后从这 $2M$ 个子集中选择具有较小输出权重范数的 M 个子集，以构成最终的集成模型。最后使用"多数投票"的方式选择出最优子集，对于每一个测试样本 x^{test}，可以由剩余的各自独立的 EM-ELM 网络得到 M 个预测结果。然后用一个维度数等于类标签数量的矢量 $\boldsymbol{L}_{x^{\text{test}}} \in \mathbf{R}^C$（$C$ 是类标签的数量）来存储 x^{test} 的所有 M 个结果。如果第 m 个（$m \in \{1,\cdots,M\}$）ELM 的预测结果是第 i 类标签，则向量 $\boldsymbol{L}_{x^{\text{test}}}$ 中相应条目 i 的值将增加 1，即令

$$\boldsymbol{L}_{x^{\text{test}}}(i) = \boldsymbol{L}_{x^{\text{test}}}(i) + 1 \tag{4-5}$$

在将所有 M 个结果分配给 $\boldsymbol{L}_{x^{\text{test}}}$ 后，根据"多数投票"规则，对于给定测试样本 x^{test} 的 EM-ELM 集成最终结果由下式决定。

$$f_{\text{ens}}(x^{\text{test}}) = \arg\max_{i \in \{1,\cdots,C\}} \boldsymbol{L}_{x^{\text{test}}}(i) \tag{4-6}$$

4. 性能验证

在常用的 10 个基准数据集上，将 HGEFS 与不同类型的特征选择方法进行性能对比。其中，所用的基准数据集信息见表 4-2。对比方法包括两种过滤式特征选择方法：基于关联的特征选择（Correlation-Based Feature Subset Selection，CFS）、基于卡方（Chi-Square）检验的特征选择；一种包裹式特征选择方法：粒子群优化支持向量机（Particle Swarm Optimization-Support Vector Machine，PSO-SVM）；两种嵌入式特征选择方法：C4.5 决策树、支持向量机递归特征消除（Support Vector Machine-Recursive Feature Elimination，SVM-RFE）；一种基于集成分类器的特征

选择方法：特征子空间集成（Random Subspacing Ensemble，RSE）。特征选择结果的分类准确率以及时间开销（包括模型训练与测试）是性能对标分析的重点。

表 4-2　基准数据集信息[5]

数据集	特征数量	数据集大小	类别数量
Vehicle	18	846	4
WDBC	30	569	2
Ionosphere	34	351	2
Chess	36	3 196	2
Sonar	60	258	2
Splice	61	3 190	3
Musk	166	476	2
Arrhythmia	279	452	16
Colon	2 000	62	2
DLBCL	7 129	77	2

不同特征选择方法在上述基准数据集上的分类准确率在表 4-3 中给出。由表可知，HGEFS 的性能优于除了 C4.5 决策树的其他所有算法（C4.5 决策树在 Chess 与 Splice 两个数据集上的性能优于 HGEFS，这可能因为这两个数据集中的特征属性取值是离散的）。尽管如此，C4.5 决策树的性能并不如 HGEFS 稳定。例如在 Colon 和 DLBCL 数据集上，HGEFS 可以获得明显高于 C4.5 决策树的分类准确率。

表 4-3　不同特征选择方法的分类准确率（%）对比[5]

数据集	未进行特征选择	CFS	Chi-Square	C4.5 决策树	SVM-RFE	PSO-SVM	RSE	HGEFS
Vehicle	78.81	69.17	79.76	73.64	78.49	80.76	77.32	82.02
WDBC	94.46	95.80	95.11	93.14	92.62	94.68	94.84	97.10
Ionosphere	87.79	89.06	87.86	91.16	89.84	90.12	89.01	91.33
Chess	91.20	94.03	93.98	99.43	97.78	96.82	94.86	98.74
Sonar	77.50	78.75	77.65	71.15	80.73	81.28	79.50	83.00
Splice	85.50	87.64	86.37	94.07	89.86	90.89	86.96	93.24
Musk	77.74	79.55	78.63	84.87	85.42	84.96	84.73	88.13
Arrhythmia	60.44	63.00	63.78	63.27	64.82	65.73	63.11	68.22
Colon	83.33	90.00	85.17	82.25	77.42	85.47	84.17	93.67
DLBCL	87.14	92.44	91.71	72.73	91.32	94.10	92.86	97.41
均值	82.39	83.94	84.50	82.58	84.83	86.51	84.73	89.28

在特征选择方法的时间开销方面，以 Arrhythmia 数据集进行评估（90%的样本用于训练），结果见表 4-4。由表 4-4 可以看出，与包裹式、嵌入式和基于集成分类器的特征选择方法对比，HGEFS 会消耗更多的时间，但是会快于 PSO-SVM。从算法流程上具体分析，HGEFS 训练了 $pg + p/20$ 个不同的 EM-ELM 网络（p 为特征子集的大小，g 为搜索迭代次数），又考虑到 EM-ELM 是一个时间复杂度为 $O(mn)$ 的线性系统（m 为样本数量，n 为特征维度），因此 HGEFS 的时间复杂度约为 $(pg + p/20)O(mn)$。相比之下，PSO-SVM 中存在对样本数量敏感的复杂的核化映射，因此时间复杂度为 $O(mn^2)$，总的时间复杂度约为 $pgO(mn^2)$，通常高于 HGEFS。

表 4-4　HGEFS 与其他方法的运行时间对比[5]

方法	C4.5 决策树	SVM-RFE	RSE	PSO-SVM	GA-ELM	HGEFS
时间/s	0.6	226.4	4.7	50 493.1	4 373.8	4 936.7

4.1.2　ELM 嵌入式特征选择

与包裹式特征选择方法相比，本节介绍的 ELM 嵌入式特征选择方法[6]更为简单、直接。得益于单隐藏层 ELM 网络训练速度快、泛化性良好等特点，ELM 在嵌入式特征选择过程中作为函数拟合器，被用于端到端快速拟合携带稀疏性权重参数的原始表征向量与监督信号（标签）之间的非线性函数关系，根据求解得到的稀疏性权重参数大小来判断相应特征属性的筛选情况。换言之，稀疏性权重参数与 ELM 网络参数的训练在同一个优化过程中完成，即原始数据与标签之间的映射关系被直接拟合。因此，复杂的特征子集的搜索策略设计被简单的稀疏约束权重参数代替，而用于特征子集评估的 ELM 网络则在整个嵌入式特征选择方法中占据主导地位。

值得注意的是，该方法可以得到两种辅助性分析工具：特征子集搜索路径（Feature Selection Path, FSP）图与稀疏性–泛化性权衡曲线（Sparsity-Error Trade-Off Curve, SETC）图。前者可以显示不同特征子集尺寸（特征属性个数）情况下的最优选择结果，而后者则可展示各个特征子集尺寸下最优选择结果对应的泛化误差。这两种直观的图形工具相结合不但可以协助选择合适的特征子集，还可以帮助分析、获取有用的领域知识。

1. 模型构建

在该嵌入式特征选择模型中，2.1 节所述的 ELM 网络被当作函数拟合器，用于端到端拟合携带稀疏性权重参数的输入数据各个属性与监督信号（特征对应的标签值）之间的非线性函数关系。基于稀疏约束的 ELM 嵌入式特征选择模型框架如图 4-4 所示。

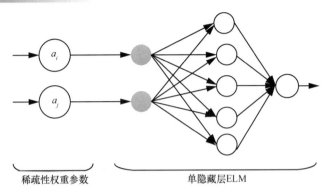

稀疏性权重参数　　　　　　　　　单隐藏层ELM

图 4-4　基于稀疏约束的 ELM 嵌入式特征选择模型框架

上述框架对应的优化目标函数为

$$\min_{\boldsymbol{\alpha},\boldsymbol{\beta}} \quad \frac{1}{N}\sum_{i=1}^{N}(\boldsymbol{T}_i - f(\boldsymbol{\alpha}^{\mathrm{T}}\boldsymbol{x}_i,\boldsymbol{\beta}))^2 \tag{4-7}$$
$$\text{s.t.} \quad \|\boldsymbol{\alpha}\|_0 = d_s \leqslant d, \boldsymbol{\alpha} \in \{0,1\}^d$$

其中，f 是基于单隐藏层 ELM 网络实现的非线性函数，$\boldsymbol{\beta}$ 是 f 的参数（输出权重），d_s 是特征子集的尺寸，而 $\|\bullet\|_0$ 表示 L_0 范数，N 是样本个数，$\boldsymbol{T}_i$ 是第 i 个样本对应的标签向量。向量 $\boldsymbol{\alpha}$ 中的每一个二进制变量 α_i 为第 i 个特征属性是否被选择提供参考。

式（4-7）所示的端到端训练机制在直接完成数据分类 / 回归模型输出权重 $\boldsymbol{\beta}$ 求解的同时，也将输入数据特征属性对应的预设稀疏性权重参数 $\boldsymbol{\alpha}$ 进行了寻优，从而得到了特征选择的最终结果。因此，ELM 在整个特征选择过程中起到了"桥接"性的作用，协助快速、高效地实现预设稀疏参数的求解。除此之外，ELM 网络的快速优化特性也非常有助于快速评估不同尺寸特征子集的泛化性能，完整地呈现在特征子集尺寸动态变化条件下的特征搜索路径以及相应的性能走势。

2. 模型优化

上述特征选择总体框架中使用的 L_0 范数约束使得该优化问题是非凸的，很难基于常用的凸优化方法高效解决。为了简化该问题，常见的解决方式是使用 L_1 范数替代 L_0 范数约束以实现"凸松弛"：① L_1 范数运算为凸函数，具备可导的属性；② 基于 L_1 范数约束的优化结果可以看成是对 L_0 范数约束的近似，使解具备稀疏化的特性。于是，改进后的目标函数可如下所示。

$$\min_{\boldsymbol{\alpha},\boldsymbol{\beta}} \frac{1}{n}\sum_{i=1}^{n}[\boldsymbol{T}_i - f(\alpha_1 x_i^1,\cdots,\alpha_d x_i^d \mid \boldsymbol{\beta})]^2 + C_1 \|\boldsymbol{\alpha}\|_1 \tag{4-8}$$

其中，C_1 是正则化参数，并且满足 $C_1 \in \mathbf{R}^+$。此时，稀疏性权重参数 $\boldsymbol{\alpha}$ 不再是离

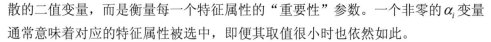

散的二值变量，而是衡量每一个特征属性的"重要性"参数。一个非零的 α_i 变量通常意味着对应的特征属性被选中，即便其取值很小时也依然如此。

在式（4-8）的优化过程中，有 3 个细节性问题非常值得探讨。

（1）优化解的"宏观"稀疏度控制

根据优化理论可知，常量 C_1 的取值大小将显著影响 α 的稀疏程度，常量 C_1 越大，得到的优化解将越稀疏。因此，可以通过多次改变 C_1 的大小来获得不同尺寸的特征子集。

（2）优化解的"微观"稀疏度控制

在常量 C_1 固定的情况下，L_1 范数约束下的权重参数 $\boldsymbol{\beta}$ 中的很多分量取值虽很小但不为 0，这种"近似稀疏"的结果终究会为特征选择提供"模棱两可"的评判依据。为此，可进一步提升 α 的稀疏程度来方便决定特征属性的保留或裁剪。具体来讲，强制约束 α 的可能取值，每个分量仅可取 $[0,1]$ 区间范围内的 k 个离散化值。接着，在每次迭代过程中仅考虑参数梯度指向的最近邻值，即满足 $\max_{j=1,\cdots,d}\left|\alpha_j - \alpha_j'\right| \leqslant \frac{1}{k}$ 的权重参数 α'，以此来应对离散化变量情况下基于梯度的迭代优化情形。

（3）局部最优解的"躲避"

稀疏性权重参数与单隐藏层 ELM 模型参数的联合寻优必然导致整个优化过程为非凸优化。为此，一种简单的策略便是使用不同初始参数的多次运行的方法来缓解非凸优化中的局部最小问题。该策略已在 K-Means、期望最大化（Expectation Maximization，EM）等算法中充分显示了其有效性。

3. 性能分析：特征选择结果可视化

特征选择结果可视化有利于从全局视角分析与获取有价值的领域知识，哪些特征属性是有用的，哪些特征对于得到正确结果是必需的，哪些特征不应该被剔除等。如果仅考虑某固定正则化参数条件下的最优选择结果，则上述问题均不能得到确信的回答。为此，可借助两种可视化的辅助分析工具解决上述问题：特征子集搜索路径（FSP）图与稀疏性–泛化性权衡曲线（SETC）图。其中，SETC 图显示了不同大小特征子集对应的最低训练误差，而 FSP 图则是以最低训练误差作为评价准则，根据稀疏权重参数反演并最终显示每个子集大小对应的最佳特征子集。FSP 图与 SETC 图的具体绘制过程将根据一个人为构造的回归问题加以说明。

在人为构造的回归问题中，每个训练数据由 6 个随机生成的属性来描述，且每个属性值均匀分布在 $[0,1]$ 中。对于任意采样点 $\boldsymbol{x}_i = [x_i^1 \cdots x_i^6]$ 而言，需要逼近的非线性目标函数预设为

$$f(\boldsymbol{x}_i) = x_i^1 + (x_i^2 > 0.5)(x_i^3 > 0.5) + \varepsilon_i \qquad (4\text{-}9)$$

其中，若某属性值大于 0.5（$x > 0.5$），则表达式为 1，否则等于 0。ε_i 是服从高斯分布 $N(0, 0.1)$ 的噪声。显然，目标函数中的乘积项只能由特征属性 2(x_i^2) 和特征属性 3(x_i^3) 共同决定。为了更可靠地将特征属性 2 与特征属性 3 选择出来，这里随机生成了 1 000 个训练样本用于模型参数训练。

绘制完成的 FSP 图与 SETC 图如图 4-5 所示。在图 4-5（a）中，每列对应特征子集的大小，每行对应于各个特征属性的索引，其中黑色单元对应所选择的特征。同时，每一个特征子集都对应一个训练误差，而该误差则对应显示在图 4-5（b）中。从 SETC 图中可以看出，当特征子集中的特征数量很少时，即特征子集过于稀疏时，泛化误差会很大；当特征子集的稀疏性减小时，泛化误差会迅速减小，并且在特征子集大小为 3 时达到最小值。然后因为"维数灾难"问题，泛化误差开始增大。

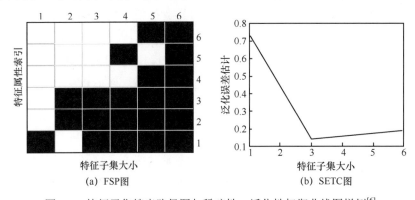

(a) FSP图　　　　　　　(b) SETC图

图 4-5　特征子集搜索路径图与稀疏性—泛化性权衡曲线图样例[6]

综合 FSP 图与 SETC 图的显示结果可以得出以下结论：① 当特征子集大小为 3 时可以得到最佳的模型，即此时的泛化误差达到了最小值；② 所选的 3 个特征属性分别为特征属性 1、特征属性 2 与特征属性 3，这与预设的目标函数表达式相一致。

实际上，FSP 图与 SETC 图除了帮助解决目标函数逼近、最优特征属性选择之外，还提供了一项额外信息：特征属性 2 与特征属性 3 应该被同时选择。这是因为，当只选择一个特征属性时，对应的特征子集是{1}，但当需要选择两个特征属性时，需要同时选择特征属性 2 与特征属性 3，这一点并不能只通过观察最佳特征子集{1,2,3}得到。

🔍 4.2　ELM 单隐藏层特征映射学习

与特征属性选择相比，ELM 的单隐层随机映射可被视为一种更加复杂的特征映射函数。由第 2 章介绍的内容可知，只要 ELM 网络隐藏层节点是非线性分段连续的，即便隐藏层节点参数随机生成（非线性随机映射），调节网络输出层参数仍具备逼近任意连续目标函数的能力（如实现数据分类与回归）。

然而，ELM 单隐藏层随机映射仍是一种手工设计的映射方式，在一些实际任务中可能仍不足以提取具有强鉴别能力的特征。其主要原因在于整个随机映射过程与样本数据、标签均无关联，一旦样本数据的内在模式相对复杂，会导致对建立在随机特征基础之上的 ELM 网络模型预测能力要求过高。

针对上述问题，本节介绍两种 ELM 单隐藏层随机特征映射的快速学习方法。其中，有监督随机特征映射旨在实现标签信息引导下的非线性随机投影，无监督特征自编码器以数据重构误差最小化为牵引，优化出与样本数据空间分布相关的随机特征映射与逆映射函数，实现了无标签信息条件下的随机特征映射自主学习。两种特征学习策略均在提升 ELM 单隐藏层特征映射对样本数据表示能力的同时，继承了网络参数快速学习的固有特点。

4.2.1　有监督随机特征映射

有监督随机特征映射以样本数据的标签信息为引导，快速选择出与标签信息高度相关的 ELM 隐藏层随机节点，从而形成随机化特征低维映射与随机特征空间。此外，该方法还可被视为一种面向 ELM 隐藏层随机特征（神经元节点）的包裹式特征选择方法，ELM 隐藏层节点的筛选过程以标签信息为参考，但与后续起到线性分类/回归器作用的输出层优化过程保持独立。

与最初始的 ELM 隐藏层随机映射相比，上述方法可以在相同投影维度的条件下提升随机特征映射对样本数据的表征能力，同时减轻后续学习系统的计算压力；与基于反向传播的特征映射参数迭代方法相比，相对独立的隐藏层节点筛选过程精巧、高效，具备训练复杂度低等计算优势。

1. 问题分析与解决思路

在 2.1 节所述的 ELM 网络模型中，隐藏层随机映射函数与样本数据、标签均无关联。为了减小对目标函数的逼近误差，通常需要采用高维隐藏层映射（即大幅增加隐藏层节点个数）降低输出层参数的学习压力。然而，这种高维隐藏层映射可能会降低模型泛化性并增加计算复杂度。因此，有必要增加隐藏层特征映射与样本数据、标签信息之间的关联，提升有限隐藏层节点个数条件下的特征映射针对性，同时还需保证参数学习的高效性。

基于上述考虑，可设计一种有监督随机特征映射方法[7]。该方法以监督信号（标签）作为指引，对众多隐藏层神经元节点重要性进行评估，选出有利于逼近目标函数的节点，形成标签引导下的单隐藏层随机特征映射。同时，隐藏层神经元评估与筛选过程与网络输出层参数优化过程相对独立，避免多映射函数嵌套（复合）

条件下的非凸优化，有助于保持 ELM 算法高效优化的优势，保证特征优化高效性。

图4-6展示了针对 ELM 隐藏层节点筛选的有监督随机特征映射学习的大致思路。具体而言，可为每一个隐藏层节点分配一个衡量节点"重要性"的权重参数 q，并基于该权重参数 q 来设计标签引导下的特征评估优化函数。通过调节 q 的取值来最大化特征评估函数，以此来反演解 q 对应的"高价值"隐藏层神经元，取值为 0 的分量对应的隐藏层节点将被剔除，而大于 0 的分量对应的隐藏层节点将被保留。

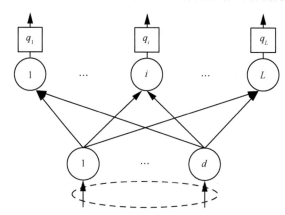

图 4-6　针对 ELM 隐藏层节点筛选的有监督随机特征映射学习方法

2. 实现方法

假设有 N 个数据 $\boldsymbol{x}^i \in \mathbf{R}^d$，以及这 N 个数据对应的标签 $y^i \in \{-1,1\}$，以 $h(\boldsymbol{x},\boldsymbol{w})$ 表示 ELM 的隐藏层随机映射 $\mathbf{R}^d \times \boldsymbol{W} \to [-1,1]$。为了使筛选后的特征对逼近标签信息最有利，可以将特征评估优化函数设计成如下形式。

$$\max_{Q \in \boldsymbol{P}} \sum_{i,j} \boldsymbol{K}_Q(\boldsymbol{x}^i,\boldsymbol{x}^j) y^i y^j \qquad (4\text{-}10)$$

在式（4-10）中，$\boldsymbol{K}_Q$ 是需要被优化的核矩阵，以期望与标签信息对应内积矩阵在内积为度量准则的条件下高度相关。此外，$\boldsymbol{P} := \{Q : D_f(Q \| \boldsymbol{P}_0) \leqslant \rho\}$ 为待优化变量 $\boldsymbol{P}_Q = [q_1 \ q_2 \ \cdots \ q_L]$ 的可行域，由在概率分布空间上的散度函数 $D_f(\bullet)$ 定义，其中 $\rho > 0$ 是一个指定的常数，用于描述可行域中各潜在解与参考解 $\boldsymbol{P}_0$ 间的偏差。

进一步将矩阵 $\boldsymbol{K}_Q$ 展开，式（4-10）可以化简为

$$\max_{Q \in P_L} \sum_{i,j} y^i y^j \sum_{l=1}^{L} q_l h(\boldsymbol{x}^i,\boldsymbol{w}^l) h(\boldsymbol{x}^j,\boldsymbol{w}^l) \qquad (4\text{-}11)$$

进一步交换内外层求和运算顺序，定义矩阵 $\boldsymbol{H} = [\boldsymbol{h}^1 \cdots \boldsymbol{h}^N] \in \mathbf{R}^{L \times N}$，其中 $\boldsymbol{h}^i = [h(\boldsymbol{x}^i,\boldsymbol{w}^1) \cdots h(\boldsymbol{x}^i,\boldsymbol{w}^L)]^\mathrm{T}$，式（4-11）可以得到进一步化简。

$$\sum_{i,j} y^i y^j \sum_{l=1}^{L} q_l h(\boldsymbol{x}^i, \boldsymbol{w}^l) h(\boldsymbol{x}^j, \boldsymbol{w}^i) = \sum_{l=1}^{L} q_l (\sum_{i=1}^{n} y^i h(\boldsymbol{x}^i, \boldsymbol{w}^l))^2 = \boldsymbol{P}_Q ((\boldsymbol{H}^{\mathrm{T}} \boldsymbol{y}) \otimes (\boldsymbol{H}^{\mathrm{T}} \boldsymbol{y}))$$

（4-12）

其中，$\otimes$ 表示哈达玛积。可以发现，经过交换求和顺序，待优化变量 $\boldsymbol{P}_Q = [q_1\ q_2\ \cdots\ q_L]$ 被巧妙地分离出来，而 $(\boldsymbol{H}^{\mathrm{T}} \boldsymbol{y}) \otimes (\boldsymbol{H}^{\mathrm{T}} \boldsymbol{y})$ 一项则通过简单的哈达玛积运算取代了烦琐的元素遍历与求和运算，大幅提升了计算与存储效率。

式（4-12）最大化的意义可以从以下 3 方面来理解。

① 目标函数最大化实为线性规划问题。其中，可将 $\boldsymbol{P}_Q((\boldsymbol{H}^{\mathrm{T}} \boldsymbol{y}) \otimes (\boldsymbol{H}^{\mathrm{T}} \boldsymbol{y})) = C$ 看成某超平面，$\boldsymbol{P}_Q$ 为满足超平面方程的点坐标，$(\boldsymbol{H}^{\mathrm{T}} \boldsymbol{y}) \otimes (\boldsymbol{H}^{\mathrm{T}} \boldsymbol{y})$ 为超平面的法向量，也代表了优化变量 $\boldsymbol{P}_Q$ 的梯度方向。显然，为了以最快的"速度"最大化 C 的取值，必然希望将超平面尽可能地沿超平面法线方向"外推"。

② $\boldsymbol{P}_Q$ 向量中每个分量的优化结果必然受到法向量 $(\boldsymbol{H}^{\mathrm{T}} \boldsymbol{y}) \otimes (\boldsymbol{H}^{\mathrm{T}} \boldsymbol{y})$ 中对应分量大小的控制。一般而言，$(\boldsymbol{H}^{\mathrm{T}} \boldsymbol{y}) \otimes (\boldsymbol{H}^{\mathrm{T}} \boldsymbol{y})$ 中越大的分量，其对应 $\boldsymbol{P}_Q$ 中分量的优化结果也越大。

③ $(\boldsymbol{H}^{\mathrm{T}} \boldsymbol{y}) \otimes (\boldsymbol{H}^{\mathrm{T}} \boldsymbol{y})$ 相对较大的分量取值意味着样本集构成的标签向量 $\boldsymbol{y}$ 和组成 $\boldsymbol{H}$ 列空间中的对应基向量之间存在高度相关性。从子空间逼近的角度分析，这种高度相关性易于让标签向量 $\boldsymbol{y}$ "落入"基向量张成的子空间中，即以微小的误差来实现向量逼近，而这正是 2.2 节所述的通用逼近理论的本质。更有趣的是，$\boldsymbol{H}$ 列空间中每个基向量的生成过程恰恰由对应的隐藏层节点负责生成。因此，上述相关性的大小将通过引导 $\boldsymbol{P}_Q$ 中分量的优化结果来决定相应隐藏层节点的保留与裁剪，向量 $\boldsymbol{P}_Q$ 中分量的取值大小与对应隐藏层节点的重要性成正相关。

在优化式（4-12）的过程中，还必须考虑优化变量的可行域这一约束条件对最终求解的影响，否则很容易导致求得 $\boldsymbol{P}_Q$ 的平凡解。例如，若不对 $\boldsymbol{P}_Q$ 的取值做任何约束，则可以将 $\boldsymbol{P}_Q((\boldsymbol{H}^{\mathrm{T}} \boldsymbol{y}) \otimes (\boldsymbol{H}^{\mathrm{T}} \boldsymbol{y})) = C$ 沿法线方向推向"无穷远处"使得目标函数无穷大。在考虑优化变量的可行域 $\boldsymbol{P} := \{Q : D_f(Q \| \boldsymbol{P}_0) \leqslant \rho\}$ 后，令 $\boldsymbol{V} = (\boldsymbol{H}^{\mathrm{T}} \boldsymbol{y}) \otimes (\boldsymbol{H}^{\mathrm{T}} \boldsymbol{y})$ 正式的求解方法可通过构建拉格朗日函数，并使用标准的凸优化工具求取全局最优解。

$$L(\boldsymbol{P}_Q, \lambda) = \boldsymbol{P}_Q \boldsymbol{V} - \lambda (D_f(Q \| \boldsymbol{P}_0) - \rho)$$

（4-13）

3. 机理分析

上述有监督随机特征映射学习方法的精巧之处在于通过添加可行域约束来获取预设权重参数 $\boldsymbol{P}_Q$ 的稀疏解，进而基于稀疏性分量大小完成隐藏层节点剪枝。完全不同于对优化参数强制施加 L_1 范数约束获得稀疏解的传统方法，上述方法将解的可行域限制在一个简单的概率单纯形中，并借助线性规划的边界寻优特点来获得稀疏解。接下来将从以下两方面详细阐述隐藏层节点的筛选机理。

首先，优化变量的可行域被限制在概率单纯形中意味着向量 $\boldsymbol{P}_Q$ 内的各个分量 q_i 的取值具有相互竞争性，即单个分量取值的增加容易导致其他分量取值的迅速减小。不失一般性，以 $\boldsymbol{P}_Q$ 为三维向量为例，则 $\boldsymbol{P}_Q$ 内的各个分量 q_i 必然满足式（4-14）。

$$\sum_{i=1}^{3} q_i = 1, \ q_i \geq 0 \qquad (4\text{-}14)$$

将满足式（4-14）的 $\boldsymbol{P}_Q$ 在三维空间中可视化表示，如图 4-7 所示。由图可知，$\boldsymbol{P}_Q$ 的 3 个分量 q_1、q_2、q_3 的取值被限制在等边三角形区域内。显然，区域内任意点沿着任意坐标方向（如三角形内的某个"角"）移动均会导致其余坐标取值的减小，直至为零。

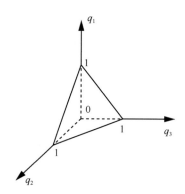

图 4-7 二维概率单纯形

其次，此处线性规划问题的寻优方向即为超平面的法向量所指方向，且最优解通常位于凸可行域的边界处。对上述概率单纯形而言，最优解则位于某坐标方向的"顶点"。然而，这意味着仅选出一个"最有价值"隐藏层节点。为了避免得到这样的平凡解，可在概率单纯形范围内进一步约束解的搜索区域：$\boldsymbol{P} := \{Q : D_f(Q \| P_0) \leq \rho\}$，即完整的凸可行域由概率单纯形和 $\boldsymbol{P}$ 的交集构成。仍以三维向量 $\boldsymbol{P}_Q$ 为例，$\boldsymbol{P}_Q$ 为"三角形区域"的中心，$D_f(\bullet)$ 预设为卡方散度函数用于确定搜索区域的几何形状为圆形，ρ 为预设常数用于描述搜索区域的范围，此时得到解的凸可行域如图 4-8 所示。

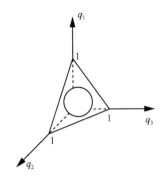

图 4-8　二维概率单纯形上解的可行域（凸集）

　　显然，当目标函数构成的平面与可行域的边缘相切时，即可得到全局最优解。为了使解变得稀疏，超参数 ρ 值的选择至关重要。从趋势上看，ρ 值越大越容易产生稀疏解。根据 ρ 大小的不同，可以分为 3 种情况加以说明：① "圆形"凸集 $\boldsymbol{P}$ 包含于"三角形"区域内，该情况下不能得到稀疏解，如图 4-9（a）所示；② "圆形"凸集 $\boldsymbol{P}$ 与"三角形"区域相内切，此时只有在内切切点处才可能得到稀疏解，如图 4-9（b）所示；③ "圆形"凸集 $\boldsymbol{P}$ 范围大于"三角形"区域内切圆，但小于其外接圆，此时可以在概率单纯形的边界处得到稀疏解，如图 4-9（c）所示。经上述分析可以发现，ρ 值过小不易产生稀疏解，而过大则易产生平凡解。一般而言，第 3 种情况对应的 ρ 值较为合适，可以达到节点筛选的效果，取值为 0 的分量对应的隐藏层节点将被剔除，而大于 0 的分量对应的隐藏层节点将被保留。

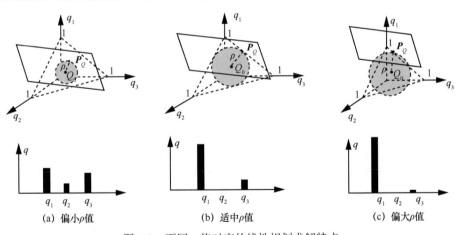

图 4-9　不同 ρ 值对应的线性规划求解特点

4. 性能验证

基于仿真数据，对基于 ELM 的有监督随机特征映射（Guided Random Mapping，

GRM）算法与基于 Sigmoid 激活函数的 ELM 单隐藏层随机特征映射（Random Mapping，RM）算法（未做隐藏层随机节点筛选）进行性能对比与评估。其中，映射结果的分类准确率是性能对标分析的重点。

在仿真数据准备方面，以标准正态分布 $x^i \sim N(0,1)$，$x^i \in \mathbf{R}^d$ 随机采样生成 10 000 例训练数据样本与 1 000 例测试数据样本，对应样本标签设置为 $y^i = \mathrm{sign}(\| x \|_2 - \sqrt{d})$。需要注意的是，这种仿真数据空间分布虽然简易，但仍然高度线性不可分，这为随机特征映射的有效性提出了较高的要求。

RM 算法中的隐藏层节点参数的可视化结果如图 4-10（a）所示，GRM 算法隐藏层节点参数可视化结果如图 4-10（b）所示。从图中可以看出，与 RM 算法映射参数"散布于各处"不同，GRM 算法特征映射参数高度集中于点（1，1）和（−1，−1）附近，这说明后者发挥了"神经元剪枝"作用，即完成了标签引导下的特征映射。类似地，在更高的数据维度上，GRM 算法筛选后的特征映射参数仍会聚集于 d 维空间中的某些位置。

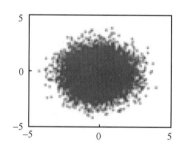

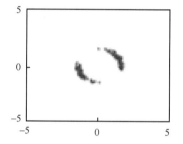

（a）RM算法中的隐藏层节点参数可视化结果 　　（b）GRM算法隐藏层节点参数可视化结果

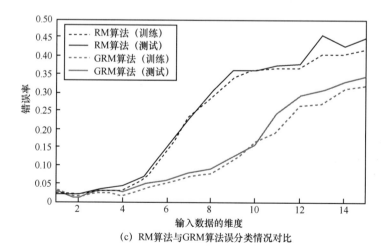

（c）RM算法与GRM算法误分类情况对比

图 4-10　仿真实验结果[7]

图 4-10（c）给出了两种特征映射算法在数据分类任务中的错误率变化情况。可以发现随着样本数据维度的增加，GRM 算法的分类错误率明显低于 RM 算法，并且前者错误率上升的速度明显低于后者。这直接说明了 GRM 算法可学习到与样本数据分布相适配的隐藏层随机特征映射。

4.2.2　无监督特征自编码器

在没有样本数据标签的条件下，有必要研究样本数据空间分布相关的特征学习方法，实现 ELM 单隐藏层映射无监督学习。

ELM 自编码器（ELM Auto-Encoder，ELM-AE）是一种面向单隐藏层特征映射函数的无监督学习方法，通常由编码单元与解码单元两部分构成。在优化过程中，ELM-AE 以数据重构误差最小化为目标，优化出与样本数据空间分布相关的编码单元与解码单元，实现无标签信息条件下的随机特征映射与逆映射函数自主学习。其中，编码单元即对应所求特征映射，并取编码器的编码结果作为样本数据的特征表示。

ELM-AE 充分基于随机投影理论设计内部的编解码单元，在实现特征映射函数快速学习的同时，也可对编解码单元的训练结果进行明确的机理分析与理论解释。

1. 模型构建

ELM-AE 的模型结构可由简单的 3 层全连接神经网络实现，如图 4-11 所示。其中，输入层 L_1 与隐藏层 L_2 构成编码单元，隐藏层 L_2 与输出层 L_3 构成解码单元。输入层与隐藏层以及隐藏层与输出层的神经元之间都由不同权重 W 连接，每个隐藏层神经元和输出层神经元都连接着偏置值 b。连接权重与偏置权重共同构成了编码器与解码器中的映射参数集，其作用相当于逼近函数或基函数。

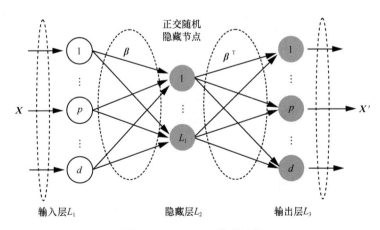

图 4-11　ELM-AE 模型结构

在编码阶段，ELM-AE 不失一般性地在编码单元对应的映射函数中使用正交化的随机映射参数矩阵 $\boldsymbol{A}$ 和偏置向量 $\boldsymbol{b}$，得到编码结果。具体的编码过程为

$$H = g(XA + b) \tag{4-15}$$

其中，$\boldsymbol{X}$ 为原始输入数据，$\boldsymbol{H}$ 为编码结果，$g(\bullet)$ 表示所用激活函数，常用的激活函数有 Sigmoid 函数、Tanh 函数和 Relu 函数等。

在解码阶段，ELM 出于对计算效率的考虑，在解码单元对应的映射中仅使用线性映射函数实现数据解码，即它负责将 ELM-AE 隐藏层的数据转换为其输出层数据，并满足其输出数据近似等于输入数据这一条件。具体的解码过程可由式（4-16）表示。

$$\hat{X} = H\boldsymbol{\beta}_{AE} \tag{4-16}$$

其中，$\boldsymbol{H}$ 表示解码器的输入（即编码器输出的编码结果），$\boldsymbol{\beta}_{AE}$ 为线性解码器的解码参数，$\hat{\boldsymbol{X}}$ 表示最终的重构数据。

由于使用上述自编码器的主要动机是得到样本数据有效的特征表示，因此在编解码单元的参数求解过程结束后，一般需要去掉解码单元，只保留编码单元。而编码单元的功能相当于对样本数据进行特征映射，其映射结果可以直接作为后续学习模型（如分类器）的输入。具体而言，ELM-AE 将原始数据向解码器内部参数做线性投影，进而完成对原始数据的重新编码。具体过程为

$$X_{\text{proj}} = X\boldsymbol{\beta}_{AE}^{\text{T}} \tag{4-17}$$

2. 模型训练

在模型训练阶段，ELM-AE 不对编码单元内部的随机化参数进行调整，而仅通过调节解码参数 $\boldsymbol{\beta}_{AE}$ 来快速实现数据重构，使得解码单元的输出不断逼近编码单元的输入，并以均方误差来衡量数据的重构质量，如图 4-12 所示。其解码单元输出权重 $\boldsymbol{\beta}_{AE}$ 的最优解 $\boldsymbol{\beta}_{AE}^{*}$ 可通过最小化以下代价函数获得。

$$\boldsymbol{\beta}_{AE}^{*} = \underset{\boldsymbol{\beta}_{AE}}{\arg\min} \parallel H\boldsymbol{\beta}_{AE} - \boldsymbol{X} \parallel^{2} \tag{4-18}$$

然而需要强调的是，仅仅追求最小化样本数据重构误差的 ELM-AE 训练对于特征学习而言并无太多价值。这是因为数据重构误差最小化并不足以诱导出适合样本特征表示的编解码单元。例如，高度通用化的图像压缩标准 JPEG 或 JPEG2000 已经可以实现数据的低码率压缩与高品质解压，但是以离散余弦或小波基函数为编码手段（上述压缩标准的核心环节之一）得到图像的频域表征则很难胜任复杂的图像域目标检测与识别任务，其根本原因在于编码手段（编码函数类型）缺少足够的图像内容或语义信息。

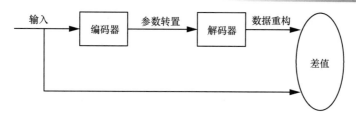

图 4-12　ELM 自编码器模型训练原理

因此，在追求重构误差最小化的同时，有必要对编解码单元添加适当的约束。常见的约束条件有"降维约束"与"稀疏约束"，由此形成以下两种不同类型的 ELM-AE。

（1）ELM 降维自编码器

ELM 降维自编码器（Compressed ELM Auto-Encoders，C-ELM-AE）在结构上添加"降维约束"。其隐藏层的特征空间维数低于输入层的空间维数，即自编码器的输入层数据维度 d 大于其隐藏层数据维度 L。在该网络结构中，原始高维输入层数据被随机映射至低维隐藏层，形成数据的随机特征编码，接着强制解码单元以较少的隐藏层输出来重构输入数据，即旨在迫使编码器对数据中的主要信息进行提取，以少量"最具"表征能力的映射节点来解释（重构）输入数据。由此可以看出，这种"降维自编码"与前文所述的"过滤式特征选择"在缓解维数灾难方面有着相似设计动机。

（2）ELM 稀疏自编码器

ELM 稀疏自编码器（Sparse ELM Auto-Encoders，S-ELM-AE）对编码单元中的随机映射参数添加了强制稀疏约束，进而迫使大多数隐藏层节点处于抑制状态而仅少量节点处于激活状态，由此完成对输入数据的低熵编码，提升对原始输入数据的表征效率。稀疏性约束的设计理念深受生物系统中神经元侧抑制现象的启发，其直接表现为被输入信号刺激而激活的神经元呈现出很强的空间分布稀疏性。

3．性能分析

（1）ELM 降维自编码器

为了对特征编码结果 $\boldsymbol{X}_{\text{proj}} = \boldsymbol{X}\boldsymbol{\beta}_{\text{AE}}^{\text{T}}$ 做定性分析，首先考虑 C-ELM-AE 输出权重 $\boldsymbol{\beta}_{\text{AE}}$ 的物理意义。为了便于数学分析，此处假设在编码阶段不存在偏置向量 $\boldsymbol{b}$，且隐藏层激活函数为线性激活函数，此时 $\boldsymbol{\beta}_{\text{AE}}$ 可以获得清晰的解析表达，具体表达式由定理 4.1 给出，证明过程详见文献[8]。

定理 4.1　当线性 C-ELM-AE 的隐藏层节点偏置为零（$b_i = 0$），且其输入层至隐藏层的随机映射参数矩阵 $\boldsymbol{A}$ 正交时，线性 C-ELM-AE 隐藏层的输出权重

$\boldsymbol{\beta}_{AE} = \boldsymbol{A}^T \boldsymbol{V} \boldsymbol{V}^T$ ，其中 $\boldsymbol{V}$ 是协方差矩阵 $\boldsymbol{X}^T \boldsymbol{X}$ 的特征向量。

基于上述输出权重 $\boldsymbol{\beta}_{AE}$ 的表达式，可以容易地得出特征编码结果的进一步表达。

$$X_{\text{proj}} = X\boldsymbol{\beta}_{AE}^T = XVV^TA \qquad (4\text{-}19)$$

可以看出，上述特征编码过程可分为两个阶段：① 基于 $\boldsymbol{V}\boldsymbol{V}^T$ 对输入样本进行投影得到中间表征。$\boldsymbol{V}\boldsymbol{V}^T$ 可以表示数据的类间散度矩阵 $\boldsymbol{M}\boldsymbol{M}^T$，即 $\boldsymbol{M}\boldsymbol{M}^T = \boldsymbol{V}\boldsymbol{V}^T$，其中 $\boldsymbol{M}$ 由各类的均值向量 $\boldsymbol{m}_i$ 构成，$\boldsymbol{M} = [\boldsymbol{m}_1 \; \cdots \; \boldsymbol{m}_m]$。因此，$\boldsymbol{X}$ 经过 $\boldsymbol{V}\boldsymbol{V}^T$ 投影有助于减小同类数据间的类内差异。② 基于随机映射参数矩阵 $\boldsymbol{A}$ 对上一步的中间表征再次投影。这一过程可实现对中间表征结果的进一步等距降维表示，具体原因详见 2.4 节，此处不再赘述。

（2）ELM 稀疏自编码器

对于 S-ELM-AE，从其编码器和解码器的参数稀疏约束两方面进行分析。为了对编码器施加稀疏性约束，同时尽可能在编码后的变换空间中保留原始数据的关键信息，S-ELM-AE 使用了稀疏化随机投影矩阵来保证投影前后输入数据点群几何结构以高概率不发生畸变。这一设计动机与经典的随机投影模型相一致，其输入层到隐藏层的随机映射参数矩阵 $\boldsymbol{A} = [a_{ij}]$ 与偏置向量 $\boldsymbol{b} = [b_i]$ 可通过式（4-20）计算。

$$a_{ij} = b_i = 1/\sqrt{L} \begin{cases} +\sqrt{3}, & p = 1/6 \\ 0, & p = 2/3 \\ -\sqrt{3}, & p = 1/6 \end{cases} \qquad (4\text{-}20)$$

其中，p 是矩阵中每个元素（a_{ij}, b_i）对应的概率值。

基于上式，S-ELM-AE 的编码器输出可由 $\boldsymbol{H} = \boldsymbol{X}\boldsymbol{A}$ 来求得。因此，S-ELM-AE 的输出权重 $\boldsymbol{\beta}_{SAE}$ 可由式（4-21）计算求得。

$$\min_{\boldsymbol{\beta}_{SAE}} \| \boldsymbol{H}\boldsymbol{\beta}_{SAE} - \boldsymbol{X} \|^2 \qquad (4\text{-}21)$$

其中，$\boldsymbol{X}$ 表示原始输入数据，$\boldsymbol{H}$ 表示 S-ELM-AE 编码器的输出结果，其输出权重 $\boldsymbol{\beta}_{SAE}$ 的具体表达式由定理 4.2 给出，详细推导过程见文献[8]。

定理 4.2 线性 S-ELM-AE 试图求得使函数 $\| \boldsymbol{H}\boldsymbol{\beta}_{SAE} - \boldsymbol{X} \|^2$ 最小的输出权重 $\boldsymbol{\beta}_{SAE}$。当线性 S-ELM-AE 的偏置为零时，其输出权重 $\boldsymbol{\beta}_{SAE} = \boldsymbol{A}^T \boldsymbol{V} \boldsymbol{V}^T$，其中 $\boldsymbol{V}$ 是协方差矩阵 $\boldsymbol{X}^T \boldsymbol{X}$ 的特征向量。

4. 性能验证

为了验证 C-ELM-AE 和 S-ELM-AE 的特征编码性能，此处基于常用的 USPS 手写数字数据集、CIFAR-10 与 NORB 自然目标分类数据集设计实验，与捆绑权重自编码器（Tied Weight Auto-Encoder，TAE）、PCA、非负矩阵分解（Non-Negative Matrix Factorization，NMF）等算法在特征编码分类、特征编码训练时间、特征编码重构误差方面进行对比分析。其中，重构误差的度量准则为归一化均方误差（Normalized Mean Square Error，NMSE）。

（1）数据集的配置方案

对于 USPS 数据集，选用 7 291 个训练数据样本和 2007 年测试数据样本；对于 CIFAR-10 数据集，选用 40 000 个训练数据样本，10 000 个测试数据样本；对于 NORB 数据集，选用 24 300 个训练数据样本，24 300 个测试数据样本。其次，根据不同对比算法的特点，将上述 3 个数据集进行归一化处理。其中，对于 C-ELM-AE、TAE 和 PCA 算法，归一化数据集的均值和单位方差均为 0；而对于 NMF 算法，上述归一化数据集的值为 0～1。

（2）算法实现流程

通过以下 3 个步骤对 USPS、CIFAR-10 和 NORB 中的样本数据进行低维特征编码。

① 设定所需提取的特征编码维度为 k，结合训练数据，利用 C-ELM-AE、S-ELM-AE、TAE、PCA 和 NMF 算法分别训练各自低维特征编码参数 $\boldsymbol{\beta}_{\mathrm{CAE}}$、$\boldsymbol{\beta}_{\mathrm{SAE}}$、$\boldsymbol{\beta}_{\mathrm{TAE}}$、$\boldsymbol{V}$ 和 $\boldsymbol{W}$。

② 利用上述所求参数，并分别结合以下式为 C-ELM-AE、S-ELM-AE、TAE、PCA 和 NMF 算法进行低维特征编码。

$$\boldsymbol{X}_{\mathrm{proj}} = \boldsymbol{X}\boldsymbol{\beta}_i^{\mathrm{T}} \tag{4-22}$$

其中，$\boldsymbol{X}$ 为输入数据构成的矩阵，$\boldsymbol{\beta}_i$ 为上述算法各自训练好的低维特征编码参数，$\boldsymbol{X}_{\mathrm{proj}}$ 为低维特征编码结果。

③ 利用单隐层 ELM 分类器分别对上述低维特征编码结果进行分类。特征编码分类准确率、训练时间和 NMSE 的对比结果见表 4-5。

表 4-5　C-ELM-AE、S-ELM-AE 算法与 TAE、PCA、NMF 算法对比[8]

数据集	算法	特征图数量	分类准确率/%	训练时间/s	NMSE
USPS	C-ELM-AE（线性）	40	98.71±0.1	0.084	0.03
	C-ELM-AE（非线性）	40	98.7±0.11	0.065	0.03
	S-ELM-AE（线性）	50	98.71±0.12	0.058	0.06
	S-ELM-AE（非线性）	40	98.77±0.12	0.078	0.06
	TAE	180	98.33±0.21	31.71	0.20
	PCA	20	98.46±0.13	0.054	0.027
	NMF	60	98.56±0.16	40.35	0.06

（续表）

数据集	算法	特征图数量	分类准确率/%	训练时间/s	NMSE
CIFAR-10	C-ELM-AE（线性）	300	53.43±0.26	6.3	0.01
	C-ELM-AE（非线性）	300	53.65±0.28	6.5	0.06
	S-ELM-AE（线性）	300	53.48±0.32	6.2	0.01
	S-ELM-AE（非线性）	300	53.92±0.3	6.3	0.01
	TAE	400	46.78±0.18	3 848.1	0.23
	PCA	100	53.32±0.36	9.1	0.07
	NMF	100	51.75±0.34	3361	0.063
NORB	C-ELM-AE（线性）	1 000	91.58±0.3	12.78	0.000 1
	C-ELM-AE（非线性）	1 000	91.76±0.26	12.29	0.000 3
	S-ELM-AE（线性）	1 000	91.54±0.37	11.65	0.000 1
	S-ELM-AE（非线性）	1 000	91.69±0.26	11.65	0.000 6
	TAE	700	85.76±0.33	4149.5	0.26
	PCA	100	88.25±0.28	2.63	0.003
	NMF	100	86.54±0.69	84.69	0.33

从表 4-5 可以看出，对于上述 3 个数据集，在特征编码分类准确率方面，S-ELM-AE 算法的性能与 C-ELM-AE 算法相当，均优于 TAE、PCA、NMF 算法；在特征编码训练时间方面，C-ELM-AE 算法与 S-ELM-AE 算法相差不大，而 TAE 算法和 NMF 算法表现较差；在特征编码重构误差方面，C-ELM-AE 算法、S-ELM-AE 算法和 PCA 算法的性能大致相当，均优于 TAE 算法和 NMF 算法。

4.3　ELM 层次化特征映射学习

对一些更加复杂的数据模式而言，基于浅层映射结构的 ELM 特征选择模型与单隐藏层特征映射可能仍然无法满足特征表征需求。为此，一个改进措施便被提出：通过增加特征映射的次数来提升模型对样本数据的特征表示能力。这种改进措施的关键动机在于，多次非线性变换嵌套（即层次化特征映射）可以增加各个特征维度的复用性。与单纯增加函数映射的维度（即网络的"宽度"）相比，提升函数映射次数（即网络的"深度"）可指数级增加特征映射函数的表示能力。

本节将讨论两种不同的 ELM 层次化特征映射学习策略。总体而言，这两种策略均致力于解决复杂非线性表征函数的拟合问题，进而协助完成复杂自然信号（如图像、语音等）的分类、回归等任务。更重要的是，基于 ELM 的层次化特征映射学习策略兼顾了 ELM 的高效训练优势，可满足大规模数据集环境下对运算资源、存储单元的消耗需求。

4.3.1　随机特征映射递归

以 4.2.1 节所述的有监督随机特征映射为基本单元进行递归级联是实现 ELM 层次化特征映射的一种最简单、直接的策略。为进一步增加层次化特征映射的可解释性，本小节将介绍一种更精巧的特征映射递归方法[9]。该方法以 2.1 节所述 ELM 网络模型作为最小学习单元，接着充分利用随机投影矩阵的伪正交性来设计最小学习单元间的递归级联规则。其旨在迫使输入数据经过一系列显式递归运算后，在特征空间内变得更加可分，从而更好地解决数据分类任务。在特征映射参数优化方面，以逐层映射训练代替传统的端到端训练可大幅减少计算代价。

1. 递归架构原理

基于 ELM 随机映射的递归架构如图 4-13 所示。从图中可以看出，除了多个单隐藏层 ELM 单元之间依次级联外，输入数据与每个单隐藏层 ELM 单元之间还存在直连关系，由此共同构成整个特征学习框架。多个单隐藏层 ELM 单元之间应该存在更加紧密的耦合关系。

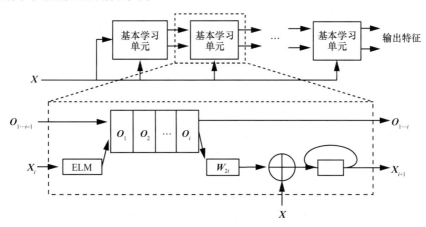

图 4-13　基于 ELM 随机映射的递归架构

递归架构的重要特点在于通过显式地设计递归规则来逐步对输入数据进行前馈映射。简言之，如果单次前馈映射无法满足任务需求，一种直观的解决措施是进行多次映射，并且每次前馈映射需要在上一次的基础上做到"更进一步"。就分类任务而言，数据间的高度线性不可分问题是一个十足的挑战。针对此问题，上述递归架构的设计意图为逐层求得"类偏移向量"，并以此将不同类别的数据逐步"拉开"而逐步改善其线性可分性。

实现上述想法的关键模块是基于单隐藏层 ELM 与随机投影矩阵构成的映射层，为了不失一般性，这里以第一层为例进行说明，如图 4-14 所示。该模块总的处理流程分 3 步进行：① 分类结果粗预测；② 偏移向量粗估计；③ 输入数据线性搬移。首先，输入数据经过单隐藏层 ELM 单元得到分类结果。对于高度线性不可分的数据而言，第一次的分类结果可能并不理想（但至少会胜过随机猜测的结果）；接着，使用高斯随机投影矩阵对第一层的分类结果进行投影，得到每类的"类偏移向量"；最后将此"类偏移向量"叠加至第一层的输入数据，完成第一次数据在原始空间中的"搬移"，并将搬移结果送至下一层。

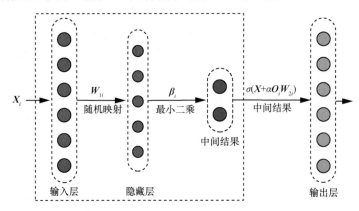

图 4-14　递归架构中的基本学习单元：单隐藏层 ELM 单元与随机投影

这里需要对上述一层中使用的高斯投影矩阵的"偏移"作用加以着重强调。由于高斯投影矩阵中的每个元素均服从标准正态分布且相互独立，从统计意义上讲，矩阵中的每一行（列）元素构成的高斯向量在所在行（列）子空间中的各个方向上服从均匀分布。显然，这种方向上的均匀分布特性为输入数据提供了丰富的潜在"搬移方向"。进一步讲，当高斯向量的维度过高且个数较少（即高斯投影矩阵形状"瘦长"或"扁平"）时，这些向量彼此之间以很大的概率近似正交，该性质也被称为高维数据空间中的"伪正交性"[10]。基于该性质，高斯随机投影矩阵对当前层分类结果（近似于独热码）的投影将产生一系列近似正交的"类偏移向量"，相同的分类结果对应着相近且"唯一"的高斯向量。因此，"类偏移向量"可将沿着彼此正交的方向将不同类别的输入数据分离。

然而需要承认的是，"基于类偏移向量'搬移'数据"在某种程度上可当作一种"蒙特卡洛"类方法，即具有犯错的可能性。这种不确定性除了源于高斯投影矩阵生成时的随机性外，更是取决于当前层分类结果的准确度。试想一下，假如当前层输出了十分理想的分类结果，即单隐藏层 ELM 的输出权重参数所确定的超平面已经将数据线性可分，则至少存在一种"类偏移向量"能将数据进一步分开，只要沿着分类平面的法向量搬移各类数据，则各类数据的类间间隔必将增大，而这无疑对降低后续线性分类器分类的经验风险与结构风险是利好信息。然而，在当前层预测的分类结果并不理想时，再次过分地相信该预测结果并将"分类平面的法向量"作为偏移依据，必将带来"南辕北辙"式的灾难。在此情况下，将"数据/标签信息独立"的伪正交高斯向量簇作为参考搬移方向的方法不失为一种有效的"蒙特卡洛"策略。

2. 递归架构实现

首先对涉及的数据集、模型配置与相关数学符号加以说明。基于 ELM 随机映射递归架构的训练将使用包含 m 个训练样本的训练集 (x_i, t_i)。其中，$x_i \in \mathbf{R}^d$ 是特征向量，$t_i \in \mathbf{R}^c$ 是与输入 x_i 相对应的数值或类标签。为了表示方便，可去掉样本索引，为整个训练集定义一个由 m 个训练样本 (x_i, t_i) 级联而成新的矩阵 X。此外，这里采用基于线性核的单隐藏层 ELM 模型来对输入数据进行预测，以 O_i 表示第 i 层（个）单隐藏层 ELM 对样本 X_i 的分类结果。

从第一层开始，将 $X_1 = X$ 作为线性 ELM 的初始输入数据送入递归架构，最后得到 ELM 的预测输出 $O_1 \in \mathbf{R}^{m \times c}$。其中，$O_1$ 通常来说是简单的非线性分类结果，分类精度可能并不十分理想，但应该比随机猜测的结果更优。接着，使用高斯随机矩阵 W_1 对预测结果 O_1 进行投影，并以投影结果作为类偏移向量来搬移原始数据 X_1。最后，搬移结果经过一个非线性激活函数得到新的数据表征 X_2。上述得到第 2 层输出特征的过程可归纳为

$$X_2 = \sigma(X + \alpha O_1 W_1) \tag{4-23}$$

其中，激活函数 $\sigma(\bullet)$ 可以是任何常见非线性函数，如 Sigmoid 函数或径向基函数，目的在于避免生成一个平凡的多层线性模型；投影矩阵 $W_1 \in \mathbf{R}^{c \times d}$，其内部元素相互独立且服从标准正态分布 $N(0,1)$；α 为控制原始数据样本 X_1 的移动步长参数。

3. 性能验证

在常用的二元/多元分类数据集上，对基于 ELM 的随机映射递归方法（DrELM）、单隐藏层 ELM（以下简称 ELM）、深度置信网络（Deep Belief Network，DBN）及堆叠式自编码器（Stacked Auto-Encodor，SAE）等层次化特征映射方法进行性能对比与评估。其中，使用的训练/测试数据集说明见表 4-6。映射结果的分类准确率和层次化映射的学习时间是性能对标分析的重点。

表 4-6 部分二元分类与多元分类的数据集描述[9]

数据集	训练集大小	测试集大小	属性数量	类别数量
Diabetes	512	256	8	2
Liver	230	115	6	2
Mushroom	2 708	1 354	22	2
Adult	21 708	10 854	123	2
Iris	100	50	4	3
Wine	119	59	13	3
Segment	1 540	770	19	7
Satimage	4 290	2 145	36	6
MNIST	60 000	10 000	784	10
CIFAR-10	50 000	10 000	3 072	10

具体的性能验证过程与 4.2.2 小节相近而不再赘述，但这里参与对比的层次化特征映射学习方法值得讨论与说明。其中，DBN 算法是由多个受限玻尔兹曼机（Restricted Boltzmann Machine, RBM）作为基础构件级联而成，通过逐层预训练（通常基于对比散度算法）与全局微调（基于反向传播算法）的方式获取最终的多层特征映射参数；SAE 算法由多层稀疏自编码器堆叠而成，它以逐层训练方式（基于反向传播算法）获取多层特征映射参数。与 DBN 算法相比，SAE 算法的训练过程要简易得多。

为了公平比较，采用 5 折交叉验证（5-flod Cross Valication）的方式选取各个方法的最优超参数。具体而言，模型中的隐藏层节点数 L 从 20～2 000 之间取值，且间隔为 10；其他数据集从 20～200 之间取值，间隔也为 10。类似地，针对所有数据集，网络层数范围从 1～10 内取值，间隔为 1。

将上述层次化特征映射方法在相应数据集上均进行 50 次试验，取平均值作为最终结果。表 4-7 给出了上述算法各自的特征映射分类准确率，从中可以发现，基于 ELM 的随机映射递归方法、DBN 和 SAE 算法通过层次化结构学习到了更具有区分度的特征，因此相较于 ELM，它们的映射结果在分类任务中表现得更加优异，且三者的特征映射效果相差不大。图 4-15 则显示了 DrELM 与 SAE 算法在模型训练时间上的对比结果，从中可以看出，前者在多个数据集上所需的训练时间要显著低于 SAE 算法（平均快了大约 5 倍）。

表 4-7 不同方法的分类准确率（%）[9]

数据集	ELM	DBN	SAE	DrELM
Diabetes	74.59	78.05	77.83	78.22
Liver	65.96	69.80	69.62	74.21
Mushroom	94.14	99.94	99.86	98.47

（续表）

数据集	ELM	DBN	SAE	DrELM
Adult	84.19	84.28	84.48	84.94
Iris	81.73	96.81	96.45	96.31
Wine	98.81	99.01	98.98	97.47
Segment	86.61	95.51	95.68	95.79
Satimage	77.94	87.66	87.61	87.45
MNIST	84.97	96.27	96.75	95.38
CIFAR-10	40.43	43.62	43.38	43.12
平均值	78.94	85.09	85.06	85.14

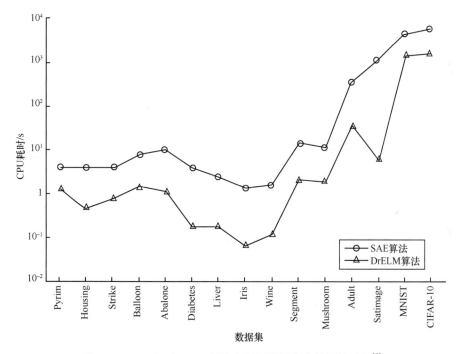

图 4-15　DrELM 与 SAE 算法在不同数据集上的训练时间[9]

4.3.2　特征自编码器栈式堆叠

基于特征自编码器的栈式堆叠是实现层次化特征映射的另一种策略[11]。顾名思义，该策略以前面所述的 ELM-AE 作为特征映射函数的基本单元，接着基于简单的级联规则将多个 ELM-AE 进行堆叠，旨在获得比单个 ELM-AE 表征能力更强的层次化特征学习结构。类似地，特征映射参数仍以逐层映射训练代替传统的端到端训练，大幅减少计算代价。

1. 栈式堆叠架构原理

ELM-AE 栈式堆叠架构如图 4-16 所示。从图 4-16 中可以看出，将每个 ELM-AE 作为基本单元，结构类似于堆栈，当前栈的输出作为下一栈的输入。多个 ELM-AE 由此级联构成了整个特征学习架构。

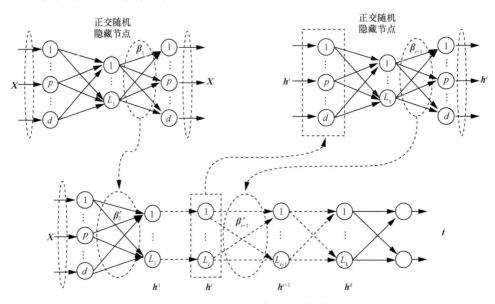

图 4-16 ELM-AE 栈式堆叠架构

栈式堆叠架构的关键特点之一在于其训练过程是贪心的[12]，每个 ELM-AE 的训练过程相对独立，一旦当前层的特征映射参数 E_i 被确定，则其后续 ELM-AE 训练的过程中 E_i 的具体取值便不再改变。显然，这种训练策略采取了一种非常强的假设，信任当前层选定的最优编码参数为最优，并在此基础上进行后续优化。例如，在第一层与第二层的最优编码参数已确定为 E_1 与 E_2，假如第三层的编码参数优化结果为 E_3，则层次化编码参数集定为 $\{E_1, E_2, E_3\}$。但是，非常可能存在一种编码结果 $\{E_1, E_2, E_3', E_4\}$ 比得到的最优的 $\{E_1, E_2, E_3, E_4\}$ 的结果更优。遗憾的是，若不进行多层之间的联合考虑，上述问题无法避免。

但是，与多层间的参数联合训练策略相比，上述贪婪式训练策略在计算效率方面无疑具有更大的优势。简言之，贪婪式训练策略主要针对每层参数进行训练，潜在的寻优空间较小；而多层间的联合训练所面临的寻优空间将被严重放大，增加了求解难度。具体原因将于 4.4.2 节深入分析。

2. 栈式堆叠架构实现

完整的栈式堆叠架构包含两个功能独立但前后级联的模块：① 基于多

ELM-AE 级联的特征提取层，用于实现无监督的层次化特征学习与提取；② 基于单隐藏层 ELM 网络模型的有监督分类层，用于对所提特征做出最终的决策。其中，前者是栈式堆叠架构的核心并将在下文中重点阐述。

回顾一下 4.2 节介绍的 ELM-AE 的训练方法。首先将原始的输入数据投影至 ELM 的随机特征空间，利用 ELM 隐藏层映射的通用逼近能力来挖掘训练样本中的隐藏信息。然后，再利用线性回归方法对原始数据进行重构，进而帮助确定当前层的编解码参数。就实现细节而言，隐藏层激活函数类型既可以是线性函数，也可以是分段非线性函数；强制性约束既可以设置为稀疏性约束，也可以设置为低维压缩约束。其具体的选择方式根据实际任务而定。

在此基础上，栈式堆叠架构的训练具体流程为基于上述无监督学习方法先训练第一层网络，得到第一层的特征映射参数与隐藏层输出结果；接着，将第一层隐藏层作为第二层网络的输入并训练第二层网络，得到第二层的特征映射参数与隐藏层输出结果。以此类推，可依次求得栈式堆叠架构每层的中间表征。

$$H_i = g(H_{i-1}\boldsymbol{\beta}) \tag{4-24}$$

其中，H_i 是第 i 层的输出（$i \in [1,k]$），H_{i-1} 是第 $i-1$ 层的输出，$g(\bullet)$ 表示隐藏层的激活函数，$\boldsymbol{\beta}$ 表示当前层的特征映射参数。

如 4.2 节所述，基于 ELM-AE 的特征映射可以促进一定程度上的类内样本聚合，因此，随着栈结构堆叠数的增加，所提取到的特征也将有更加紧致的类内结构。这种紧致的类内特征结构对处理常见的分类任务较为有益。为此，在求得最后一个隐藏层的输出结果后，可以用常规的最小二乘线性分类器或者单隐藏层 ELM 算法对最后一层输出的特征进行分类，形成最终的决策结果。

3. 性能验证

在常用的自然目标分类数据集上，将基于 S-ELM-AE 的栈式堆叠算法、SAE 算法、DBN 算法、基于 C-ELM-AE 的栈式堆叠算法（ML-ELM）、基于 BP 的多层感知机（MLP-BP）等进行性能对比与评估。其中，特征映射结果的分类准确率和映射函数的学习（训练）时间是性能对标分析的重点。

为了客观比较上述算法，在对比实验中设置近似相同的训练超参数，具体为① 所有算法对应的网络架构均设为 3 层；② 对基于 BP 算法训练网络的 MLP 算法（如 SAE、DBN 和 MLP-BP 算法）而言，网络训练的初始学习率为 0.1，每个迭代周期的衰减率为 0.95，网络逐层预训练和微调的迭代周期分别为 100 和 200。具体的性能验证过程与 4.2.2 小节性能验证部分一致。

将上述特征映射方法在相应数据集上进行 50 次试验，并取平均值作为最终结果。其中，表 4-8 给出了基于 S-ELM-AE 的栈式堆叠算法与其他 MLP 算法的特征映射分类准确率和训练时间的对比结果[11]。从表 4-8 中可以看出，在特征映射结果的分类准确率方面，基于 S-ELM-AE 栈式堆叠算法的性能最优，它分别在 MNIST 与 NORB 两个自然目标分类数据集上实现了 99.13% 与 91.28% 的准确率，均高于其他栈式堆叠方法；在模型训练时间方面，基于 S-ELM-AE 栈式堆叠算法所用时间最少，性能显著优于其他算法，比 SAE、DBN 算法快至少 129 倍，比 MLP-BP 算法快至少 75 倍，比 ML-ELM 快至少 1.6 倍。

表 4-8　基于 S-ELM-AE 栈式堆叠算法与其他 MLP 算法对比[11]

数据集	算法	分类准确率/%	训练时间/s
MNIST	SAE	98.60	36 448.40
	DBN	98.87	53 219.77
	MLP-BP	97.39	21 468.10
	ML-ELM	99.04	475.83
	基于 S-ELM-AE 的栈式堆叠	99.13	281.37
NORB	SAE	86.28	60 504.34
	DBN	88.47	87 280.42
	MLP-BP	84.20	34 005.470
	ML-ELM	88.91	775.2 850
	基于 S-ELM-AE 的栈式堆叠	91.28	432.19

🔍 4.4　ELM 层次化特征映射学习与深度学习的联系

层次化特征学习并非 ELM 所独有，至少在 20 世纪 80 年代 BP 算法被重新发明并用于多层神经网络训练时，研究人员便意识到了层次性结构对于特征学习的重要性。此外，21 世纪初深度神经网络技术的复兴让研究人员重新重视基于层次化结构的分布式表征学习策略，通过简单表征函数逐层级组合来表示复杂的映射函数。

本节将讨论 4.3 节所述的 ELM 层次化特征映射学习方法与当前流行的深度学习网络之间的关系，重点突出两者在特征映射建模、特征优化方法方面的不同设计理念与实现侧重点，进而说明 ELM 层次化特征映射学习方法的优势与不足。

4.4.1　特征映射建模：普适性与自适应性

毫无疑问，寻找有效的特征映射方式是特征学习任务亟须解决的关键问题。当任务中存在明确的监督信号，即在有监督学习的情况下，一种与任务相关的特征映射方式自然是解决任务的首选方案；当不存在监督信号时，即在无监督学习的情况下，以最大化数据似然函数或者最小化重构误差为优化导向的特征编解码方案也成为为数不多的有效解决方法。

　　然而这里需要格外强调的是，无论是否存在明确的监督信号，ELM 层次化特征映射学习与深度学习在特征映射方面的设计动机有着本质的区别：前者试图基于随机化思想而追求一种普适的特征表示方案，而后者则选择基于过参数化思想而寻找一种数据或任务驱动的自适应特征表示方法。接下来将对这两种策略进行分别阐述。

　　1．ELM 的随机特征映射及其普适性

　　ELM 采用的随机特征映射方法具有普适性。首先，经典的线性随机投影理论已经表明，存在与数据或任务完全无关的投影矩阵，使得在投影前后数据点群的几何结构不会发生严重畸变，任意点对间的距离将以大概率保持不变，即保持等距。因此，无论何种数据、任务类型，ELM 的随机特征映射结果均不会对后续的分类器性能产生负面影响。

　　如果在线性随机投影结果的基础上考虑非线性因素（如非线性激活函数），则可以由 ELM 的通用逼近定理来进一步阐述随机特征映射的意义，只要是非线性分段连续的随机特征映射方式，且映射后的特征维度足够高，则映射结果可以以任意小的拟合残差来逼近任意输入的分段连续目标函数。换言之，非线性的 ELM 随机特征映射仍然具备对输入数据的特征表示能力。

　　2．深度学习的任务自适应特征映射

　　与 ELM 采用的普适性特征映射方式不同，深度学习采用的自适应特征映射方法具有更鲜明的任务导向性。就常见的数据分类任务而言，许多数据模式（如图像、语音、文本等）的内在规律可能非常复杂，很难做出"在欧式空间中类内数据表征'相似'而类间数据'相异'"的假设。例如，"桌子""汽车"等人造概念在图像域可呈现出丰富的类内表观差异，而深层次的语义差异可能将表观差异进一步多样化（如"'破损'的桌子"或"'套牌'的汽车"）。为了摒除上述复杂因素的干扰而更加精准区分不同类别的数据，一种自然的解决方式便是参数自适应调节，特征学习在大量神经元间参数化连接权重的自适应调节过程中完成。

　　此外，深度学习的层次化网络结构特点为"分解"复杂的特征映射函数提供了可能。以多层全连接结构为例，该网络表征了一个复杂的输入-输出函数关系映射。其中，该映射由许多更加简单的函数映射逐层按顺序嵌套构成，并且后续函数映射的输出均基于前端函数映射的结果。直观上讲，深度的增加将导致简单函数映射的数量成指数增加，而每个简单的函数映射都为输入数据提供了新的中间表征，这就为解释复杂输入数据提供了大量不同"层次"且可"组合"的"依据"。正是这种层次间灵活、可层次化组合的性质为层次化的网络模型提供了浅层宽度网络难以比拟的表征能力。

　　3．对比结论

　　综上所述，ELM 层次化特征映射学习与深度学习之间的最显著差别仍在于特征映射的建模策略。前者所追求的普适性动机合理，且所实施的编码策略在许多实际任务中可以发挥作用。其中的主要原因在于，"在欧式空间中类内数据表征'相似'而类间数据'相异'"的假设符合一些实际应用。在此情况下，与其花费巨大计算代价优化出理想的特征映射，不如直接选择一种通用且普适的编码方法。相比之下，深度学习的特征映射策略则略显激进。在有监督信号的指导下，选取通用且普适的投影参数作为初始配置，然后在此基础上逐步精细化调节，即便存在因层次化模型过于复杂而带来的潜在过拟合风险。

4.4.2　特征优化方法：凸优化与非凸寻优

本节所述的"特征优化"指网络模型针对特征学习任务的训练过程。显然，具体的特征优化过程将直接受到特征映射建模策略的影响。

与普适的随机特征映射策略设计动机类似，ELM 层次化特征学习模型始终依靠快速而又高效的训练方法来追求学习过程的"简洁美"。相比之下，深度学习领域人士则认为，以图形处理单元（Graphics Processing Unit，GPU）为典型代表的并行加速平台已较为成熟，大规模深度网络的长达"数周"的训练时间消耗并不"慢得离谱"，并且基于云端平台的实际工程部署完全可行。两者涉及的具体特征优化策略将在本节接下来的部分分别讨论。

1. 层次化 ELM 与线性凸优化

受前文所述的随机特征映射策略影响，层次化 ELM 的特征优化过程均可归结为线性凸优化问题求解。其背后的原因体现在两方面：① 多层嵌套的网络参数优化过程被分解为逐层间独立的优化问题；② 每层网络随机特征映射部分的映射参数并不参与当前层的联合优化。为了进一步阐述层次化 ELM 特征优化过程中的"线性凸"学习特点，这里不失一般性地以网络中间某层的训练过程为例（如图 4-17 所示），并加以说明。

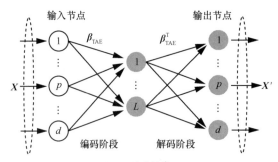

d > L：降维结构
d = L：等维结构
d < L：稀疏结构

图 4-17　网络中间某层的训练过程

首先，在特征映射部分的映射参数保持固定的情况下，需要优化的权重仅为网络的输出层权重，且该优化过程为凸。需要指出的是，该权重仅描述了隐藏层与输出层之间的线性映射关系。而当隐藏层输出与目标输出值均确定，且优化的代价函数为凸函数（一般为均方误差）时，输出层权重的求解便可归结为线性凸优化过程，并可应用于解决 4.3 节所描述的两种层次化 ELM 特征学习模型的训练问题。

其次，依然是在特征映射部分的映射参数保持固定的情况下，隐藏层节点的筛选可以归结为线性凸优化过程。需要指出的是，当在隐藏层输出节点处穿插安置筛选系数时，其功能会与后续的输出层权重有重叠的可能，至少在数学关系上均表达为与隐藏层输出值实现的线性标量乘法。因此，恰当的凸代价函数仍会诱导出凸优化问题，4.2.1 小节所述的 ELM 有监督随机特征映射方法即可归为此类型。

由此可以看出，层次化 ELM 无论是将多层嵌套的网络参数优化过程逐层"分而治之"，还是将每层网络随机特征映射部分的映射参数保持固定，其背后的根本动机均是在避免多层函数复合嵌套下的映射参数联合优化。已有的凸优化理论显示，参与复合嵌套的函数需要同时严格满足一系列条件方能使最终的复合函数保凸。因此，上述层次化 ELM 的特征优化策略实质上避开了复合函数优化带来的非凸问题困扰，转而致力于简单高效的凸优化过程。

2. 深度学习与非凸优化

受前文所述的自适应特征映射策略影响，深度学习的特征优化过程几乎无法规避非凸优化问题带来的困扰。准确地讲，深度学习为解决非凸优化难题所付出的时间代价长达数十年之久。下面将从时间发展的维度，简要阐述深度学习在非凸优化方面取得的技术进步。

20 世纪 80 年代 BP 算法被重新发明并被用于深度网络训练堪称里程碑式成果。该算法所采用的基于链式法则的梯度逐层复用与更新策略为深度神经网络的训练提供了可能。此外，该策略也是当前众多改进型优化器的设计基础，在优化算法中的地位无出其右。

21 世纪初提出的"权重预训练"策略[13]则为解决深度网络优化过程中普遍存在的"梯度消失"问题提供了新的思路。该方法认为"梯度消失"的原因为网络权重初始化值与"理想"权重值相距甚远，可以采取"逐层预训练"策略帮助确定待优化参数的"良好"初始值，便于在后续的全局迭代过程中快速收敛。虽然该训练方法在当前已很少使用，但它的诞生足以振奋人心，它在短期内催生了一系列的权重初始化方法，而长期来看叩开了深度学习技术复兴之门。

直至当前，已经涌现出大量面向网络结构、梯度迭代器等的改进型策略，同样缓解了梯度消失导致的优化困扰。例如，在网络结构方面，激活函数类型的变更、局部连接结构的普及与改进、池化层的改进、批量归一化层的引入、跳层结构的发明等均为深层网络的参数迭代优化提供了便利；在梯度迭代器方面，从携带动量的统计梯度下降到自适应梯度，再到著名的自适应学习率方法 Adam，实验表明这些方法在躲避"鞍点"与收敛率等方面的性能均有了很大改善[14]。

长足的技术进步并未让深度学习的训练优化研究走到尽头，反而让研究人员不断反思一些基础性问题：为什么简单的梯度类方法能够在如此复杂的优化问题中表现良好？对此，一些研究人员认为，与 20 世纪 80 年代的多层模型相比，如今的深度网络规模早已远胜当初，导致优化曲面形似"深谷"。虽然优化函数高度非凸意味着"谷底"的凹凸不平而存在大量局部最优解，但即便在梯度下降的过程中陷入这些局部极小点可能也无大碍，毕竟它们已经位于"深谷"的谷底。关于深度学习的非凸优化问题仍属于开放性问题，值得研究人员在未来的工作中进一步探讨。但有一点可以基本确定，当前不应当再以"非凸优化困难"这样的理由来否定深度学习技术所取得的成就。

3. 对比结论

综上所述，ELM 层次化特征映射学习在特征优化方面将计算效率放在了首位，采用凸优化技术来实现模型的简单与快速训练。与此不同的是，深度学习并不格外在意复杂的非凸优化过程带来的局部极小值困扰或者昂贵的计算成本。特别是近年来以 GPU 为代表的并行计算平台的普及在一定程度上缓解了深度学习在计算效率方面的顾虑。但从短期来看，应当给予通用、普适且广泛接受的网络参数调节经验格外的关注与说明。

🔍 4.5　本章小结

本章主要介绍了基于 ELM 特征学习的 3 类方法：ELM 特征选择、ELM 单隐藏层特征映射学习以及 ELM 层次化特征映射学习。从网络结构上看，上述 3 种特征学习网络的网络深度依次增加，所能表示的映射函数更加复杂，所提取特征的表征能力也逐渐增强。从学习机制上讲，ELM 自编码器内的特征映射参数求解并不依赖训练数据的标签，即可实现无监督特征学习。

与当前流行的深度学习技术相比，ELM 层次化特征映射学习在特征优化方面将计算效率放在了首位，采用凸优化技术来实现模型的简单与快速训练。与此不同的是，深度学习并不格外在意复杂的非凸优化过程带来的局部极小值困扰或者昂贵的计算成本。特别是近年来以 GPU 为代表的并行计算平台的普及在一定程度上缓解了深度学习在计算效率方面的顾虑。

参考文献

[1] LECUN Y, BENGIO Y, HINTON G. Deep learning[J]. Nature, 2015, 521(7553): 436.

[2] 尼克松, 阿瓜多. 特征提取与图像处理[M]. 李实英, 杨高波, 译. 2 版. 北京: 电子工业出版社, 2010.

[3] ANSELMI F, ROSASCO L, POGGIO T. On invariance and selectivity in representation learning[R]. MIT: Center for Brains, Minds and Machines, 2015.

[4] LIU H. Feature selection for knowledge discovery and data mining[M]. 1st ed. New York: Kluwer Academic Publishers, 1998.

[5] XUE X, YAO M, WU Z. A novel ensemble-based wrapper method for feature selection using extreme learning machine and genetic algorithm[J]. Knowledge and Information Systems, 2017, 57(2): 389-412.

[6] BENOÎT F, VAN HEESWIJK M, MICHE Y, et al. Feature selection for nonlinear models with extreme learning machines[J]. Neurocomputing, 2013, 102(2): 111-124.

[7] LI C, DENG C, ZHOU S, et al. Conditional random mapping for effective ELM feature representation[J]. Cognitive Computation, 2018, 10(5): 827-847.

[8] KASUN L L C, YANG Y, HUANG G B, et al. Dimension reduction with extreme learning machine[J]. IEEE Transactions on Image Processing, 2016, 25(8): 3906-3918.

[9] YU W, ZHUANG F, HE Q, et al. Learning deep representations via extreme learning machines[J]. Neurocomputing, 2015, 149: 308-315.

[10] KOHONEN T, SCHROEDER M R, HUANG T S. Self-organizing maps[M]. Berlin Heidelberg: Springer , 2001.

[11] TANG J, DENG C, HUANG G B. Extreme learning machine for multilayer perceptron[J]. IEEE Transactions on Neural Networks and Learning Systems, 2015, 27(4): 809-821.

[12] CORMEN T H, LEISERSON C E, RIVEST R L, et al. Introduction to algorithms[M]. 3rd ed. Cambridge: MIT Press, 2009.

[13] HINTON G E, SALAKHUTDINOV R R. Reducing the dimensionality of data with neural networks[J]. Science, 2006, 313(5786): 504-507.

[14] DUCHI J, HAZAN E, SINGER Y. Adaptive subgradient methods for online learning and stochastic optimization[J]. Journal of Machine Learning Research, 2011, 12: 2121-2159.

第5章
超限学习机工程实现

ELM 在理论上的训练高效性与良好泛化性为其软硬件的工程实现提供了重要保证。然而，在大数据时代背景之下，诸多应用领域（如社交媒体、电信、金融、医药、生物信息学和电力网络等）所产生的数据量迅速增加，严重影响 ELM 模型训练的时效性；此外，许多应用领域下的计算模型较为苛刻的运行环境（如功耗/重量严格受限的手机、移动仓储机器人等嵌入式终端平台）为 ELM 模型测试与工程部署带来挑战。

针对上述问题与挑战，本章介绍的 ELM 工程实现技术充分考虑不同软硬件平台的功能特点与处理优势，优化配置 ELM 在模型训练与测试阶段所需的不同软硬件资源[1]。具体内容包括以下两个方面。

① 面向 ELM 模型训练的并行加速技术。从分布式软件架构、GPU 平台和云端集群计算平台 3 方面对 ELM 模型训练过程中采用的并行加速技术分别进行介绍，实现海量数据条件下的 ELM 模型高效训练。

② 面向 ELM 模型测试的嵌入式实时处理系统设计。系统分析 ELM 模型测试过程所需的硬件系统设计方法，从嵌入式硬件平台计算效率高、功耗低等优势入手，对分别介绍基于现场可编程门阵列（FPGA）平台的 ELM 模拟验证系统和基于专用集成电路（ASIC）平台的 ELM 实际架构系统两种系统方案，并提供两种平台的现有设计案例，为实现终端计算资源受限条件下的 ELM 模型快速测试提供技术参考。

5.1 面向模型训练的并行加速技术

回顾前述章节介绍的内容可知，ELM 模型训练的核心环节是求取网络输出层权重的最小二乘解。

$$\boldsymbol{\beta} = \boldsymbol{H}^{\mathrm{T}}\boldsymbol{T} \qquad\qquad (5\text{-}1)$$

其中，$\boldsymbol{H}$ 为 N 个样本的独立变量矩阵，$\boldsymbol{H}^{\mathrm{T}}$ 是矩阵 $\boldsymbol{H}$ 的 Moore-Penrose 矩阵广义逆，$\boldsymbol{\beta}$ 是待求解的网络输出层权重向量/矩阵，$\boldsymbol{T}$ 是样本的目标真值向量/矩阵。

可以看出，矩阵 $\boldsymbol{H}$ 的生成与矩阵广义逆 $\boldsymbol{H}^{\mathrm{T}}$ 的计算占据了 ELM 模型训练的主要计算开销。然而，随着数据集规模的持续扩大直接导致样本量 N 增大，使得 $N \times L$ 维矩阵 $\boldsymbol{H}$ 很难一次性加载到计算机内存中完成求逆计算，而多次加载又必定会降低 ELM 的模型训练速度。因此，在合理的时间内完成大规模数据条件下的矩阵求逆过程是迫切需要解决的问题。

如图 5-1 所示，分布式软件架构加速、GPU 平台加速以及云端集群计算平台加速是目前典型的并行加速技术。这 3 种并行加速技术在应用于 ELM 模型训练时，在用户控制权限、并行加速速度、计算资源消耗与隐私控制方面存在不同的侧重点。其中分布式软件架构对用户开放更多的控制权，方便用户做进一步优化；GPU 平台拥有最高的加速比；而云端集群计算平台在数据安全性和用户隐私控制方面的性能更突出。接下来将做进一步介绍。

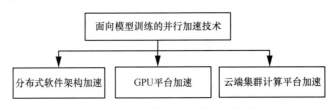

图 5-1　面向 ELM 模型训练的并行加速方法

5.1.1　分布式软件架构加速

分布式计算主要提倡一种软件运算机制，旨在将复杂的计算任务分担到多个机器上，使每台机器都承担部分数据的计算任务，以缓解单机的计算负担，从而达到提高任务处理速度的目的。但是任务拆分需要面临更复杂的问题，例如计算过程中控制信号的通信与同步、各个分任务的获取、分计算结果的合并以及对错误计算结果的反馈等。分布式软件架构的出现在一定程度上解决了上述问题：通过分布式软件架构封装计算细节，便于实现分布式计算程序的开发。

考虑到分布式软件架构的易操作性，这里以 MapReduce 和 Spark 两种典型的分布式软件架构为例分别介绍其针对 ELM 模型训练的并行加速方法。其中，MapReduce 擅长处理基于磁盘的大数据计算任务；而 Spark 则适合数据挖掘等多轮迭代式计算任务，并且当数据发生丢失时可进行数据重构。

1. 基于 MapReduce 的 ELM 并行训练

MapReduce 是谷歌提出的一个软件架构，用于大规模数据的并行计算。它拥有 map（映射）和 reduce（归约）两大概念。开发人员可以制定一个 map 函数把一组 < key,value >（键值对）映射为一组新的键值对。最后将相同键的数据发送到同一个 reduce 函数进行合并处理。因此 map 函数和 reduce 函数都具有高度并行的特点，这对于矩阵求逆运算非常有用[2-5]。

在 MapReduce 运行过程中，每个 map 函数和 reduce 函数均独立、透明执行，极大方便了 ELM 模型训练过程中 Moore-Penrose 矩阵广义逆计算的并行加速实现与内部原理分析。另外系统可自动完成大型机器集群间的调度和通信，有效地使用网络通信与磁盘资源。为方便引用与说明，这里以"并行 ELM（Parallel ELM，PELM）"指代基于 MapReduce 框架的 ELM 并行训练方法[6]。

由 2.1 节内容可知，PELM 需要使用两次 MapReduce，用于计算隐藏层输出矩阵 H 和矩阵 $H^{\mathrm{T}} \times H$、$H^{\mathrm{T}} \times T$。其次需要在使用 MapReduce 时设计 map 函数的键值对和 reduce 函数的键值对来实现高效的并行计算。接下来将具体介绍基于 MapReduce 计算隐藏节点输出矩阵 H 以及矩阵 $H^{\mathrm{T}} \times H$ 和 $H^{\mathrm{T}} \times T$。

（1）基于 MapReduce 的 ELM 隐藏层映射设计

ELM 的隐藏层映射可以通过 MapReduce 中的 map 函数设计，从而得到隐藏层输出矩阵 H。具体而言，首先将训练数据集存储在 MapReduce 的 Hadoop 分布式文件系统（Hadoop Distributed File System，HDFS）上，其中每个键值对对应一组样本；接着将 map 函数的输入设置为样本所在位置与文件系统起始位置间的偏移量，由此获得 map 函数的输入参数；最后在 map 函数体中，函数将样本随机分配给隐藏层映射器（HiddenMapper），并将计算得到的隐藏层输出结果与原始样本一起保存作为函数输出结果。其中隐藏层映射器通过接下来的算法 5.1 进行介绍，下面是计算隐藏层输出矩阵的 HiddenMapper（key, value）算法伪代码。

算法 5.1　HiddenMapper（key, value）算法

输入：

键值对 < key,value >，其中 key 是以字节为单位的偏移量，value 是样本的内容

输出：

键值对 < key',value' >，其中 key'是隐藏层节点输出向量，value'是样本内容

第一步： 将输入 value 解析为 onesample 数组

第二步： 初始化输入样本数据，字符串 outkey 和变量 x

第三步： 计算 $x+ = A[i][j] \times \mathrm{onesample}[j]$，其中 $A[i][j]$ 对应第 j 个输入节点和第 i 个隐藏层节点间的权重

第四步： 将结果记录在 outkey 中，用"，"隔开

返回： < outkey, value >

由算法 5.1 可知，第一步、第二步是准备计算步骤，包括解析输入值，归一化自变量和启动中间索引字符串 outkey。第三步、第四步计算隐藏层输出向量，

并将其所有元素添加到字符串 outkey，并使用"，"隔开。最后输出中间键值对：
$< \text{outkey}, \text{value} >$。

（2）基于 MapReduce 计算矩阵广义逆

在得到隐藏层节点输出矩阵 $\boldsymbol{H}$ 后，需要具体设计 map 函数和 reduce 函数来计算矩阵广义逆。首先明确 map 函数的输入 key 是每个样本到数据文件起始点的字节偏移量，map 函数的输入 value 是每个样本的隐藏层节点输出向量和原始样本的字符串；然后数据在 map 函数中进行处理得到中间结果，中间结果的 key 是随机字符串，且不会在后续 reduce 函数中使用。中间结果的 value 是中间结果的字符串和因变量的乘法结果；接着设计 reduce 函数。在 reduce 函数中，中间结果被合并、排序和求和以实现矩阵乘法 $\boldsymbol{H}^{\mathrm{T}} \times \boldsymbol{H}$ 和 $\boldsymbol{H}^{\mathrm{T}} \times \boldsymbol{T}$。所以 reduce 函数的输出 key 是一个包含矩阵 $\boldsymbol{H}^{\mathrm{T}} \times \boldsymbol{H}$ 和 $\boldsymbol{H}^{\mathrm{T}} \times \boldsymbol{T}$ 中所有元素的字符串，reduce 函数的输出 value 可以是任何字符串。这样就得到了矩阵乘法的结果。

其中对于 N 个样本的数据集，$\boldsymbol{X} = \boldsymbol{H}^{\mathrm{T}} \times \boldsymbol{H}$ 和 $\boldsymbol{Y} = \boldsymbol{H}^{\mathrm{T}} \times \boldsymbol{T}$ 的每个项可表示为

$$\boldsymbol{X}[i][j] = \sum_{k=1}^{N} \boldsymbol{H}[k][i] \times \boldsymbol{H}[k][j] \tag{5-2}$$

$$\boldsymbol{Y}[i][j] = \sum_{k=1}^{N} \boldsymbol{H}[k][i] \times \boldsymbol{T}[k][j] \tag{5-3}$$

算法 5.2 和算法 5.3 分别给出基于 MapReduce 计算矩阵广义逆的 map 函数和 reduce 函数的伪代码。

算法 5.2 HTHMapper（key, value）算法

输入：

键值对 $< \text{key}, \text{value} >$，其中 key 是以字节为单位的偏移量，value 是包含每个样本和原始样本的隐藏节点输出向量的字符串

输出：

键值对 $< \text{key0}, \text{value0} >$，其中 key0 是随机字符串，value0 是中间结果的字符串

第一步： 将输入 value 解析为 onesample 数组

第二步： 初始化输入样本数据、字符串 outvalue 和字符串 depVarMatrix

第三步： 根据 outvalue.append(onesample[i] × onesample[j]) 计算隐藏节点输出向量乘积并作为中间变量保存在 outvalue 中

第四步： 根据 depVarMatrix.append(onesample[i] × depVariables[j]) 计算因变量与隐藏节点输出向量的对应元素的乘积并将其保存在 depVarMatrix 中

第五步： 将 depVarMatrix 结果保存在 outvalue 中

返回： $< \text{"HTH"}, \text{outvalue} >$

在算法 5.2 中，第一步、第二步是准备计算步骤，包括解析输入值、因变量标准化和中间字符串 outvalue 和 depVarMatrix 初始化，其中 outvalue 是输出值字符串，depVarMatrix 是保存矩阵 $\boldsymbol{H}^{\mathrm{T}} \times \boldsymbol{T}$ 的加法项。第三步～第五步计算样本矩阵 $\boldsymbol{H}^{\mathrm{T}} \times \boldsymbol{H}$ 和矩阵 $\boldsymbol{H}^{\mathrm{T}} \times \boldsymbol{T}$ 的每个加法项，并添加到字符串 outvalue，并用","隔开。最后输出中间键值对：<"HTH",outvalue>。完成 map 函数计算后，即可利用算法 5.3 进行 reduce 函数计算。

算法 5.3　HTHReducer（key, value）算法

输入：

键值对 <key,value>，其中 key 是随机字符串，value 是中间结果字符串

输出：

键值对 <key0,value0>，其中 key0 是包含矩阵 $\boldsymbol{H}^{\mathrm{T}} \times \boldsymbol{H}$ 中所有元素的字符串，value0 是任何字符串

第一步： 初始化矩阵 sumMatrix、depVarMatrix、oneValue 和 outkey

第二步： 将字符串 oneValue 解析为 onesample 数组

第三步： 根据 sumMatrix[i][j]+=onesample[$i \times L + j$] 计算 $\boldsymbol{H}^{\mathrm{T}} \times \boldsymbol{T}$

第四步： 根据 depVarMatrix[i][j]+=onesample[$L \times L + i \times M + j$] 计算 $\boldsymbol{H}^{\mathrm{T}} \times \boldsymbol{T}$

第五步： 分别将 sumMatrix 中的每一项，depVarMatrix 中的每一项保存到 outkey 中，用","隔开

返回： <outkey,"HTH">

算法 5.3 中，第一步、第二步是准备计算步骤，包括解析输入值，并初始化中间矩阵 sumMatrix 和字符串 depVarMatrix 等变量，其中 sumMatrix 用于保存矩阵 $\boldsymbol{H}^{\mathrm{T}} \times \boldsymbol{H}$ 的元素，depVarMatrix 保存矩阵 $\boldsymbol{H}^{\mathrm{T}} \times \boldsymbol{T}$ 的元素。第三步、第四步通过对所有相应的加法项求和来计算矩阵 $\boldsymbol{H}^{\mathrm{T}} \times \boldsymbol{H}$ 和矩阵 $\boldsymbol{H}^{\mathrm{T}} \times \boldsymbol{T}$ 的元素。第五步将矩阵 $\boldsymbol{H}^{\mathrm{T}} \times \boldsymbol{H}$ 和 $\boldsymbol{H}^{\mathrm{T}} \times \boldsymbol{T}$ 的所有元素添加到用","隔开的字符串 outkey。最后将最终的键值对 <outkey,"HTH"> 输出到 HDFS 的序列文件中。

（3）并行加速性能分析

针对 PELM 的具体并行计算性能，本节试图从实验的角度去定量评估。实验的硬件环境为 Linux 操作系统上的 10 台计算机集群，每台计算机都有 4×2.8 GHz 内核和 4 GB 内存。MapReduce 系统配置为 Hadoop 版本 0.20.2 和 Java 版本 1.5.0_14。

实验时 MapReduce 中 map 函数的数量可以由集群系统自动确定，但 reduce 函数的数量需要人为设定，因此可以先预先做一个实验确定 reduce 函数的数量。在不同的 reduce 函数数量下，分别得到系统的运算时间如图 5-2 所示。在曲线前半段，随着 reduce 函数数量的增加，系统运算时间减小，这表明系统的并行度在增加；当 reduce 函数数量为 4 时，系统运算时间达到最小值；当 reduce 函数数量

继续增加时，因为受到额外管理时间和通信时间的影响，系统运算时间又随着 reduce 函数的增加而增加。因此实验系统中 reduce 函数数量设定为 4。

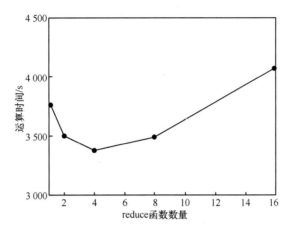

图 5-2   不同数量 reduce 函数下的系统的运算时间[6]

接着从各个角度去测试 PELM 的并行加速性能。图 5-3～图 5-5 所示为 speedup，scaleup 和 sizeup 指标下 PELM 的表现。其中 speedup 定义为

$$\text{speedup}(m) = \frac{t_1}{t_m} \tag{5-4}$$

其中，t_1 表示一台计算机运行算法的执行时间，t_m 表示 m 台计算机集群的算法并行执行时间。scaleup 是为了衡量 m 倍大型集群系统在与单个计算机相同的计算时间内执行 m 倍大工作的能力，用式（5-5）表示。

$$\text{scaleup}(m) = \frac{p_1}{p_m} \tag{5-5}$$

其中，p_1 表示使用一台计算机处理标准数据量的运算时间，p_m 表示使用 m 台计算机处理 m 倍标准数据量的运算时间。sizeup 是为了测量当数据集大小比原始数据集大 m 倍时在给定系统下运行的时间，通过式（5-6）表示。

$$\text{sizeup}(m) = \frac{d_m}{d_1} \tag{5-6}$$

其中，d_1 表示利用给定系统处理标准数据量的运算时间，d_m 表示利用给定系统处理 m 倍标准数据量的运算时间。

由实验得到 PELM 的 speedup 性能如图 5-3 所示。将 CPU 内核数从 4～32 之间多次取值，训练数据集规模也分别为原始数据集的 1 200 倍、2 400 倍、4 800 倍和

9 600 倍。一个理想的并行计算系统应当具有线性加速的效果，对于在一个计算机系统执行的任务来说，具有 m 倍计算机数量的系统能提高 m 倍运算速度。根据图 5-3 知道，随着数据集规模的增加，PELM 的加速效果趋近于线性，当数据集规模越大时，并行加速的效果越好。因此 PELM 具有良好的 speedup 性能。

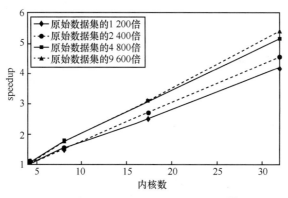

图 5-3　PELM 的 speedup 性能结果[6]

PELM 的 scaleup 性能如图 5-4 所示。在理想的并行系统中，增益率恒等于 1，但是在实际系统中无法实现。当用 m 台计算机处理 m 倍规模的数据集时，计算机间的通信等因素会影响加速能力。通常随着数据集规模和 CPU 内核数的增加，并行算法的增益率逐渐减小。可以看出，当数据集规模变大时，PELM 的增益性能缓慢降低，即 PELM 具有良好的 scaleup 性能。

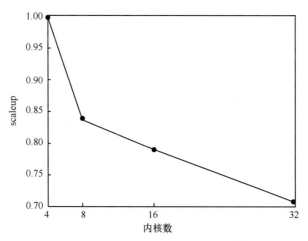

图 5-4　PELM 的 scaleup 性能结果[6]

图 5-5 显示出 PELM 的 sizeup 性能，数据集的大小分别是原始数据集的 1 200 倍、2 400 倍、4 800 倍和 9 600 倍。理想状态下处理 m 倍原始数据的时间为原始时间的 m 倍，但是随着数据量和 CPU 内核数的增大，sizeup 性能会有所下降。根据图 5-5 的曲线可以知道 PELM 的 sizeup 性能也很优秀。通过上述实验证明，PELM 不仅能有效应用于大规模数据集，而且具有良好的 speedup、scaleup 和 sizeup 性能。

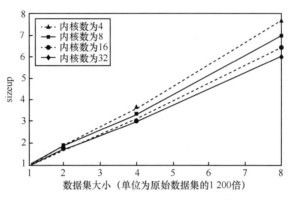

图 5-5　PELM 的 sizeup 性能结果[6]

2. 基于 Spark 框架的 ELM 并行训练

相对于 MapReduce 会在运行完将数据存放到磁盘中，Spark[7] 使用了存储器内运算技术，能在数据尚未写入硬盘时进行分析运算。Spark 的数据单元与 MapReduce 类似，都是基于 < key,value > （键值对）进行计算。但是 Spark 的基础程序抽象称为弹性分布式数据集（Resilient Distributed Dataset，RDD）[8]，是一个可并行操作，有容错机制的数据集合。如果执行 RDD 时丢失了一个分区，可以根据 Spark 中 RDD 的特点快速重建丢失的部分。高效的容错性使 SELM 计算过程更加稳定和高效。通过 RDD 进行计算，Spark 的运算速度能做到比 MapReduce 的运算速度快上 100 倍，非常适用于机器学习算法。

毫无疑问，Spark 也是加速 ELM 模型训练过程的"利器"。这里以"Spark ELM（SELM）"指代基于 Spark 框架的 ELM 并行训练方法。根据 2.1 节的内容可知，训练数据集和随机生成的隐藏神经元参数数据集在初始阶段要被转换为 RDD，分别定义为 $\boldsymbol{R}_x$ 和 $\boldsymbol{R}_y$，隐藏层节点的输出结果定义为 $\boldsymbol{R}_z$。接着根据行和列继续分别划分 $\boldsymbol{R}_x$、$\boldsymbol{R}_y$ 和 $\boldsymbol{R}_z$。基于上述分析，令每个隐藏层节点为一个独立的分区，可以降低通信成本和 I/O 开销，并在本地执行更多操作。矩阵划分后便可以计算隐藏层输出矩阵和求解矩阵广义逆。SELM 通过 3 个子算法实现上述求解过程。其中 H-PMC 算法用于计算隐藏层输出矩阵，Û-PMD 和 V-PMD 算法用于计算矩阵广义逆。

（1）基于 Spark 计算隐藏层输出矩阵

SELM 的隐藏层输出矩阵可以通过接下来介绍的 H-PMC 算法计算得到。首先 H-PMC 算法从 Spark 的 HDFS 形式 RDD 中获得训练数据集和随机生成的隐藏神经元参数数据集，分别表示为 R_x 和 R_y。接着通过分区计算等步骤获得隐藏层输出矩阵。Spark 会将计算结果缓存在内存中以加速后续计算。算法 5.4 是 H-PMC 算法的伪代码。

算法 5.4　H-PMC 算法

输入：

训练样本 $\chi = \{(x_i, t_i) \mid x_i \in \mathbf{R}^n, t_i \in \mathbf{R}^m, i = 1, 2, 3, \cdots, N\}$

随机生成隐藏神经元参数数据集 $\{(w_j, b_j) \mid w_j \in \mathbf{R}^n, b_j \in \mathbf{R}^m, j = 1, 2, 3, \cdots, L\}$

输出：

隐藏层输出矩阵

第一步： 解析训练样本和隐藏节点数据集并将其分区

第二步： 初始化 value, key 和 M

第三步： 遍历所有分区的 R_x 和 R_y 计算 $\text{value} \leftarrow \text{value} \bigcup \left\{ \sum_{i=1}^{n} (x[z][i] \times w[i]) + b[j] \right\}$

（j 表示 R_y 的对应分区）

第四步： $\text{key} \leftarrow \text{key} \bigcup \{<z, j>\}$

第五步： $M \leftarrow M \bigcup \{<\text{key}, \text{value}>\}$

第六步： 并行操作结束，将 M 缓存在内存中

返回： 隐藏层输出矩阵

H-PMC 算法可以分为两部分：第一步、第二步是准备阶段，算法对数据集进行解析和划分，并对相关的变量进行初始化等操作；后面的步骤是计算隐藏层输出矩阵，整个计算过程围绕 R_y 展开。可通过图 5-6 更生动地描述 H-PMC 算法。

如图 5-6 所示，隐藏节点数据集矩阵分为 L 个部分，每个隐藏节点的全部参数将保存在一个分区中。这些隐藏节点数据集聚集起来就被称为 R_y，R_y 具有 L 个分区，并且每个分区缓存相应隐藏节点的所有参数，也就是 P_{y1}，P_{y2}，$\cdots$，P_{yL}。为方便地执行计算，训练数据集也分成 L 个部分。R_x 表示训练数据集，分区为 P_{x1}，P_{x2}，$\cdots$，P_{xL}。由于 R_x 和 R_y 都分布在不同的节点上，因此 Spark 可实现并行计算隐藏层输出矩阵，最后可以获得隐藏层输出矩阵 H，并在内存中以下列形式缓存。

$$H = \begin{bmatrix} \{<1,1>, \text{value}_{11}\} & \cdots & \{<1,L>, \text{value}_{1L}\} \\ \vdots & & \vdots \\ \{<N,1>, \text{value}_{N1}\} & \cdots & \{<N,L>, \text{value}_{NL}\} \end{bmatrix} \tag{5-7}$$

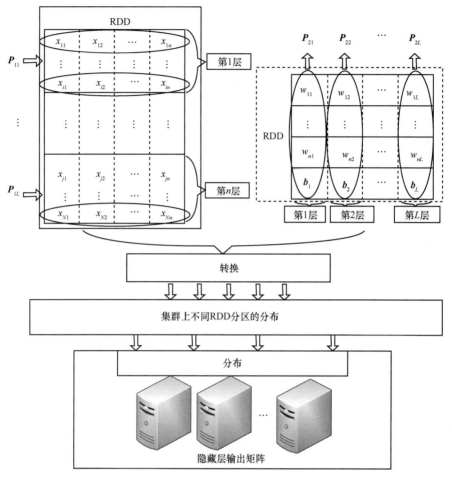

图 5-6　隐藏层输出矩阵计算方法

（2）基于 Spark 计算矩阵广义逆

SELM 有两种计算矩阵广义逆的算法，分别为 Û-PMD 和 V-PMD 算法。其中 Û-PMD 算法用于计算矩阵 $\hat{\boldsymbol{U}}$，而 V-PMD 算法用于计算矩阵 $\boldsymbol{V}$，它们二者分别代表矩阵 $\boldsymbol{H}^{\mathrm{T}} \times \boldsymbol{H}$ 和 $\boldsymbol{H}^{\mathrm{T}} \times \boldsymbol{t}$。根据 $\boldsymbol{h}_{ij} = g(\boldsymbol{w}_j \times \boldsymbol{x}_i + \boldsymbol{b}_j)$ 可得

$$\boldsymbol{u}_{ij} = \sum_{z=1}^{N} \boldsymbol{h}_{iz}^{\mathrm{T}} \boldsymbol{h}_{zj} = \sum_{z=1}^{N} \boldsymbol{h}_{zi} \boldsymbol{h}_{zj} = \sum_{z=1}^{N} g(\boldsymbol{w}_i \boldsymbol{x}_z + \boldsymbol{b}_i) g(\boldsymbol{w}_j \boldsymbol{x}_z + \boldsymbol{b}_j) \tag{5-8}$$

$$\boldsymbol{v}_{ij} = \sum_{z=1}^{N} \boldsymbol{h}_{iz}^{\mathrm{T}} \boldsymbol{t}_{zj} = \sum_{z=1}^{N} \boldsymbol{h}_{zi} \boldsymbol{t}_{zj} = \sum_{z=1}^{N} g(\boldsymbol{w}_i \boldsymbol{x}_z + \boldsymbol{b}_i) \boldsymbol{t}_{zj} \tag{5-9}$$

由于已经得到隐藏层输出矩阵 $\boldsymbol{H}$，因此式（5-8）、式（5-9）可以写成如下形式。

$$\boldsymbol{u}_{ij} = \sum_{z=1}^{N} \text{value}_{zi} \text{value}_{zj} \tag{5-10}$$

$$\boldsymbol{v}_{ij} = \sum_{z=1}^{N} \text{value}_{zi} t_{zj} \tag{5-11}$$

根据式（5-11），$\boldsymbol{u}_{ij}$ 可以用 value_{zi} 乘 value_{zj} 表示，其中 value_{zi} 表示矩阵 $\boldsymbol{H}$ 中第 i 列的第 z 个元素，而 value_{zj} 表示矩阵 $\boldsymbol{H}$ 中第 j 列的第 z 个元素。另外，$\boldsymbol{v}_{ij}$ 是 value_{zi} 乘以 t_{zj} 的总和（t_{zj} 是 $\boldsymbol{t}$ 中第 j 列的第 z 个元素）。这样就可以利用 H-PMC 算法进行矩阵广义逆的计算。下面给出的算法 5.5 是 Û-PMD 算法的伪代码。

算法 5.5　Û-PMD 算法

输入：

隐藏层输出矩阵 $\boldsymbol{H}$ 和 $L \times L$ 维对角矩阵 $1/\lambda$

输出：

输出权重向量矩阵

第一步：初始化广播变量, outvalue, endkey 和 Q

第二步：遍历 RDD 计算 $\text{outvalue} \leftarrow \text{outvalue} \bigcup \{\sum_{z=1}^{N} (\text{value}[z][i] \times \text{value}[z][j])\}$

（i, j 表示两个 RDD 的相应分区）

第三步：计算 $\text{endkey} \leftarrow \text{endkey} \bigcup \{<i, j>\}$

第四步：如果两个 RDD 分区相等，则 $\text{outvalue}_{ij} \leftarrow 1/\lambda$

第五步：计算 $Q \leftarrow Q \bigcup \{<\text{endkey}, \text{outvalue}>\}$

第六步：结束并行处理，在分布式内存中缓存 Q

返回：输出权重向量矩阵

Û-PMD 算法有两部分，第一部分（第一步）为相关变量的初始化；第二部分（第二步～第六步）主要用于计算矩阵 $\hat{\boldsymbol{U}}$。接着通过对图 5-7 的学习可以帮助更好地理解 Û-PMD 算法，该算法的每个隐藏层节点的输出都分配在独立的分区中。用 $\boldsymbol{R}_z$ 表示隐藏层输出，那么每一个分区可以描述为 $\boldsymbol{P}_{z1}, \boldsymbol{P}_{z2}, \cdots, \boldsymbol{P}_{zL}$。根据式（5-11）可知，将两个矩阵中每列的所有相应元素相乘，便可以得到 $\boldsymbol{H}^{\mathrm{T}} \times \boldsymbol{H}$。例如，$\boldsymbol{u}_{11} = \text{value}_{11} \times \text{value}_{11} + \text{value}_{21} \times \text{value}_{21} + \cdots + \text{value}_{N1} \times \text{value}_{N1}$。所以矩阵 $\hat{\boldsymbol{U}}$ 的结果可写为

$$\hat{\boldsymbol{U}} = \begin{bmatrix} <1,1>, \text{outvalue}_{11} & \cdots & <1,L>, \text{outvalue}_{1L} \\ \vdots & & \vdots \\ <L,1>, \text{outvalue}_{L1} & \cdots & <L,L>, \text{outvalue}_{LL} \end{bmatrix} \tag{5-12}$$

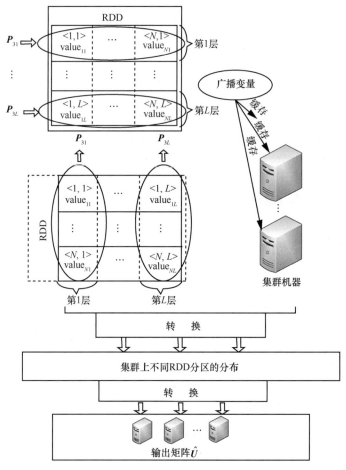

图 5-7　Spark 上矩阵 $\hat{U}$ 的计算过程

　　在了解 $\hat{U}$-PMD 算法后，去学习 V-PMD 算法就比较容易。V-PMD 是矩阵 V 计算算法。由式（5-12）可知，矩阵 H^{T} 中每列全部元素的输出矩阵乘以 t 中每列相应元素可得到矩阵 V。算法 5.6 列出 V-PMD 算法的伪代码。

算法 5.6　V-PMD 算法

输入：

隐藏层输出矩阵 H 和 $N \times m$ 维样本训练结果矩阵 t

输出：

输出权重向量矩阵

第一步： 将训练结果矩阵按列分为 m 个分区

第二步： 初始化 endvalue, outkey 和 R

第三步： 对每个分区的 R_z 和 R_d 循环计算 endvalue ← endvalue $\bigcup$

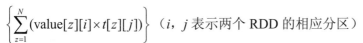

$$\left\{\sum_{z=1}^{N}(\text{value}[z][i]\times t[z][j])\right\}\quad(i,\ j\ \text{表示两个 RDD 的相应分区})$$

第四步： 计算 $\text{outkey}\leftarrow\text{outkey}\bigcup\{<i,j>\}$

第五步： 计算 $\boldsymbol{R}\leftarrow\boldsymbol{R}\bigcup\{<\text{outkey},\text{endvalue}>\}$

第六步： 在分布式内存中缓存 $\boldsymbol{R}$

返回： 输出权重向量矩阵

在 V-PMD 算法中，计算矩阵 $\boldsymbol{V}$ 的过程与 Û-PMD 算法中计算矩阵 $\hat{\boldsymbol{U}}$ 的过程类似。首先解析训练样本结果矩阵 $\boldsymbol{t}$，然后对该矩阵进行分区，最后计算矩阵 $\boldsymbol{V}$（第三步～第六步）。根据式（5-12）可实现 SELM 矩阵 $\boldsymbol{H}^{\mathrm{T}}$ 和矩阵 $\boldsymbol{t}$ 的计算，例如 $v_{11}=\text{value}_{11}\times t_{11}+\text{value}_{21}\times t_{21}+\cdots+\text{value}_{N1}\times t_{N1}$。此时矩阵 $\boldsymbol{V}$ 可以描述为

$$\boldsymbol{V}=\begin{bmatrix}<1,1>,\text{endvalue}_{11}&\cdots&<1,m>,\text{endvalue}_{1m}\\ \vdots&&\vdots\\ <L,1>,\text{endvalue}_{L1}&\cdots&<L,m>,\text{endvalue}_{Lm}\end{bmatrix}\tag{5-13}$$

综合这 3 个子算法可以看出，SELM 的计算过程一般如下。

① 解析数据集，并利用 Spark 的特性划分相应的分区，以降低通信成本和 I/O 开销。

② 计算隐藏层输出矩阵。主要由 H-PMC 算法完成计算，计算结果在内存中保存。

③ 计算矩阵广义逆，主要由 Û-PMD 算法和 V-PMD 算法得到最终的计算结果。

（3）并行加速性能分析

SELM 的计算过程相比 MapReduce 更为复杂，涉及更多关于数据划分的操作，但是 SELM 对于 ELM 训练过程的加速效果究竟如何？与 MapReduce 相比是否具备一定优势？为了定量分析 SELM 对于 ELM 训练过程的性能，本小节采取实验的方法来评估 SELM。

本节实验的硬件集群环境为每台计算机包含 2 TB 硬盘，2.5 GHz 内核 CPU 和 16 GB 内存，系统为 Ubuntu 12.04 操作系统。以其中一台计算机作为主节点，其他计算机作为从属节点建立整个集群系统。在此集群系统上配置了 Hadoop 2.4.0，scala 2.10.4，Java Development Kit 1.8.0-25 和 Spark 2.0.0。

为了从更多角度分析 SELM 的性能，本节实验与上文介绍的 PELM 进行对比，另外还会和 ELM[9]、改进 ELM[9] 两种基于 MapReduce 改进的加速 ELM 训练的软件架构进行对比。

图 5-8 显示在不同条件下各算法的运行时间。其中图 5-8（a）～（d）分别表示随着数据集维度 n，隐藏层节点数 L，样本大小 N 和计算机数量的变化，各算法运行时间的变化情况。

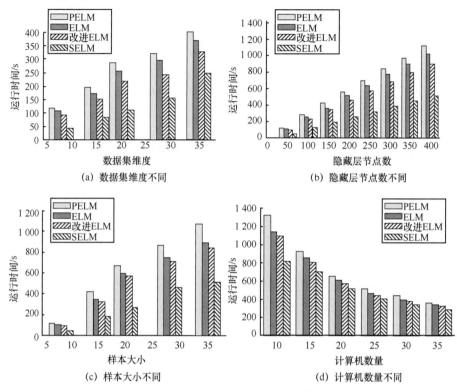

图 5-8　不同条件下的运行时间[10]

由图 5-8（a）可知，数据集维度增加时，需要用更长时间来计算隐藏层输出矩阵 **H**，因此算法的运行时间都在随数据集维度增加而增加，其中 SELM 的运行时间最短；在图 5-8（b）中，当隐藏层节点数 L 值增大时，处理矩阵 $\hat{\boldsymbol{U}}$ 和矩阵 **V** 的运行时间均增加，所以各算法运行时间也会随之增加，而 SELM 运行时间最短且增加幅度最小；图 5-8（b）、（c）可以得到类似的结论；在图 5-8（d）中，系统运行时间会随着计算机数量的增加而减少，因为更多的计算机可以在一定程度上加快整个计算过程，而 SELM 的表现也很突出。因此相比于 PELM、ELM、改进 ELM 方法，SELM 具有最高的运算效率。

接着从另一个角度分析，计算不同条件下各算法的 speedup 性能，同样给出如图 5-9 所示的随着数据集维度 n，隐藏层节点数 L，样本大小 N 和计算机数量的变化各算法的 speedup 性能结果。在图 5-9（a）～（d）中，随着各图横坐标的增加，PELM、ELM、改进 ELM[9] 和 SELM 的 speedup 性能都呈现出单调递增的趋势。另外由于通信、I/O 开销等原因，speedup 性能并没有呈现出线性递增的状态。

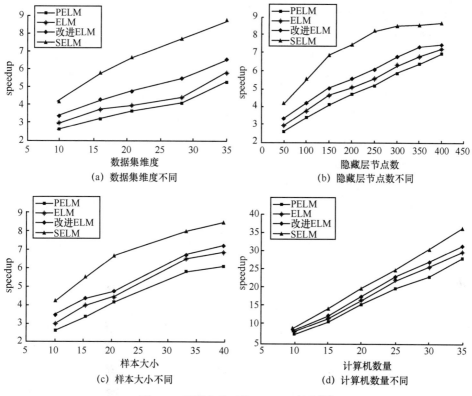

图 5-9　不同条件下的 speedup 性能[10]

根据图 5-9 的曲线也可以看出，SELM 在各类情况下的 speedup 表现都是比较优秀的。这些实验结果表明，在面向海量数据处理应用任务时，基于 Spark 并行框架的 SELM 与 PELM、ELM 和改进 ELM 相比，有效地加速了 ELM 的整个计算过程。

5.1.2　GPU 平台加速

GPU 是英伟达（NVIDIA）公司提出的概念，是早先专门用于绘图运算工作的微处理器。这种特殊的处理器具有数百或数千个内核，可并行运行大量计算。在 CPU 和 GPU 上运行相同的计算，GPU 的运行速度比 CPU 快 10～100 倍。

近年来随着 NVIDIA 计算统一设备体系结构（Compute Unified Device Architecture，CUDA）的引入，将 GPU 用于除图像计算外的通用计算变得更加容易。可以方便地使用 GPU 中的 CUDA 求解矩阵运算等线性问题。因此，将 GPU 用于加速 ELM 训练过程的矩阵求逆过程也是显而易见的方法。接下来具体介绍基于 GPU 平台的 ELM 并行训练方法[11]。

1. 基于 GPU 的 ELM 并行训练

ELM 模型训练时的矩阵广义逆计算是线性计算的一种，并且可以分解为许多并行的线性系统求解问题，从而转化为 GPU 擅长处理的问题。首先需要将问题划分，将矩阵广义逆计算分成许多并行子线性系统；其次在 GPU 的 CUDA 工具中找到解决线性问题的函数集[12]；最后调用这些函数集进行计算，返回计算结果。

GPU 中的 CUDA 工具有丰富的库函数去加速线性计算。这些函数可用于实现诸如求解多元线性方程式、求解线性系统方程组的最小平方解、特征向量计算、矩阵 QR 分解的 Householder 转换计算和奇异值分解等。而加速 ELM 训练过程需要用到的加速工具为 CULA 工具[13]。这是与 NVIDIA 公司合作开发的第一个广泛使用的线性代数加速包，它实现了 LAPACK（Linear Algebra Package）函数的子集[14]。CULA 工具包含用于求解线性系统 culaGesv 和执行最小二乘求解 culaGels 的函数。因此，为了在 GPU 平台上加速 ELM 的训练过程，可以使用 GPU 的 CULA 工具中的 culaGesv 和 culaGels 函数来加速计算矩阵广义逆[15]。

2. 并行加速性能分析

针对 ELM 的训练过程，culaGesv 和 culaGels 函数的加速计算效果是否满足理想的加速需求，以及 GPU 平台是否比 CPU 平台获得明显的加速效果？为了解决上述疑问，需要基于实验定量分析并验证 GPU 平台的加速性能。

实验的硬件环境为 Intel Core i7 920 CPU 和英伟达 GTX295 GPU 的台式计算机；在实验的硬件环境下，样本大小可以扩展到大约 200 000 个；实验时使用两个较大数据集进行测试：Santa Fe 激光数据集和 ESTSP 比赛数据集。

本节实验首先测试 GPU 平台下 culaGels 函数的运算性能，并将其与 CPU 平台下功能类似函数的性能进行对比。表 5-1 列出各平台下与 culaGels 函数功能类似的函数。

表 5-1　各平台中使用函数功能表

函数名称	功能描述	运行平台
mldivide	解决线性问题（MATLAB）	CPU
gesv	解决线性问题（LAPACK）	CPU
gels	最小二乘解决（LAPACK）	CPU
culaGesv	解决线性问题（CULA）	GPU
culaGels	最小二乘解决（CULA）	GPU

实验对比 culaGels 函数与 MATLAB 中的 mldivide 函数和 MATLAB 底层高度优化的多线程 LAPACK 库中的 gels 函数。最后具体从单精度和双精度两方面去刻画性能，得到更全面的结果分析。图 5-10 所示为测试结果。如图所示，实验将 culaGels 函数与其他算法处理线性问题的速度进行对比，即用 culaGels 函数的运算时间除以其他算法的运算时间。可以看出，culaGels 函数能够提供最快的处理速度，另外单精度或双精度极大地影响了算法性能。

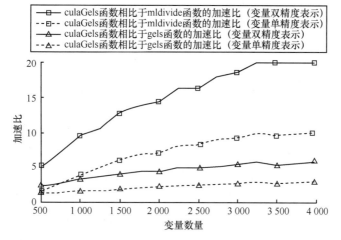

图 5-10　不同平台函数与 culaGels 函数求解线性系统速度对比[11]

除了测试单一函数的运算速度外，本小节实验中还需考虑 ELM 训练过程的加速效果。实验使用 100 个 ELM 组成的集合模型。为了使得矩阵求逆效果最佳，首先令 ELM 具备 100～1 000 个 Tanh 传递函数的神经元，并且每个输入都包含线性神经元。其次在 ELM 训练过程中，除了训练输出权重还需要训练输出偏差，并允许 ELM 适应重新训练时的数据变化特性。接着选择数据集中 85％的数据进行 ELM 模型训练，并在上述训练集中通过留一交叉验证（Leave-One-Out Cross Validation）法来选择其结构。对于上述两个数据集，通过多次重复实验，最后得到用于构建 ELM 的各种函数集合的总运行时间，见表 5-2。这些函数都以单精度（下标 sp）和双精度（下标 dp）分别进行评估。

表 5-2　基于 GPU 平台的 ELM 运算时间[11]

	N	t（mldivide$_{dp}$）/s	t（gels$_{dp}$）/s	t（mldivide$_{sp}$）/s	t（gels$_{sp}$）/s	t（culaGels$_{sp}$）/s
Santa Fe	0	674.0	672.3	515.8	418.4	401.0
	1	1 781.6	1 782.4	1 089.3	1 088.8	702.9
	2	917.5	911.5	567.5	554.7	365.3
	3	636.1	639.0	392.2	389.3	258.7
	4	495.7	495.7	337.3	304.0	207.8
ESTSP	0	2 145.8	2 127.6	1 425.8	1 414.3	1 304.6
	1	5 636.9	5 648.9	3 488.6	3 479.8	2 299.8
	2	2 917.3	2 929.6	1 801.9	1 806.4	1 189.2
	3	2 069 4	2 065.4	1 255.9	1 248.6	841.9
	4	1 590.7	1 596.8	961.7	961.5	639.8

另一方面，使用归一化均方误差（NMSE）来评价算法的性能，其中定义 NMSE 为

$$\text{NMSE} = \frac{\text{MSE}}{\text{var}(\boldsymbol{Y})} = \frac{\frac{1}{M}\sum_{i=1}^{M}(y_i - \hat{y}_i)^2}{\text{var}(\boldsymbol{Y})} \tag{5-14}$$

其中，M 是样本数。根据式（5-14）可以得到上面两个测试集的 NMSE，其中 NMSE(Santa Fe) $= 1.87 \times 10^{-3}(4.61 \times 10^{-4})$，NMSE(ESTSP) $= 1.55 \times 10^{-2}(6.57 \times 10^{-4})$。

本小节的实验结果充分验证了 GPU 平台对 ELM 训练过程的加速效果。通过使用 GPU 加速 ELM 算法中最耗时的矩阵广义逆求解计算，其效果比 ELM 集合的典型双精度方法处理速度快 3.3 倍。对于跨 GPU 的并行化，如果在 ELM 训练过程使用多个 GPU，还能进一步优化运行时间，这也是未来在 GPU 平台上加速 ELM 模型训练可以探索的一个方向。

5.1.3　云端集群计算平台加速

云端集群计算平台（简称云计算平台）一般是指在远端建立的大型计算集群系统，这些远端的集群资源都具备超强的计算能力。当用户在本地没有那么多计算集群资源时，云计算平台是一个很不错的选择。云计算平台的基本优势是快速执行复杂耗时的计算，使得客户端不再受到资源约束设备的计算能力限制。在云计算平台执行复杂计算，客户可以通过按量付费的方式使用庞大的计算资源，而不需在购买硬件、软件以及操作开销方面投入大笔资金[16]。

具备上述特点的云计算平台适合加速 ELM 训练任务。首先，云计算平台可以以相对较低的价格为 ELM 提供几乎无限量的硬件计算资源，具有复杂计算的低价商业外包优势；其次，云计算平台的使用虽然使得客户端对计算过程中使用和生成的数据失去了系统的直接控制，但 ELM 算法的随机特性可以在一定程度上弥补用户的数据安全与隐私问题。具体而言，由于 ELM 中隐藏层节点的参数随机分配，能很好保护输入训练样本，不需额外加密。综上所述，利用云端集群计算平台的云计算技术，可以有效减少模型训练时间，同时确保模型输入训练样本和输出结果的安全性和保密性。接下来介绍具体实现基于云计算平台的 ELM 架构[17]。

基于云计算技术的 ELM（为了方便称其为"分区 ELM"）训练过程可以简单分为两个步骤。首先便是将 ELM 分解为公共部分和私有部分，接着需要对 ELM 的输出权重模块进行设计。整个流程为首先通过公共部分的云计算技术计算出 Moore-Penrose 矩阵广义逆，并将其发送回本地私有部分的客户端。然后在客户端将其转换为所需的结果，同时保证输入训练样本和输出结果的安全性和私密性。

当数据规模增大时，这种机制实现的加速效果也越明显。具体的设计接下来进行详细介绍。

1. 云服务器与客户端分区设计

分区 ELM 的公共部分在云服务器中执行，主要负责 ELM 模型训练中最耗时的计算，即 Moore-Penrose 矩阵广义逆求解。私有部分由一系列随机参数和轻量矩阵操作组成，随机参数的生成与输入数据的保密性有关。如果在云计算平台执行 ELM 使客户端失去了对包含敏感信息的数据和应用程序的直接控制，同时在云计算平台执行的数据有泄露的风险。为了在云计算平台中实现安全实用的 ELM，需要对这种机制进行巧妙的设计，保证 ELM 模型及数据的保密性，同时确保其正确性和合理性。基于云计算平台的分区 ELM 实现架构如图 5-11 所示。

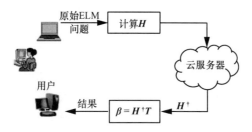

图 5-11 基于云计算平台的分区 ELM 实现架构

在客户端和云计算平台共同执行 ELM 过程中，假设云服务器与客户端之间的通信链路经过可靠的身份验证和加密，能够以较小的开销实现。云服务器完成矩阵的求逆过程。客户端利用随机参数和随机选择的激活函数计算出隐藏层的输出矩阵，云服务器就无法对该矩阵挖掘敏感信息。此外，客户端将逆矩阵与目标矩阵相乘，计算出期望的输出权重。

2. 输出权重计算模块的设计

为了在云计算平台实现安全实用的 ELM 算法，模块必须具备以下安全性和性能保证。

① 正确性：云服务器必须生成客户端能够成功解密和验证的输出。

② 稳健性：云服务器不能生成错误的输出。

③ 输入/输出保密性：云服务器不能从客户端的私有数据中获取敏感信息。

具体分析，首先在私有部分的参数 (w, b) 随机分配，这是训练神经网络期望输出的一部分，这些参数必须由客户端分配。而无限可微激活函数的定义域为无穷大，如果激活函数或上述参数未知，云服务器无法从 H 中获取 X 或 (w, b) 的任何信息。因此，在 ELM 执行过程中嵌入了 X 的加密。输入训练样本和训练神经网络参数 (w, b) 的保密性则由随机生成的参数和随机选择的激活函数实现。接着为了方便起见，令 $H = g(H_0)$。即使已知与隐藏层节点相关的无限可微激活函数，云服务器也无法从中间矩阵 $\boldsymbol{H}_0$ 中准确计算出 $\boldsymbol{X}$、$\boldsymbol{w}$ 或者 $\boldsymbol{b}$。因此，也可以将激活函数运算在云计算平台执行。通过并行化，可以进一步降低客户端与云服务器之间的通信开销，即云服务器计算激活函数，以流水线方式接收中间矩阵 $\boldsymbol{H}_0$，计算隐藏层的输出矩阵。然后，计算 Moore-Penrose 矩阵广义逆，并将 Moore-Penrose 矩阵广义逆发送回客户端。最后，客户端在本地将逆矩阵 $\boldsymbol{H}^{\mathrm{T}}$ 与训练样本的目标输出 $\boldsymbol{T}$ 相乘来计算输出权重。

在整个过程中，神经网络训练参数 $(\boldsymbol{w}, \boldsymbol{b}, \boldsymbol{\beta})$ 保存在云服务器无法访问的位置。云服务器无法挖掘出原始 ELM 问题的特殊信息和经过训练的神经网络，如训练样本 $(\boldsymbol{X}, \boldsymbol{T})$ 和权重参数。至此，完成了基于云计算平台的基本 ELM 算法实现，这种实现架构可以应用于各种类型的 ELM。接下来对云计算平台的 ELM 训练进行试验验证。

3. 结果验证与总结

为了验证云计算平台对 ELM 的加速效果，本小节采用实验的方法进行性能评估。首先由于先前假设云服务器一直正确稳定地执行计算，然而云服务器可能出现异常行为。因此，必须使客户端能够验证云服务器输出结果的正确性和可靠性。在这种基于云平台计算的机制中，云服务器返回的逆矩阵本身可以作为验证证明。根据 Moore-Penrose 广义方程的定义，可以验证返回矩阵是否是期望的逆矩阵，依此作为正确性和可靠性指标；接下来分析基于云计算平台的 ELM 模型训练加速效果。令 t_{original} 表示原始 ELM 的训练时间，$t_{\text{outsource}}$ 表示基于云计算平台的 ELM 训练时间。在分区 ELM 模型中，客户端和云服务器的算法耗时分别表示为 t_{customer} 和 t_{cloud}。定义非对称加速比 λ 作为云计算平台的加速性能评价指标。

$$\lambda = \frac{t_{\text{original}}}{t_{\text{customer}}} \tag{5-15}$$

接着这一系列实验的硬件环境为客户端在一台 3.6 GHz 的英特尔 Xeon Quad 处理器、2 GB RAM 的 Linux 系统的工作站上进行计算，而云服务器在一台包含 2.5 GHz 的英特尔酷睿双核处理器、4 GB RAM 和足够大的 Windows 虚拟内存的工作站上进行计算。通过将 ELM 的复杂计算部分从一个资源较少的工作站外包到另一个计算能力较大的工作站，可以在没有真实云环境的情况下评估该机制的训练速度。云服务器训练机制侧重于通过外包的方式，提高模型训练速度，而不影响模型的训练精度和测试精度。另外数据集选择在 CIFAR-10 大型数据集上对分区 ELM 进行测试，该数据集包含 10 个类别的 50 000 张 32 像素×32 像素的彩色训练图像和 10 000 张测试图像。每个类有 5 000 张训练图片和 1 000 张测试图片。

最后进行试验测试，测试结果见表 5-3。可以看出，随着训练样本数量 M 的增加，内存成为求解 ELM 模型的主要计算资源，而非对称加速比也在逐渐增加。这说明任务规模越大，基于云服务器执行 ELM 架构的加速效果也越明显。当训练样本数量 M 为 2 000 时，基于云计算平台的 ELM 相比于原始 ELM 加速提升约为 34 倍。当 M 很大时，原始 ELM 受到内存限制而终止。为了找到 ELM 最优测试精度对应的 M 值，可以在不同的 M 值下测试多组实验。通过云服务器同时测试多个不同 M 的 ELM 模型，可以更充分地利用云计算平台的计算资源，减少整体的模型训练时间。

表 5-3　基于云计算平台的 ELM 性能测试结果（CIFAR-10 数据集）

M	$t_{original}$/s	$t_{outsource}$/s	$t_{customer}$/s	t_{cloud}/s	λ
500	12.65	6.19	2.70	3.48	4.69
1 000	53.94	17.07	5.07	12.00	10.64
1 500	114.29	33.62	7.46	26.16	15.32
2 000	347.02	57.84	10.10	47.74	34.36
2 500	485.30	89.78	12.58	77.20	38.58
3 000	1 055.95	135.74	14.79	120.95	71.40
3 500	1 513.80	191.40	17.29	174.11	87.55

分区 ELM 将原始 ELM 分解为两部分，以解决在大型数据集上训练 ELM 模型耗时长的问题。其中，客户端分配输入权值和训练神经网络的偏差，云服务器负责计算 Moore-Penrose 矩阵广义逆，并发送回客户端，最后客户端将矩阵广义逆与目标矩阵相乘以获得输出权重。分区 ELM 可以缓解客户端的计算负担，对于数据规模较大的 ELM 任务，基于云计算平台可以获得更高的非对称加速比。

🔍 5.2　面向模型测试的嵌入式实时处理系统设计

为了在实际任务中进一步实现 ELM 的应用与推广，除了对 ELM 的离线训练过程进行加速之外，保证 ELM 模型的稳定并快速运行同样具有极大的应用价值。嵌入式系统是用于执行一个或多个功能的专用计算平台，通常用于在低功耗、实时操作等约束下执行的特定类型任务，具有成本低、尺寸小等典型特点，具备在终端环境下快速运行机器学习模型的潜力。因此，针对 ELM 的高速、低功耗硬件系统设计以及芯片化实现已成为近年来的研究热点。

ELM 的硬件实现分为基于 FPGA 等可编程逻辑器件平台的 ELM 模拟验证系统和基于 ASIC 平台的 ELM 实际架构系统两部分。可编程逻辑器件是通用集成电路中集成度很高的硬件设备，足以满足一般的数字系统的需要。FPGA能够极大地提高工程师的设计效率，提供足够的用于设计 ELM 系统的硬件容量，所以利用 FPGA 能够快速对 ELM 模型进行测试。ASIC 是指应特定用户要求、特定电子系统需要设计而成的集成电路。采用 CMOS 等门电路配合其余硬件设备构成小型化便于移植的 ASIC 产品，可以提供有效的 ELM 模型的实现方案。

基于 FPGA 平台的 ELM 模拟验证系统、基于 ASIC 平台的 ELM 实际架构系统是两种可行且合理的 ELM 系统的实现方案。如果需要更好的可移植性并且便于维护，则需要采用 FPGA 平台进行系统设计。而在实际应用场景中，如果需要功耗更低、保密性更强、性能更高的硬件系统，采用 ASIC 平台则是一种更好的选择，可以单独设计实现一种可靠的、独立的芯片化产品。综上所述，一个完整的面向模型测试的嵌入式实时处理系统设计框架如图 5-12所示，包括基于 FPGA 平台的 ELM 模拟验证系统和基于 ASIC 平台的 ELM实际架构系统。

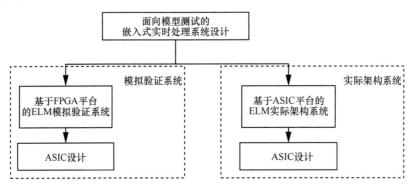

图 5-12　面向模型测试的嵌入式实时处理系统设计框架

在后续小节，将分别详细介绍基于 FPGA 平台的 ELM 模拟验证系统和基于ASIC 平台的 ELM 实际架构系统，并分别给出目前针对特定任务设计的实现 ELM的工程化实例。

5.2.1　基于 FPGA 平台的 ELM 模拟验证系统

ELM 系统的实现具体要完成对 ELM 理论的验证、对测试结果的评估以及网络的修正等步骤，这也正是设计基于 FPGA 平台的 ELM 模拟验证系统的几个步骤。具体到硬件实现中所需要进行的任务，就是采用集成度高的可编程逻辑器件进行验证模块的设计。根据 ELM 结构，ELM 系统可以分为硬件单元设计、软件单元设计、接口控制设计 3 部分，其整体设计如图 5-13 所示。

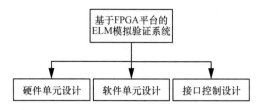

图 5-13　基于 FPGA 平台的 ELM 模拟验证系统

一般而言，可编程逻辑器件主要类型是 FPGA 和复杂可编程逻辑器件（Complex Programmable Logic Device，CPLD）。在这两类可编程逻辑器件中，FPGA 被广泛的应用于各种场景中，相比于 CPLD 具有更高的逻辑密度以及更丰富的特性，是作为专用集成电路领域中的一种半定制电路而出现的。在进行 ELM 模型的硬件移植前，还需要对 ELM 的硬件实现进行可行性分析，并且保证设计结构足够简洁，易于调整参数，这样才能高效地确定 ELM 硬件实现的相关参数。

ELM 模拟测试模块只需要利用 FPGA 平台内部结构即可完成整个系统的设计，并且能够保证功能的完整。采用可编程逻辑器件去完成测试模块的设计，可以更快速完成项目需求，且便于更改需求。FPGA 的内部 RAM 块（即 BRAM）可以灵活地更改存储神经元系数。此外，考虑到 ELM 的实现需要大量的片上存储器资源，使用 BRAM 也有利于避免通过片外访问导致的延迟。像 FPGA 这类可编程逻辑器件中，集成的乘法器以及嵌入式处理器相结合，能够提供实现单隐藏层前馈神经网络（SLFNN）神经元的有效架构，且在测试过程中对模型进行架构比分别设计 ASIC 芯片的各个模块具有更高的效率。

1. 模拟验证系统设计架构

基于 FPGA 平台的 ELM 模拟验证系统如图 5-14 所示，这里以 Xilinx 公司的 FPGA 设备进行举例[18]。它由硬件单元设计、软件单元设计、接口控制设计 3 部分组成。

ELM 模型主要是一种单隐藏层前馈神经网络，其中硬件单元设计对应一种高性能协处理器，可加速 ELM 模型中的 SLFNN 的计算。结合硬件单元中的处理器、BRAM，以 SD 卡作为存储器，通过通用异步收发传输器（Universal Asynchronous Receiver/Transmitter，UART）完成数据之间的交换和 ELM 模型的构建。由于 FPGA 是一种半定制电路，并且可以通过外部链接大量的外设进行设计，必要时可以将网络训练过程中的计算结果输出到显示外设中，例如液晶显示屏等。

再结合并行以及流水线等 FPGA 常用处理方法[19]，可以得到一种硬件单元设计基本框架，如图 5-15 所示。在 ELM 算法执行过程中，需要生成一系列数值，比如随机权重 r_j、偏置 b_i 以及求解权重 w^*。从输入模块中用随机权重实现特定数字编码，经过多路复用器输入神经元模块，及时向外输出计算结果。

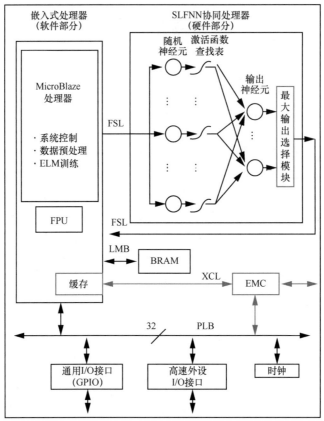

注：FSL：Fast Simplex Link，快速单向链路
　　FPU：Float Point Unit，浮点运算单元
　　LMB：Local Memory Bus，本地存储器总线
　　XCL：Xilinx Cache Link，Xilinx缓存链路
　　EMC：External Memory Controller，外部存储控制器
　　PLB：Peripheral Local Bus，外围本地总线

图 5-14　基于 FPGA 平台的 ELM 模拟验证系统[18]

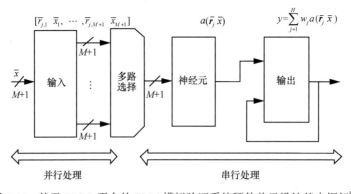

图 5-15　基于 FPGA 平台的 ELM 模拟验证系统硬件单元设计基本框架[19]

软件单元设计围绕 MicroBlaze 处理器内核构建，该处理器是由 Xilinx 公司嵌入 FPGA 的处理器软核。利用该嵌入式软核完成系统控制、外围设备和协处理器的管理以及非重复任务的计算。如果采用 Altera 公司开发板进行 ELM 模型构建，则围绕 Nios Ⅱ 处理器软核进行架构。

具体的软件单元部分主要由处理器部分完成 ELM 整体设计，结合硬件单元设计的软件单元设计流程如图 5-16 所示。

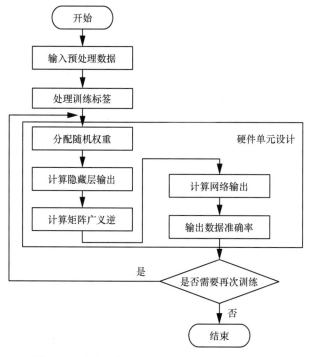

图 5-16　结合硬件单元设计的软件单元设计流程

将软件单元设计通过接口控制模块与硬件单元设计结合到一起，完成一个完整的 ELM 模型，在整个 FPGA 中能够对模型的稳定性以及合理性进行验证，更容易给开发者直观的 ELM 模型表现。

2. ELM 系统设计实例

测试基于 FPGA 平台的 ELM 模拟验证系统，采用皮马印第安人糖尿病数据库，数据集取自 UCI 机器学习库。这个数据库中包含 768 个样本，采用其中随机抽取的 576 个样本用来进行训练，并随机抽取 192 个样本进行测试。ELM 模型包含 8 个输入层节点、2 个输出节点，对样本进行二分类测试。在 FPGA 平台上，使用 Quartus 软件提供的内置工具，将利用 C 语言的 ELM 算法加载到 FPGA 的 Nios Ⅱ 软核中。通过 FPGA 实现效果见表 5-4。

表 5-4　基于 FPGA（50 MHz）平台的 ELM 模型测试结果

激活函数	算法	准确度		时间/s
		训练	测试	
Sigmoid	MGS-QRD	79.17%	77.60%	383.8

FPGA 设备中包含 50 MHz、32 位单核处理器，并且使用 16 位同步动态随机存储器（SDRAM）、8 位 SD 卡控制器。从表 5-4 中可以看出，在 FPGA 平台上进行 ELM 模拟验证系统测试，测试时间较长。如果采用并行处理架构作为 IP 核，可以进一步显著提高 FPGA 实现性能。

此外，进一步使用 UCI 机器学习库中其他一些已标定的二进制分类数据集进行测试。选择这些数据集的原因是它们在数据维度 d 和数据集大小方面存在明显差异，如小数据量和低维度的数据集包括皮马印第安人糖尿病数据集（Pima Indians Diabetes），以及澳大利亚信贷统计日志（Stat Log Australian Credit）数据集；大数据量和低维度的数据集包括星空亮度（Star/Galaxy-Bright）数据集；大数据量和高维度数据集包括美国居民收入数据集。数据集的详细测试性能见表 5-5。

表 5-5　UCI 库中二分类数据集测试性能[20]

数据集	特征数	训练数据量	测试数据量	软件分类错误率	芯片分类错误率
皮马印第安人糖尿病	8	512	256	22.05%	22.91%
澳大利亚信贷统计日志	14	460	230	13.82%	12.11%
星空亮度	14	1 000	1 462	0.69%	1.26%
美国居民收入	123	4 781	27 780	15.41%	15.57%

测试过程中，通过将训练数据逐一输入至芯片来获得隐藏层矩阵 $\boldsymbol{H}$。使用该隐藏层矩阵在离线状态下获得第二层权重，然后下载到 FPGA 中进行测试。表 5-5 显示了在 $L=128$ 个隐藏神经元的测试中获得的准确度情况，并与软件模拟结果进行了比较。表 5-5 显示本节实现的硬件系统 ELM 的性能与软件 ELM 的性能相当，其差异可能是由于实际使用的神经元数量较多导致训练权重不同。

如果需要进一步提高 ELM 模型效果并降低测试时间，使得 ELM 模型能够在实际应用中便于移植，则需要利用 ASIC 平台进行进一步设计。

5.2.2　基于 ASIC 平台的 ELM 实际架构系统

基于 FPGA 平台的 ELM 模拟验证系统可以稳定地实现实际需求，但如果还需要针对特定任务进行优化，达到降低功耗、提高可靠性、减小体积等功能，需要设计专用于实现 ELM 模型的硬件系统，称之为基于 ASIC 平台的 ELM 实际架构系统。

整个基于 ASIC 平台的 ELM 系统中利用包含门电路等的集成电路结构构成神

经元单元、输入输出（I/O）单元，以及部分存储单元、权重随机化单元，如图 5-17 所示。此外时序控制部分等仍需要外部电路提供。

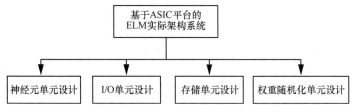

图 5-17 基于 ASIC 平台的 ELM 实际架构系统结构

通过分析 ELM 网络架构，ELM 的各计算单元可以分别被视为一个硬件模块，包含的硬件的各单元架构间联系如图 5-18 所示[20]。

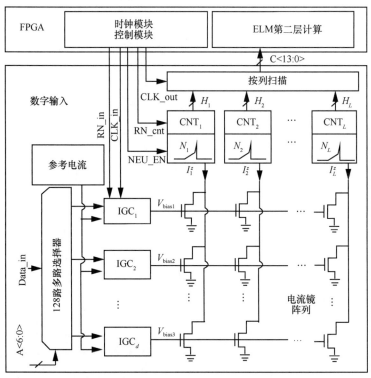

注：CNT：计数值（Count）

图 5-18 基于 ASIC 平台的 ELM 实际架构系统各单元联系[20]

首先计算并模拟输入网络的随机权重，同时，将输入数据根据地址进行多路分解，利用串行外围接口发送到系统中的特定通道。输入数据会先存储在移位寄存器中，用于配置输入生成电路（Input Generating Circuit，IGC）中数模转换器

（Analog-to-Digital Converter，DAC）的输入电流的大小。IGC 的功能是根据输入数据生成模拟直流电流，并且使用电流镜将其复制到每列存储器中，进而与当前镜像阵列中生成的随机权重相乘。其中，电流镜是一种可产生与某一电流成正比的信号装置，是一种恒流电路的特殊结构。接下来，根据基尔霍夫定律，对相同列中的电流求和，将结果作为隐藏层神经元的输入。隐藏层神经元根据输入电流产生不同频率的尖峰振荡，由生成矩阵的异步计数器进行计数。通过列扫描器，隐藏层神经元输出结果可以传输到 FPGA 中，以便在训练阶段获得输出权重。最后得出 ELM 的计算结果并进行输出。同时，片上的其他时序和控制信号也由外部提供。

后续将详细介绍基于 ASIC 平台的 ELM 实际架构系统各项模块设计，包括神经元单元设计、输入输出单元设计、基于非易失性磁随机存储器的权重随机化单元设计和基于畴壁纳米线的存储单元设计。

1. 神经元单元设计

ELM 系统设计中最重要的模块为神经元单元设计，该模块模拟的是人脑中利用大量神经元从复杂数据中提取关键信息的一种状态。这里给出一种利用失配状态构建神经元电路的方案，进行神经元单元设计，在 ELM 的两层神经网络提供可靠的计算。设计一种能够同步运行的低功耗神经元，最重要的是在纯模拟信号处理模块中实现高精度计算。该方法设计尖峰神经元进行硬件实现，并且可以不依靠任何其他的复杂硬件设计来执行第二层的神经网络的学习。这种设计的主要硬件优势是存储器可以使用低功率模拟电路，并且第二层计算可以使用简单的数字电路。

在纯模拟信号处理模块中实现高精度计算中的一个难点问题，主要是由器件不匹配引起的，具体表现为差分放大器和电流镜等传统电路的失配效应[21-22]。此外，在基于 CMOS 的电路中，也存在着由温度变化导致电子不规则运动产生的热噪声现象。相比于为了抑制电流中的热噪声消耗的功率，克服失配效应所需的额外功耗要更高一个数量级。随着多年来晶体管尺寸不断减小、晶体管特性（如阈值电压）的变化，传统的模拟计算更难以忽视统计上的电压变化。对于模拟人脑的神经网络来说，在神经元单元设计过程中必须提出一种方式解决上述问题。在神经网络设计过程中，由于器件电流与阈值电压呈指数相关，为了在每次操作中获得最大能量效率，晶体管通常工作在亚阈状态，即工作在晶体管的亚阈值区。在这种情况下为了补偿失配状态，通常可以利用浮动门等方法，将处于失配状态的电路进行量化。在实现存在失配状态的神经元设计中，主要利用硅神经元直接与模拟输入接口连接，或直接处理来自其他神经元的尖峰输入，并在芯片中执行非线性处理。

在构建好输入电路后，为了模拟神经元的行为，将输入电流等效为每个神经元的输入，每个神经元的输出可以视为由以下模型建模的尖峰率。

$$f_{out} = \frac{\dfrac{f_{max}}{T_s}}{1 + e^{-\alpha(I_{in} - 2I_{leak})}} u(I_{in} - 2I_{leak}) \qquad (5\text{-}16)$$

其中，T_s 是输出信号采样周期，f_{max} 表示一个周期内的最大尖峰数，$u(\cdot)$ 是一个赫维赛德阶跃函数，I_{leak} 表示泄漏电流，I_{in} 表示输入电流。如果输入电流比泄漏电流小时，泄漏电流将不允许神经元产生尖峰。

在输入信号的过程中，需要将输入矩阵 x 映射到一组输入电流 I_{in} 中，使用一系列电流镜将它们复制到每一个神经元。同时，利用电容器以带宽为代价保持一个最小的信噪比。为了利用超大规模集成电路的失配产生 ELM 的随机输入权重和偏置，需要在电流镜中采用小尺寸的晶体管。

由式 $I_{in,i}\omega_0 e^{\Delta V/U}$ 可以计算得出神经元 j 的总输入电流。其中 U 是热电压，ω_0 是标称电流镜增益，ΔV 表示晶体管将第 i 个输入电流复制到第 j 个神经元的阈值电压的差值，即阈值电压不匹配的大小。最后在神经元中需要构造一个高斯分布随机变量，即将权重 w_i 映射到式（5-17）中，得到对数正态分布的随机变量。

$$o = \sum_i^L \beta_i g(w_i^T x + b_i), \ w_i, x \in \mathbf{R}^d, \ \beta_i, b_i \in \mathbf{R} \qquad (5\text{-}17)$$

其中，变量 o 即为整个网络的输出。类似地，由于 I_{leak} 由亚阈值晶体管实现，那么经过上述推导，其第 j 个神经元的输出值可以由 $I_{leak,0} e^{\Delta V/U}$ 给出。基于 FPGA 的尖峰神经元电路原理如图 5-19 所示。

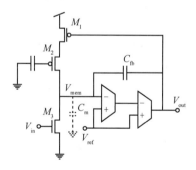

图 5-19　基于 FPGA 的尖峰神经元电路原理

尖峰神经元输出可以用于计数器计时，因此在一定的采样时间 T_s 内，如果每个神经元 i 产生 n_i 次尖峰，则可以把计数器输出看成是式（5-16）中 f_{out} 的一种量化后的情况。然后，在第二阶段中继续进行计算得到 $\Sigma \beta_i n_i$，这个结果是式（5-17）中 o 的近似。随后还需要一个控制器在每个周期中重置神经元和计数器，使该架构成为一种本地异步全局同步（Locally-Asynchronous Globally-Synchronous，LAGS）架构，保障神经元的稳定运行。通过大量神经元间相互进行结合，能够在系统中作为一个具有较高容错性的计算引擎。接下来介绍与神经元相连接的 I/O 单元设计。

2. I/O 单元设计

为了构建 ELM 硬件系统，需要设计合理、有效、可靠的输入输出硬件单元，应该寻找一种方式将输入信号的集合 $X=[-I_{max}, I_{max}]$ 映射到输入电流中。为了解决这个问题，可以采取电流镜结构进行 I/O 单元设计的方案，在实际电路中将上述信号集合映射到正实数集中。

在不失一般性的情况下，假设该集合最大输入电流 I_{max} 能够实际测量得出并进行量化，应首先考虑集合 $[0, I_{max}]$。虽然理论上任何电流的大小都可行，但 ELM 等神经网络的硬件电路需要由大量神经元构成的网络才能获得良好性能，最大输入电流依旧存在着需要考虑整体硬件的固有大小范围。为了直观地说明这一点，首先考虑 $I_{max} \leqslant I_{leak}$ 的情况。对于整个输入范围内的输入电流，大多数神经元的输出将为零。如果在 $I_{max} \geqslant I_{leak}$ 的情况下，大多数神经元的输出将逐渐达到饱和，并逐渐逼近 f_{max}。因此，I_{max} 应选择一个能够使系统具有良好性能并稳定工作的电流值。

为了得到 I_{max} 期望的范围，需要经过大量的实验，得到 I_{max} 的值、不同隐藏层神经元个数 L 与网络性能之间的关系。通过实验分析得知，当 L 逐渐增加并超过某一临界值后，网络性能随着 L 增加而逐渐改善并稳定，最终趋近于饱和。同时在评价 I_{max} 对量化性能的影响时，选择网络性能较好时的网络隐藏层神经元个数 L。针对不同网络，能够发现存在一个 $I_{max} = n$，是隐藏神经元的个数和输入动态范围的最佳折中点。随着个数的减少，网络性能会在最佳折中点的两侧迅速降低；随着个数的增加，I_{max} 对网络性能下降的影响降低。这意味着在高度集成的超大规模集成电路（Very Large Scale Integrated Circuit，VLSI）中，I_{max} 值的选择并不重要，而在非高度集成的 VLSI 中，需要合理选择 I_{max} 值。同时，神经元的输入总电流的最大值对于输入维度 d 是保持对应的，为此将 I_{max} 归一化为 I_{ref}，并通过式（5-18）计算得到 I_{max}。

$$\frac{I_{max}}{I_{ref}} = \frac{4}{d} \tag{5-18}$$

在经过多次测试后寻找到最合适的输入电流或电压值后，需要考虑输入电路对其后续神经元、突触等结构的带负载能力。最终为参考模块提供固定的偏置电流 I_{ref}，即归一化后的 I_{max}，用于 DAC 的参考电流以及有源电流镜的偏置。例如，输入数据用于控制基于 10 位 MOS 的电流分流 DAC，以产生相应的模拟电流如图 5-20 所示。

输出电流通过当前镜像电流源与输入权重相乘，可得

$$I_{DAC} = (2^{-1}D_9 + 2^{-2}D_8 + \cdots + 2^{-9}D_1 + 2^{-10}D_0)I_{ref} \tag{5-19}$$

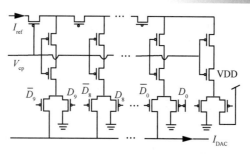

图 5-20　10 位输入电流 DAC 电路

在传统的电流镜电路中，带宽与输入电流成比例。如果数据输入太小，输入电流也很小，电流镜稳定到接近最终值的时间消耗会太长。为了解决这个问题，需要增加有源电流镜以补充常规电流镜。如果所有 4 个最高有效位都为 0，则开关 S_1 闭合以接通有源电流镜。这确保了电容器 C 能够通过大偏置电流，不会因为输入电流过小而充电。当数据输入的所有位都为 0 时，开关 S_2 闭合将偏置电压至地，并关闭该行中的当前镜像。控制 S_1 和 S_2 的逻辑信号由下式给出。

$$S_1 = \overline{D_6 + D_7 + D_8 + D_9} \tag{5-20}$$

$$S_2 = \overline{D_0 + D_1 + \cdots + D_8 + D_9} \tag{5-21}$$

上述方法可以用来控制输入电流大小，在实际应用于不同网络中时，需要根据不同的电路结构，分析不同的输入电路带负载能力以及输出电流大小。利用上述架构设计，可以将输入电流映射到合理的电流大小以输入到网络，图 5-21 所示为一种 IGC 设计架构[20]。同时，输出电路也可以经过与上述相似过程进行设计，这里不再赘述。

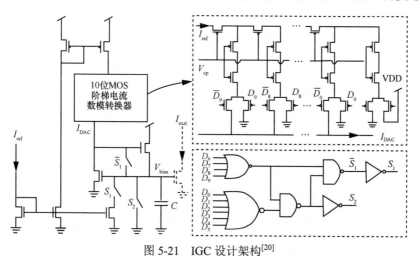

图 5-21　IGC 设计架构[20]

将电流输入到 ELM 电路后，需要将输入电路通过权重单元计算后输入到神经元电路中。下面将针对权重随机化单元设计进行介绍。

3. 权重随机化单元设计

为实现神经网络模型测试专用硬件的设计与开发，需要考虑权重单元设计。而针对 ELM 这一算法，需要设计一种随机化的权重单元。在权重单元设计中，一种常见的方案是将 CMOS 架构与新型纳米级器件协同集成于计算应用。

一种新兴的电阻存储器技术称为记忆电阻器或阻变式存储器（Resistive Random Access Memory，RRAM），是一种非常有前景的纳米器件。它可以广泛应用于神经网络突触的构建，实现结构中数据的加权功能。RRAM 具有一些固有的优点，包括高集成密度、对 CMOS 完全兼容、非挥发性、高循环耐久性、可多级编程、低工作电压以及电流等。RRAM 可分为不同的子系列，如相变存储器（Phase Change Memory，PCM）、基于金属氧化物的存储器（Metal-Oxide Based RAM，OXRAM）和导电桥存储器（Conductive-Bridging RAM，CBRAM），它们可以在活性层材料和基础物理方面进行不同控制转换行为。

丝状 RRAM 是一种"金属（M）-绝缘体（I）-金属（M）"型结构的器件，在金属电极之间夹有一层有源绝缘层[23]，如图 5-22 所示。在器件的两端给定适当的电流或电压时，有源绝缘层能够表现出可逆的非易失性开关状态。在丝状 RRAM 中，有源绝缘层中会形成一个导电细丝，使器件达到低电阻状态。如果导电细丝溶解，则会使器件处于高电阻状态。对于 OXRAM，导电细丝由电子缺失构成的空穴组成，而对于 CBRAM 器件，导电细丝由来自金属阳极的还原金属阳离子组成。这两种器件可以通过控制导电细丝中流过有源层的电流量，或利用存在于某些 OXRAM 器件中的传导机制，来获得不同状态下不同的电阻值。其中，有源层电流大小可以通过外部电流或用于驱动 RRAM 的选择器来控制。

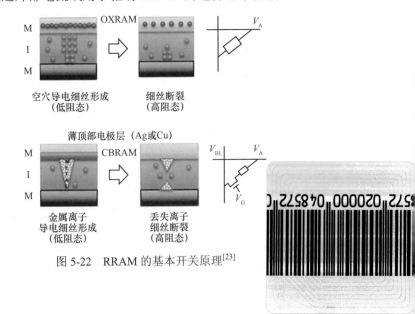

图 5-22　RRAM 的基本开关原理[23]

为此，OXRAM、CBRAM 等丝状 RRAM 的实际效果需要首先进行评估，用来实现随机输入层权重、随机隐藏层权重和随机神经元偏差。ELM 在调整或者选择输入层参数时具有独立性和相似性，而不需考虑待处理输入数据的环境与性质。利用这些器件，考虑低功耗、小尺寸等因素，能够以一种最有效的方式设计权重随机化单元。

在利用丝状 RRAM 构成权重随机化单元前应设计预处理模块，防止不同单元之间发生相互干扰。预处理信息是传感器或存储器的实时输入数据。考虑到原始数据可能是音频、视频等数字信号，所以预处理模块包括滤波、数模转换和归一化步骤。预处理模块以电压形式输出信号，直接馈送到隐藏层网络，输出电压信号幅度需要在 RRAM 突触装置的电压范围内进行缩放。

对于整个神经元结构来说，为使用基于丝状 RRAM 的交叉结构或矩阵结构来实现隐藏层神经元，交叉结构实现的最小尺寸应为 $(N+1)M$。其中 N 表示输入电路的个数，M 表示隐藏层神经元的个数。由于 ELM 需要确定随机输入权重，所以在训练开始前，首先对 RRAM 矩阵执行复位操作。RRAM 的高复位状态电阻（High Reset-State Resistance，HRS）值通常呈现一种很大的可变分散值。HRS 值的分散性是由于复位过程中导电细丝的随机破坏或不受控制的溶解。不同 HRS 值会产生输入层随机权重。由于在每个数据集中，输入或输出阶段神经元权重只设置一次，因此在每次不同的循环计算中，设备的变化不会影响 ELM 学习性能。利用内部的 HRS 扩展可以有效降低系统功耗，同时避免使用相对昂贵的外部电路，如随机数发生器或伪随机电路。通过调整复位条件（脉冲宽度以及幅度），可以控制 HRS分布的平均值，见表 5-6。将 RRAM 神经元输入电流与 RRAM 电阻加权，并且不断地输送给隐藏层神经元。

表 5-6　丝状 RRAM 的 HRS 参数[23]

设备名称，采用技术	HRS 平均值/kΩ	HRS 方差/ lg R	测试时具体设置
CBRAM, Ag/GeS$_2$	892.86	0.6	$V_G = 2$ V，$V_{BL} = 2$ V，10 µs
OXRAM, HfO$_x$	25.12	0.03	$V_A = -2.4$ V，50 ns
OXRAM, HfO$_x$	221.82	0.06	$V_A = -2.7$ V，50 ns
OXRAM, HfO$_x$	2 238.72	0.07	$V_A = -3$ V，50 ns

ELM 可以使用多种无限可微的激活函数，例如正弦函数、径向基函数等。当使用标准 Sigmoid 函数作为隐藏神经元的激活函数，利用隐藏层 RRAM 神经元，能够以极其有效的方式实现随机神经元偏置。假设系统中包含 N 个输入电流，则需要对由 RRAM 构成的权重矩阵中第 $N+1$ 个元素使用恒定电压源进行偏置，将偏置电压施加在所有 RRAM 设备的顶端，作为在输入电路以及隐藏神经元之间的偏置。RRAM 的第 $N+1$ 行中每个尾端均直接连接到各个隐藏层神经元。由于所有

RRAM 器件的电阻都可能是 HRS 分布中的某一个值，从第 $N+1$ 行 RRAM 馈入隐藏层神经元的电流也可以符合类似的分配，所以不需任何外部偏置随机化电路对输入数据进行偏置。

面向权重随机化单元设计的 RRAM-ELM 体系架构如图 5-23 所示。

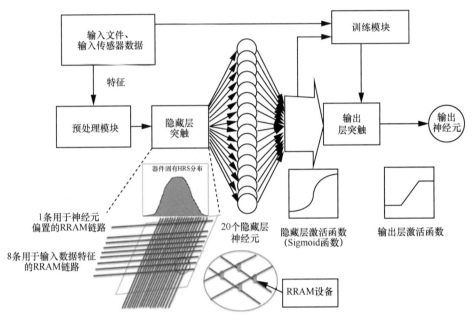

图 5-23　面向权重随机化单元设计的 RRAM-ELM 体系架构[23]

4. 存储单元设计

在完成上述神经元单元设计、I/O 单元设计、权重随机化单元设计的基础上，还需要考虑计算过程中的数据以及输出结果的存储。在实际应用中，有许多任务需要实现对百万太字节（10^{18} B）数量级大数据的存储以及分析，这种需求对现有硬件平台提出新的要求。大数据任务应用需要巨大的带宽以保持大量高速并行的计算。在 ELM 模型测试的硬件实现过程中，需要重点完成存储单元设计。ELM 涉及的所有运行过程以及结果都可以通过非易失性纳米线映射到逻辑内存架构中。

近年来随着对纳米线的研究不断深入，纳米线器件不仅能够实现高密度和高性能存储器设计能力，还具有强大的计算能力。纳米线是一种小于 100 nm 的一维结构，可分为许多不同的类型，包括金属纳米线、半导体纳米线和绝缘体纳米线等。通过对纳米线掺杂以及纳米线的相互交叉可以用来制作逻辑门。对于由纳米线组成的结构，可以在一个单元中打包多个比特，因此可以实现极高的集成密度。其次，因为非易失性设备不需要通过供电保留存储的数据，所以可以显著降低待机功率。如果能够利用纳米线实现具有非易失性畴壁存储器和非易失性存储器内逻辑的架构，将克服基于晶体管的逻辑电路造成的功能限制。如果为了快速访问大容量存储器，而将数据保存在易失性存储器中，将会产生额外的泄漏功率。同时，对于神经元之间，输入电路、输出电路与存储器之间的数据交换也存在着许多硬件方面的限制。

基于畴壁纳米线的逻辑可用于 ELM 任务中的数据存储[24]，所以 ELM 网络训练和处理过程都可以在存储器内执行。图 5-24 表示带有部分用于访问的晶体管构架的基于畴壁纳米线存储器（Domain-Wall Nanowire Based Memory，DWM）的宏单元设计（其中，MTJ（Magnetic Tunnel Junction）表示磁隧道结，BL 和 BLB 表示两根位线（Bit-Line），WL（Word-Line）表示字线，SHF 表示移位信号）。图 5-24（a）给出了一种单端口单元结构。输入接口位于纳米线的中间，将纳米线分成两段。其中，纳米线的左半部分用于数据存储，而右半部分的保留段用于移位操作以避免信息丢失。在数据量最大的情况下，为了访问最左边的数据段，数据段中的所有信息都需要转移到保留段，第一位与访问端口对齐。如果没有保留段，磁化将超出物理边界，导致数据丢失。在上述的场景中，保留段至少需要与数据段一样长。然而在这种情况下，数据利用率仅为 50%。为了提高数据利用率，图 5-24（b）给出了一种多端口单元结构。输入端口沿纳米线均匀分布，将纳米线分成多个区段。除了最右边的段之外，其他段均为数据段，其中一个段中每一位形成一个组。在这种情况下，为了访问纳米线中的任意位，移位偏移总是小于一个段的长度，因此可以更快地完成数据访问。适量的访问端口将有助于提高数据利用率，而过多的访问端口可能会导致数据利用率降低，这是由于额外的访问端口将在芯片上使用更多的面积以容纳多余的晶体管。

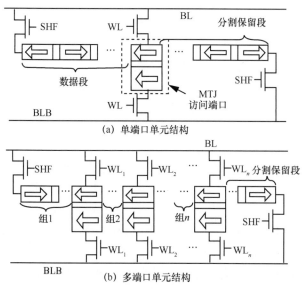

(a) 单端口单元结构

(b) 多端口单元结构

图 5-24　基于畴壁纳米线存储器的宏单元设计[24]

从硬件架构角度分析，引入逻辑内存架构可以解决内存带宽问题，其基本思想是对数据提前进行预处理并为处理器提供中间结果，而不需提供原始数据。这样能够通过减少操作数来降低通信流量。例如，为了计算 10 个数字的总和，逻辑内存架构能够先在内存中的逻辑计算总和并且仅传输一个结果，而不需向处理器发送 10 个数字，从而将通信流量减少 90%。要执行逻辑内存架构，必须在内存中实现逻辑，以完成数据预处理。存储器内逻辑电路由 CMOS 晶体管组成，这些晶体管通常使用很简单的逻辑架构，用来保证系统的低功耗和小尺寸等要求。

用于 DWM 的读取检测电路[24]如图 5-25 所示。为了区分 DWM 中每个 MTJ 的高低电阻值，参考单元需要具有与输入存储电路等效的电阻大小 R_{ref}。在读取操作期间，BL 上传输的读取电压需要小于写入操作的阈值电压。将 MTJ 的分支电流 I_1 映射到参考单元分支为 I_2，并且相应的电压差将通过读出放大器（Sense Amplifier, SA）进行比较，读出放大器是两个交叉耦合的逆变器。在写入过程中，需要控制两根位线之间的电压相对极性，并通过 WL 输入相应的电平。记两根位线分别为 BL 与 BLB，当 BL 为高电平且 BLB 为低电平时，将以并联状态（低电阻状态）写入 MTJ。另一方面，当 BL 为低电平且 BLB 为高电平时，将导致 MTJ 处于反平行、高电阻状态。通过 WL 可以实现单元及访问端口的选择。DWM 中感应电路的数量取决于输出的比特宽度，并且感应电路通过列的多路复用在不同的位线之间进行数据的移动。

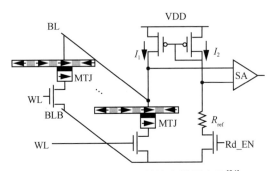

图 5-25　用于 DWM 的读取检测电路[24]

至此，完成了 ELM 硬件实现的存储单元设计，进而实现了面向模型测试的嵌入式实时处理系统设计。对于上述 4 个单元的设计，最终需要实现一个将 ELM 集成到电路中的芯片设备。在各部分的功耗以及大小经过计算后，需要考虑实际应用中芯片在不同情况下的计算效果。下面将讨论芯片化设计实例。

5. ASIC 设计实例

ASIC 芯片指的是用于提供专门应用的集成电路芯片，是一种为专门目的而设计的集成电路。针对 ELM 进行专用芯片设计，相比于可编程逻辑器件，可以有效降低系统功耗等指标。在实际的 ELM ASIC 芯片化实现过程中，需要均衡考虑系统设计中的准确性、速度、存储器占用之间的平衡，依次就基于 ASIC 平台的 ELM 系统芯片性能功耗以及应用测试效果进行评价。

（1）芯片性能功耗

在利用大规模集成电路时，可以构建出如图 5-26 所示的芯片[20]，采用 0.35 μm CMOS 工艺实现 ELM 系统。其中 ELM 芯片面积为 5 mm×5 mm。表 5-7 列举了芯片内部的重要参数。

表 5-7　芯片简介及重要参数[20]

名称	参数
采用技术	0.35 μm CMOS
芯片面积	5 mm×5 mm
输入通道数目	128
隐藏层数目	128
输出数据形式	14-bit
输入数据形式	10-bit
电源电压	1 V

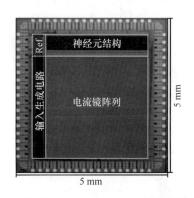

图 5-26　基于 0.35 μm CMOS 工艺的原型芯片[20]

在未进行布局优化时，芯片的电流区域中电流镜阵列占用了最多的区域。电流镜阵列中的每个单元在同一个方向上与神经元电路进行等间距的连接，而输入生成电路沿另一个方向大部分与前置电路相互之间无连接。通过限制输入生成电路的间距，可以极大地减小电流镜阵列的面积。在对芯片进行优化的过程中，可以采取一种缩放过程来减小输入生成电路的间距。在缩放过程中电路变化不会影响模拟部分的性能。电流镜中可能存在的额外栅极泄漏可以通过使用厚氧化物 I/O 器件或有源电流镜来弥补并改善性能。接下来将采取一些实例进行分析来显示芯片的功能。

当输入信号发生变化时，需要测量隐藏层神经元的传递函数。首先采用包含 128 个神经元以及 1 024 个通道的输入信号的芯片为例来测试芯片性能，通过改变输入信号可以得到的曲线如图 5-27（a）所示。由图可知，神经元采用不同的传递函数的曲线之间存在显著差异。接下来，为了表征输入权重矩阵的随机变化，将数字输入变为固定值并逐一发送到每个输入通道，得出测量计数器输出 H。对于每个输入通道能够得到 $L = 128$ 个计数器值，表示通道中的随机值的情况。对于所有输入通道，能够得到 128×128 个 H 值，三维结果显示如图 5-27（b）所示，其中 H 的大小在 z 轴表示。通过中值计数对输入数据中相同的值进行归一化以获得有效的权重值的分布，将 128×128 个 H 值的分布绘制为图 5-27（c）中的直方图。由于在网络中神经元复制的电压偏差值 ΔV_{Tn} 满足正态分布，分布直方图显示为对数正态分布。此外，通过将高斯分布拟合计算权重值的对数，得到电压偏差值的标准差 $\sigma \Delta V_{Tn} \approx 16 \text{ mV}$。同时注意到，由于计数值在神经元的输出处获得，在此获得的随机结果还考虑了神经元调谐曲线中的失配情况。

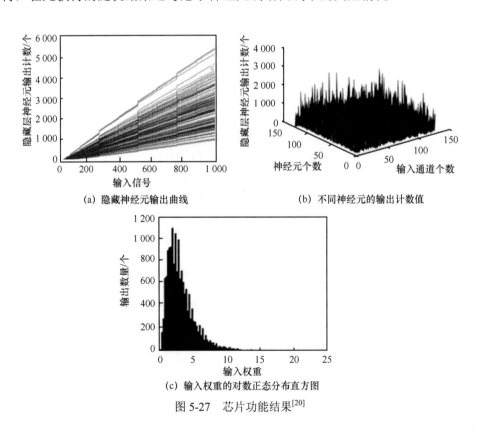

(a) 隐藏神经元输出曲线　　　　　(b) 不同神经元的输出计数值

(c) 输入权重的对数正态分布直方图

图 5-27　芯片功能结果[20]

在测量过程中，使用皮安表测量电源的平均电流以估计功耗。首先规定，输入数据共 1 000 bit、维度为 128，并激活 100 个神经元，定义 T_{neu} 为转换时间，进而测量运行速率以及消耗功率。在 VDD = 0.7 V 时，最大转换速率为 4.5 kHz，功耗为 17.85 μW。当输入电流最大值 I_{max}^z 降低时，每次分类时能量消耗变化不大。然而当 VDD 等于 1 V 时，能量消耗的差异会更加明显。在这种情况下，最快的分类速率可以达到 146.25 kHz，并且 T_{neu} = 68.5 μs，然而功耗高为 2.2 mW。因此为了获得更高的效率，通过降低 I_{max}^z 使分类速率约为 31.6 kHz，以降低电路功耗至 188.8 μW。不同芯片的性能参数见表 5-8。

表 5-8　不同芯片的性能参数表[20]

	JSSC 2013	JSSC 2007	IJCNN 2015	ISCAS 2015	本芯片
采用技术	0.13 μm	0.5 μm	65 nm	0.35 μm	0.35 μm
运行算法	SVM	SVM	ELM	ELM	ELM
可任务	分类	分类	回归	回归及分类	回归及分类
设计形式	数字电路	模拟电路	两者混合	两者混合	两者混合
电路电压	0.85 V	4 V	1.2 V	0.6 V（数字）1.2 V（模拟）	1 V
功耗	136.5 μW	0.84 μW	—	0.4 μW	188.8 μW
数据维度	400	14	1	128	16 384
能量效率	631 pJ/MAC	0.8 pJ/MAC	—	3.4 pJ/MAC	0.47 pJ/MAC
输出位数	16 bit	4.5 bit	13 bit	14 bit	14 bit
分类效率	0.5～2 Hz	40 Hz	—	50 Hz	31.6 kHz
吞吐量	2 MMAC/s	1 300 MMAC/s	—	0.12 MMAC/s	404.5 MMAC/s

（2）芯片应用测试

为了测试本节中 ELM 硬件系统在机器学习应用中的性能，首先尝试逼近插值函数 $\mathrm{sinc}\,x$。在训练过程中，选取 5 000 个具有加性高斯噪声（标准差为 0.2）的 $\mathrm{sinc}\,x$ 函数样本。输入数据通过芯片并激活隐藏层，结合电流镜失配状态来训练权重，解决神经元传递曲线中的不匹配问题。在 L = 128 个隐藏神经元情况下，实验测量结果如图 5-28 所示，其中噪声样本由散点表示，而回归函数由连续曲线表示。本次实验中得到的误差 0.021 与软件模拟的误差相当。

通过以上介绍，可以实现面向模型测试的嵌入式实时处理系统设计，具体包括基于 FPGA 平台的 ELM 模拟验证系统和基于 ASIC 平台的 ELM 实际架构系统。基于各单元硬件设计完成了 ELM 芯片化设计，从芯片性能功耗方面分析了 ELM 硬件实现的可行性及有效性，同时举例介绍对 ELM 芯片的测试。在实际应用中，ELM 可以在保证性能的情况下，以低功耗的芯片进行实现。

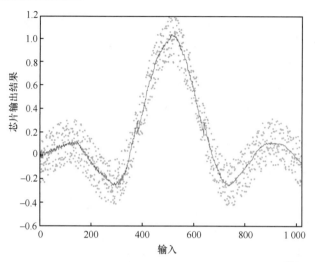

图 5-28 基于一组含噪声样本的 sinc x 函数回归结果[20]

🔍 5.3 本章小结

为实现 ELM 在多平台多任务中的广泛应用，本章介绍了 ELM 实现技术。基于计算资源强大的软硬件平台实现 ELM 快速训练，使用低功耗、通用化、安全性强、可靠性高的嵌入式平台实现 ELM 模型测试。结合丰富的外部计算资源和稳健的信息处理系统两方面优势，实现最优的 ELM 系统设计。本章的具体内容包括：面向模型训练的并行加速技术、面向模型测试的嵌入式实时处理系统设计。

针对面向模型训练的并行加速技术，当 ELM 应用于大型数据集时，ELM 模型通常含有大量神经元，模型训练运算时间长，因此对其模型训练过程进行并行加速非常重要。本章从 3 方面分析 ELM 并行加速方法。首先利用 MapReduce 和 Spark 两种分布式软件架构对 ELM 进行加速，针对 ELM 设计出适合分布式软件架构处理的并行化算法。然后分析了基于 GPU 平台的 ELM 加速方法，利用 CUDA 提供的众多求解线性系统运算的函数，实现 ELM 模型训练时矩阵广义逆求解的并行化计算。最后介绍基于云计算平台的分区 ELM 架构，将激活函数和矩阵广义逆计算外包至云计算平台，有效利用云服务器的计算资源，且能够保证数据安全性。实验结果表明，基于 MapReduce 架构使用 30 个核时，对原始 ELM 有 4～5 倍的加速；基于 Spark 架构的并行 ELM 算法在包含 10 个节点的集群上可实现 8.71 倍的加速。相对于 CPU 平台，GPU 平台实现了 10 倍左右的加速。此外，利用云平台进行 ELM 模型训练，在内存无溢出的情况下，加速效果随着数据规模的增加而增加，平均实现 35 倍加速。

针对面向模型测试的嵌入式实时处理系统设计，实际任务往往具有严格的功耗限制、计算资源限制和计算平台通用化、可靠性的需求。本章介绍了基于 FPGA 平台的 ELM 模拟验证系统以及基于 ASIC 平台的 ELM 实际架构系统两种设计框架，并分别给出系统设计实例，分析两种设计架构的性能。在基于 FPGA 平台的系统中，从硬件单元设计、软件单元设计、接口控制设计 3 方面进行介绍。在基于 ASIC 平台的系统中，针对神经元单元设计，构建用于将输入电流转换为尖峰频率、将输入尖峰转换为电流的神经元电路系统；针对 I/O 单元设计，利用 DAC 将输入数字信号转化为模拟信号，防止在数据传输过程中产生错误信号；针对权重随机化单元设计，利用丝状 RRAM 的固有 HRS 可变性实现随机输入权重和随机神经元偏差；针对存储单元设计，在传统存储器的基础上，实现一种基于新型硬件畴壁纳米线的存储器设计方法。

参考文献

[1]　HUANG G, HUANG G B, SONG S, et al. Trends in extreme learning machines: a review[J]. Neural Networks, 2015, 61: 32-48.

[2]　BORTHATUR D. The hadoop distributed file system: architecture and design[EB], 2007.

[3]　WHITE T. Hadoop: the definitive guide[M]. Sebastopol: O' Reilly Media, Inc., 2009.

[4]　Hadoop official website[EB].

[5]　DEAN J, GHEMAWAT S. Mapreduce: simplified data processing on large clusters[EB].

[6]　HE Q, SHANG T, ZHUANG F, et al. Parallel extreme learning machine for regression based on MapReduce[J]. Neurocomputing, 2013, 102: 52-58.

[7]　ZAHARIA M, CHOWDHURY M, FRANKLIN M J, et al. Spark: cluster computing with working sets[C]//Proceedings of the 2nd USENIX Conference on Hot Topics in Cloud Computing. Now York: ACM Press, 2010: 10.

[8]　ZAHARIA M, CHOWDHURY M, DAS T, et al. Resilient distributed datasets: a fault-tolerant abstraction for in-memory cluster computing[C]//Proceedings of the 9th USENIX Conference on Networked Systems Design and Implementation. New York: ACM Press, 2012: 1-2.

[9]　XIN J, WANG Z, CHEN C, et al. ELM: distributed extreme learning machine with MapReduce[J]. World Wide Web-Internet & Web Information Systems, 2014, 17(5): 1189-1204.

[10]　DUAN M, LI K, LIAO X, et al. A parallel multiclassification algorithm for big

data using an extreme learning machine[J]. IEEE Transactions on Neural Networks and Learning Systems, 2018, 29(6): 2337-2351.

[11] HEESWIJK M V, MICHE Y, OJA E, et al. GPU-accelerated and parallelized ELM ensembles for large-scale regression[J]. Neurocomputing, 2011, 74(16): 2430-2437.

[12] NVidia CUDA Zone[EB].

[13] CULA (GPU-Accelerated LAPACK)[EB].

[14] MAGMA (Matrix algebra on GPU and multicore architecture)[EB].

[15] NVidia CUDA programming guide 3.1[EB].

[16] LIN J R, YIN J P, CAI Z P, et al. A secure and practical mechanism of outsourcing extreme learning machine in cloud computing[J]. IEEE Intelligent Systems, 2013, 28: 35-38.

[17] WANG C, REN K, WANG J. Secure and practical outsourcing of linear programming in cloud computing[C]//30th IEEE International Conference on Computer Communications, Joint Conference of the IEEE Computer and Communications Societies. Piscataway: IEEE Press, 2011.

[18] FINKER R, CAMPO I D, ECHANOBE J, et al. An intelligent embedded system for real-time adaptive extreme learning machine[C]//2014 IEEE Symposium on Intelligent Embedded Systems (IES). Piscataway: IEEE Press, 2014: 61-69.

[19] DECHERCHI S, GASTALDO P, LEONCINI A, et al. Efficient digital implementation of extreme learning machines for classification[J]. IEEE Transactions on Circuits and Systems II: Express Briefs, 2012, 59(8): 496-500.

[20] YAO E, BASU A. VLSI extreme learning machine: a design space exploration[J]. IEEE Transactions on Very Large Scale Integration (VLSI) Systems, 2016, 25(1): 60-74.

[21] YAO E, HUSSAIN S, BASU A, et al. Computation using mismatch: neuromorphic extreme learning machines[C]//2013 IEEE Biomedical Circuits and Systems Conference (BioCAS). Piscataway: IEEE Press, 2013: 294-297.

[22] BASU A, SHUO S, ZHOU H, et al. Silicon spiking neurons for hardware implementation of Extreme Learning Machines[J]. Neurocomputing, 2013, 102, 125-134.

[23] SURI M, PARMAR V. Exploiting intrinsic variability of filamentary resistive memory for extreme learning machine architectures[J]. IEEE Transactions on Nanotechnology, 2015, 14(6): 1-1.

[24] WANG Y, YU H, NI L, et al. An energy-efficient nonvolatile in-memory computing architecture for extreme learning machine by domain-wall nanowire devices[J]. IEEE Transactions on Nanotechnology, 2015, 14(6): 1.

第6章
超限学习机领域应用

前述章节主要介绍了 ELM 学习理论、面向典型机器学习任务的技术改进以及软硬件平台下的工程实现技术。在此基础上，本章将结合 ELM 高效快速分类等优势，围绕高价值样本少、样本标记成本昂贵等问题和实时处理的需求，进一步探讨 ELM 在智能安防、卫星遥感和生物医药领域的应用案例，为相关领域的工程技术人员提供技术参考与借鉴。

🔍 6.1 智能安防应用实例

传统的安防行业是人防与技防的结合，利用监控、报警及门禁等安防系统，对所需要监控的区域进行全覆盖的安防控制。但是随着数据存储技术及数据获取方式的更新，使得安防系统所获得的数据越来越多，有限的人工将无法处理如此庞大的数据。

智能安防不仅能够通过设备之间的联动实现智能判断，而且能够通过智能算法（如 ELM）来提取和挖掘有效数据，从而尽可能减轻人为的因素，提高安全防范效能，充分利用并优化系统资源。

6.1.1 监控系统的目标跟踪

1. 应用背景

安防监控系统是利用光纤、同轴电缆或微波在其闭合的环路内传输视频信号，并从摄像到的图像显示和记录构成独立完整的系统。它能实时、形象、真实地反映被监控对象，可以在恶劣的环境下代替人工进行长时间监视，并通过录像机记录下来。作为安防监控系统的核心内容，智能视频监控系统对视频数据流进行图像处理、目标分析等工作，判断目标的动作，自动检测、跟踪目标并进行相关记录，使计算机代替人进行监控，给予视频监控系统智能性，变被动监控为主动监控。

视频目标跟踪是智能视频监控系统的核心技术，也是后续视频处理的关键。具体而言，视频跟踪算法通过利用目标信息在空间或时间上的相关性，对视频图像序列进行一系列处理，从而获得目标的一些状态参数（如目标形状、姿态、轨迹等）。根据目标运动状态信息，计算机可以进一步完成关于跟踪目标的各种高级处理（如图像标记、目标识别、姿态行为理解等）。

判别式目标跟踪算法是视频跟踪领域的一个重要流派，其核心思想在于将目标跟踪看作为一个二分类问题，利用分类学习技术在目标训练集和背景训练集上确定出一个二分类超平面。通常讲，一个判别式跟踪算法的关键点在于如何快速有效地建立一个精准稳健的观测模型（即分类器），完成目标和其周围背景内容的区分。

2. 任务难点

目前已有的大多数判别式目标跟踪算法无法在分类学习效果和跟踪效率上取得平衡。因此，如何设计一个高效而稳健的二分类器，是判别式目标跟踪的核心问题。此外，在设计跟踪分类器的过程中，如何有效地利用目标信息在时间和空间上的相关性，也是一个重要的工作。

3. 设计思路

针对大多数判别式目标跟踪算法无法平衡分类学习效果和跟踪效率的问题，本小节从分类器和视频中的时、空信息方面来设计快速准确的目标跟踪算法。

首先，充分利用 ELM 的快速分类学习能力，快速稳健地在目标和背景观测值之间确定二分类超平面，实现跟踪目标与背景内容的区分。其次，为了充分利用目标信息在空间和时间上的相关性，在 ELM 的训练损失函数中加入两个约束条件：① 成对度量约束，即在训练过程中前后帧目标训练样本之间的 ELM 分类输出要一致收敛，同时要求当前帧目标与背景样本之间的 ELM 分类输出不一样；② 时间平滑约束，即 ELM 分类网络在前后更新过程中网络结构不能有很大突变。

4. 模型建立

本小节基于 ELM 技术介绍一种实时而稳健的判别式目标跟踪（ELM Tracker，ELMT）算法。该算法将目标跟踪视为一个二分类问题（即区分目标和背景），在一定的约束条件下训练 ELM 分类器从而快速稳健地找到关于目标和背景的二分类超平面。最终将目标从它的周边背景中鉴别出来。其具体内容包括基于 ELM 学习的目标跟踪框架、成对度量约束和时间平滑约束 3 个部分，本小节将详细介绍。

（1）基于 ELM 学习的目标跟踪框架

基于 ELM 学习的目标跟踪框架[1]如图 6-1 所示。首先利用前 $k-1$ 帧图像序列中收集的目标样本集和背景样本集训练 ELM 分类器。然后，根据上一帧估计的

目标状态 S_{k-1} 利用仿射运动采样技术在第 k 帧图像中产生一系列候选样本集。接着，将候选样本输入到训练好的 ELM 分类网络中，计算每个候选样本的后验概率值。并根据最大后验概率估计准则，得到目标在第 k 帧图像中的状态值 S_k。最后在跟踪到的目标状态附近，采集部分目标样本和背景样本，在线更新已有的 ELM 分类网络。在下一帧图像到来时，执行与上述相同的处理流程。

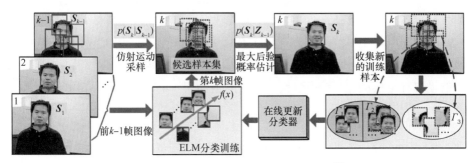

图 6-1　基于 ELM 学习的目标跟踪框架[1]

（2）成对度量约束

成对度量约束旨在研究两个训练样本在某个度量空间上的相似性或相异性。具体而言，在训练学习过程中通过最小化同类样本之间的距离和最大化异类样本之间的距离得到一种区分性更好的度量空间。本小节将其用于目标跟踪中，来保持前后帧目标在 ELM 分类输出的一致性，同时增大目标与背景样本的距离，增强分类器的稳健性。

成对度量约束框架如图 6-2 所示。图中集合 $A = [a_1 \ a_2 \ \cdots \ a_n]$ 为前 $k-1$ 帧动态更新得到的目标正样本集，其描述了前面不同时刻的目标状态值。此外，当前帧采集的训练样本由两部分构成：当前帧目标正样本集 $C = [c_1 \ c_2 \ \cdots \ c_n]$ 和当前帧背景负样本集 $B = [b_1 \ b_2 \ \cdots \ b_n]$。目标函数 $f(\bullet)$ 为 ELM 分类网络的输出函数，即有 $f(x) = h(x)\beta$。

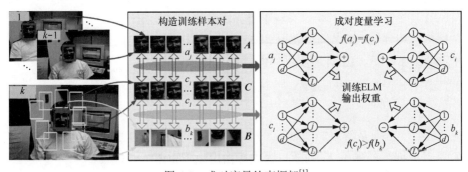

图 6-2　成对度量约束框架[1]

根据成对度量学习准则，ELM 的分类网络目标函数 $f(\bullet)$ 应该满足如下约束条件。

$$\begin{cases} f(c_i) = f(a_j), \ c_i \in \boldsymbol{C}, a_j \in \boldsymbol{A}, \forall i,j \\ f(c_l) > f(b_k), \ c_l \in \boldsymbol{C}, b_k \in \boldsymbol{B}, \forall l,k \end{cases} \quad (6\text{-}1)$$

式（6-1）中，第 1 个约束条件的含义为跟踪过程中不同时刻（状态）的目标训练样本之间的 ELM 分类网络输出要一致收敛；第 2 个约束条件的含义为当前帧的目标样本与背景样本之间的 ELM 分类网络输出要存在差异性。

上述两个约束条件也可以表示为 $f(c_i) - f(a_j) = m_{i,j}$ 和 $f(c_l) - f(b_k) = m_{l,k}$，其中 $m_{i,j}$ 为不同目标训练样本之间的输出标记值的差，而 $m_{l,k}$ 为目标与背景训练样本之间的输出标记值的差。这里分别设两个差值为 $m_{i,j} = 0$ 和 $m_{i,j} = 1$。由此，约束条件可以进一步表示下面优化问题。

$$O_\beta = \arg\min_\beta \left\{ \sum_{i,j} \left\| \left[h(c_i) - h(a_j) \right] \boldsymbol{\beta} - m_{i,j} \right\|^2 + \sum_{l,k} \left\| \left[h(c_l) - h(b_k) \right] \boldsymbol{\beta} - m_{l,k} \right\|^2 \right\} =$$
$$\arg\min_\beta \left\{ \sum_{i,j} \left\| d(c_i, a_j) \boldsymbol{\beta} - m_{i,j} \right\|^2 + \sum_{l,k} \left\| d(c_l, b_k) \boldsymbol{\beta} - m_{l,k} \right\|^2 \right\} =$$
$$\arg\min_\beta \left\| \boldsymbol{D\beta} - \boldsymbol{M} \right\|^2$$

$$(6\text{-}2)$$

其中，$d(\bullet, \bullet)$ 表示计算两个训练样本的 ELM 隐藏层输出之差，矩阵 $\boldsymbol{D} \in \mathbf{R}^{N \times L}$ 对应 N 个训练样本对的 ELM 隐藏层输出之差，$\boldsymbol{M} = \{m_{l,k}, m_{i,j}\} \in \mathbf{R}^{N \times 2}$ 为相应的 N 个训练样本对的输出标记值的差。

（3）时间平滑约束

在实际跟踪过程中，连续帧之间目标的外观变化一般很小，即目标在时间轴上的外观变化是平滑的。因此，建立在目标和背景观测值之间的分类超平面在短时间内不会有突变。对于 ELM 分类网络而言，其输出权重 $\boldsymbol{\beta}$ 在前后更新过程中不能有太大的变化。利用时间平滑约束可以避免 ELM 分类网络受到突然干扰（如光照、背景噪声等）的影响，有利于提高跟踪系统的稳定性。

根据上述分析，设已知更新前 ELM 分类网络的输出权重为 $\boldsymbol{\beta}_{k-1}$。在仅考虑时间平滑约束条件下，ELM 分类网络的优化目标函数为

$$O_{\beta_k} = \arg\min_\beta \left\{ \frac{1}{2} \| \boldsymbol{\beta}_k \|^2 + \frac{\lambda}{2} \| \boldsymbol{H}_k \boldsymbol{\beta}_k - \boldsymbol{T}_k \|^2 + \frac{u}{2} \| \boldsymbol{\beta}_k - \boldsymbol{\beta}_{k-1} \|^2 \right\} \quad (6\text{-}3)$$

其中，最后一项即是新添加的时间平滑约束项，u 为对应的正则化参数。矩阵 $\boldsymbol{H}_k$ 和 $\boldsymbol{T}_k$ 是对应训练样本集 $\boldsymbol{X}_k$ 的随机隐藏层输出矩阵和训练标记集合。

最后，综合考虑介绍的成对度量约束和时间平滑约束，可以得到 ELM 分类

学习的最后优化求解框架。

$$O_{\beta_k} = \arg\min_{\beta}\left\{\frac{1}{2}\|\beta_k\|^2 + \frac{\lambda}{2}\|H_k\beta_k - T_k\|^2 + \frac{\alpha}{2}\|D_k\beta_k - M_k\|^2 + \frac{u}{2}\|\beta_k - \beta_{k-1}\|^2\right\}$$

$$(6\text{-}4)$$

其中，D_k 是当前所有训练样本对的 ELM 网络隐藏层输出之差，M_k 表示对应所有训练样本对的输出标记值的差。

5. 实验结果

为了综合分析基于 ELM 分类学习的高效判别式目标跟踪的性能，本小节将该算法与排序 SVM 跟踪（Ranking SVM Tracker，RSVT）算法、视频跟踪分解（Visual Tracking Decomposition，VTD）算法等其他优秀的目标跟踪算法[2-5]在具有背景扰动以及运动模糊等特点的监控视频数据集上进行对比分析。

为了定量地描述各个算法的性能，利用中心定位误差（Center Location Error，CLE）和跟踪窗重叠率（Overlap Rate，OR）两种方法描述跟踪准确度，并使用帧率（Frames Per Second，Fps）描述跟踪算法的实时性。具体对比结果见表 6-1、表 6-2。

表 6-1　平均中心定位误差[1]（单位：像素个数）

视频	RSVT	SCM	MIL	Frag	CT	VTD	TLD	ELMT
监控视频 1	123	1.1	48.2	5.53	16.7	3.84	12.1	1.65
监控视频 2	64.8	3.4	69.8	5.64	66.3	4.71	7.15	3.95

表 6-2　平均重叠率[1]（单位：%）

视频	RSVT	SCM	MIL	Frag	CT	VTD	TLD	ELMT
监控视频 1	0.26	0.88	0.26	0.68	0.52	0.84	0.58	0.90
监控视频 2	0.25	0.79	0.25	0.56	0.29	0.67	0.68	0.80
帧率	1.2	0.5	31	4	80	4	18	10

从上述对比结果可以看出，本小节介绍的跟踪算法在中心定位误差和跟踪窗重叠率两方面基本优于其他对比跟踪算法，这归因于所采用的 ELM 技术具备很好的分类学习能力，且在成对度量约束和时间平滑约束下，进一步提升了 ELM 分类框架在跟踪应用中的适应能力。

另一方面，得益于 ELM 高效的训练速度，跟踪算法在 MATLAB 实验平台上就可以达到每秒 10 Fps 的处理速度，跟踪效率远远超过基于 SVM 技术的 RSVT 算法。虽然 CT 算法的处理效率很好，但是其所采用的朴素贝叶斯弱分类器难以适应复杂背景下的目标跟踪。

6. 小节分析

针对复杂的监控视频场景，本小节介绍了一种高效、稳健的判别式目标跟踪算法，其充分利用了 ELM 快速有效的分类训练优势，高效率地完成目标与跟踪背景内容之间的二分类建模，实现跟踪目标与背景内容的区分。同时，为了获得更加稳健的跟踪效果，在成对度量约束和时间平滑约束条件下完成 ELM 分类器的训练过程。这两个约束条件可以进一步提高 ELM 分类技术在实际跟踪应用中的适应能力。最后为了验证在复杂监控场景的性能，将本小节介绍的算法与其他 7 种优秀的目标跟踪算法对比。与其他目标跟踪算法相比，该算法在跟踪效果和实时性上均具有良好的优势。

6.1.2 门禁系统的人脸识别

1. 应用背景

门禁系统是典型的机电一体化自动控制系统，它是随着机械、电子、计算机、光学技术、数据库和网络技术等发展而成的一项综合新型技术。它是重要部门单位出入口实现安全防范管理的有效措施。作为安全防范系统的一个重要组成部分，越来越受到人们的重视。

人脸识别技术是通过采用摄像机或摄像头，采集含有人脸的图像或视频流，并自动在图像中检测和跟踪人脸，进而对检测到的人脸进行脸部的一系列相关处理技术。

与指纹、虹膜等生物技术相比，人脸识别在门禁系统中具有很多优势，即用户不需要专门配合人脸采集设备且不需要和设备直接接触就能获取人脸图像，具有非接触性，并且在实际应用方面具有稳定性高、直观性好、用户体验度高等优势。

2. 任务难点

在门禁应用场景中，多数情况只能收集到每个人的少量人脸图像作为训练样本，因此如何解决少量训练样本人脸识别问题显得尤为重要。此外，现有的人脸识别方法在解决少量训练样本人脸识别时，无法从少量的训练样本中提取有判别力的信息，因此它们的识别性能明显地降低。

3. 设计思路

由于原始的图像样本数目较少且维数较高，具有潜在的模态多样，用少量的原始人脸图像进行训练时，无法反映出样本整体分布的一般规律，导致分类器仅学习了异常特征而引发严重过拟合。

为了解决上述问题，结合人脸对应低维流行结构的先验信息，首先对原始人脸图像进行降维，从高维的输入空间中发现其内嵌的低维流形，并且在低维空间中恢复数据集的内在的几何结构，从而选择出能够反映人脸的特征子集，降低分类器过拟合风险。最后，在 ELM 目标函数中引入样本的类内与类间距离来刻画样

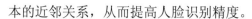

本的近邻关系，从而提高人脸识别精度。

4．模型建立

针对门禁人脸识别系统样本搜集困难的问题，本小节介绍一种基于邻域保持 ELM（Neighborhood Preserving ELM，NPELM）的少量样本人脸识别方法[6]。考虑到人脸是低维的流形结构，该方法首先利用局部近邻嵌入算法的标签信息来构造同类数据的流行结构，从而实现将原始人脸图像进行降维，并且保持人脸内在几何结构的目的。最后将数据的判别信息通过最小化类内散度矩阵引入 ELM 中，增强数据样本同类的判别信息，进一步提高 ELM 算法的分类能力。接下来详细介绍该方法的两个关键步骤：局部近邻嵌入与邻域保持 ELM 模型设计。

（1）局部近邻嵌入

局部线性嵌入算法是依据数据样本邻域几何结构不变的原理利用权重系数矩阵来构建近邻图，从而实现数据从高维到低维的降维，但由于权重系数矩阵没有考虑样本间的判别信息，会导致选择不同类别的数据样本成为近邻点，因此构造的流形结构不准确。为了解决上述问题，在局部线性嵌入算法的基础上，该方法依据类别标签信息，对属于同类的数据样本进行重新选择和排序。设 $X = [x_1 \ x_2 \ \cdots \ x_c]$ 数据集分为 c 类，x_i^c 表示第 c 类中第 i 个数据样本，对于样本点 x_i^c，只寻找同属于第 c 类的 k 个最近邻点的线性组合，其重建权重矩阵可以表示为

$$\varphi(W) = \sum_{c=1}^{C} \sum_{i=1}^{n_c} \| x_i^c - \sum_{j=1}^{k} W_{ij}^c x_{ij}^c \|^2 \tag{6-5}$$

其中，c 为数据样本的类别数，n_c 为第 c 类的样本总数，W_i^c 为第 c 类中第 i 个数据样本的权重系数矩阵。

通过式（6-5）可以求出高维空间中数据点 x_i^c 的权重系数矩阵，则在低维空间中也可以找到保持这种几何结构的对应数据点 y_i^c，其目标函数可以写成

$$J = \sum_{c=1}^{C} \sum_{i=1}^{n_c} \| y_i^c - \sum_{j=1}^{k} W_{ij}^c x_{ij}^c \|^2 \tag{6-6}$$

假设变换是线性的，$Y^T = A^T X$，则 $J = \sum_{c=1}^{C} A^T X_c V_c X_c^T A = A^T XVX^T A$。其中，$V_c = (I - W_c)^T (I - W_c)$，$I$ 为单位矩阵。

定义 L 为数据样本的类内散度矩阵，则可以表示为 $L = \sum_{c=1}^{C} X_c V_c X_c^T$，$L$ 包含了整体数据的几何结构信息和判别信息，X_c 为第 c 类所有样本在 ELM 特征映射空间中构成的样本矩阵。

（2）邻域保持 ELM 模型设计

为了减小同类人脸的类内差异，该方法将上述的数据样本的类内散度矩阵 L 引入到 ELM 模型中。该方法通过增强数据样本在特征空间中的几何结构信息和数据样本同类的判别信息，进一步提高 ELM 算法的分类能力，其优化的模型可以写成如下形式。

$$\min_{\beta} \frac{1}{2}\boldsymbol{\beta}^{\mathrm{T}}\boldsymbol{L}\boldsymbol{\beta} + \frac{1}{2}\lambda\sum_{i=1}^{N}\|\xi_i\|^2 \tag{6-7}$$

其中，λ 为惩罚系数，ξ_i 为训练样本 x_i 对应的训练误差。将式（6-7）通过拉格朗日方法进行求解，用 KKT 条件进行约束，有如下两种情况。

① 当训练样本数小于隐藏层节点数时，得到

$$\boldsymbol{\beta} = \boldsymbol{H}^{\mathrm{T}}\left(\frac{\boldsymbol{L}}{\lambda} + \boldsymbol{H}\boldsymbol{H}^{\mathrm{T}}\right)^{-1}\boldsymbol{T} \tag{6-8}$$

此时 NPELM 的输出函数为

$$f(x) = h(x)\boldsymbol{\beta} = h(x)\boldsymbol{H}^{\mathrm{T}}\left(\frac{\boldsymbol{L}}{\lambda} + \boldsymbol{H}\boldsymbol{H}^{\mathrm{T}}\right)^{-1}\boldsymbol{T} \tag{6-9}$$

② 当训练样本数大于隐藏层节点数时，可以得到

$$\boldsymbol{\beta} = \left(\frac{\boldsymbol{L}}{\lambda} + \boldsymbol{H}^{\mathrm{T}}\boldsymbol{H}\right)^{-1}\boldsymbol{H}^{\mathrm{T}}\boldsymbol{T} \tag{6-10}$$

此时 NPELM 的输出函数为

$$f(x) = h(x)\boldsymbol{\beta} = h(x)\left(\frac{\boldsymbol{L}}{\lambda} + \boldsymbol{H}^{\mathrm{T}}\boldsymbol{H}\right)^{-1}\boldsymbol{H}^{\mathrm{T}}\boldsymbol{T} \tag{6-11}$$

5. 实验结果

为了验证基于邻域保持 ELM 的人脸识别方法性能，这里首先在与门禁系统场景接近的 3 个人脸数据集（Yale、ORL 和 Yale-B）上进行分类实验，以此直观地展示其有效性。

本小节将 NPELM 与 ELM、稳健激活函数 ELM（Robust Activation Function ELM，RAFELM）[7]、判别式图正则化 ELM（Discriminative Graph Regularized ELM，GELM）[8]分别在上述 3 个数据集进行实验，同时为了实验的公平性，每次实验都选用相同的隐藏层节点数和惩罚参数。在实验过程中随机选取 Yale、ORL 和 Yale-B 人脸数据集每类的训练样本个数为 $L=\{5,6\}$，其余部分为测试样本。其实验结果[6]如图 6-3～图 6-5 所示，同时为了便于准确清晰地观察每个算法的分类效果，取 10 次随机实验结果识别率的平均值和相对误差进行汇总，统计结果见表 6-3。

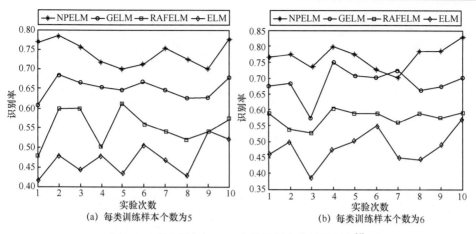

图 6-3　不同算法在 Yale 人脸数据集上的识别率[6]

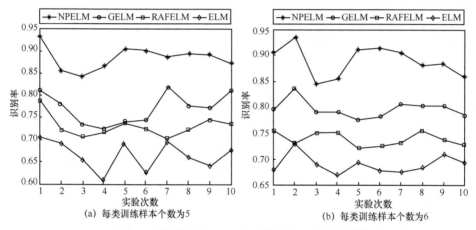

图 6-4　不同算法在 ORL 人脸数据集上的识别率[6]

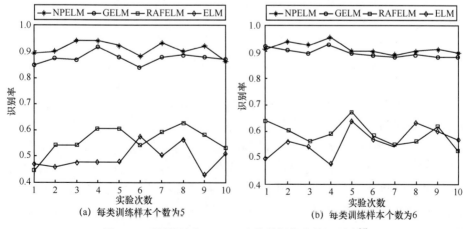

图 6-5　不同算法在 Yale-B 人脸数据集上的识别率[6]

表 6-3　不同算法在 Yale、ORL、Yale-B 人脸数据集上的识别率[6]（单位：%）

数据集	每类训练样本个数	ELM	RAFELM	GELM	NPELM
Yale	5	47.07±4.25	55.20±4.61	65.07±2.54	74.07±3.26
	6	48.25±5.48	57.61±2.66	68.58±4.65	76.75±3.88
ORL	5	66.55±3.30	73.03±2.52	77.18±3.52	88.48±2.65
	6	68.97±1.80	73.91±1.35	79.72±1.76	89.00±2.91
Yale-B	5	49.37±4.73	56.03±5.32	87.47±2.15	91.13±2.79
	6	56.22±5.31	58.98±4.65	89.67±1.77	91.41±2.09

通过图 6-3、图 6-5 和表 6-3 的对比分析可知，虽然 NPELM、GELM、RAFELM 都对 ELM 做了不同的改进，但 NPELM 的识别率基本优于其他对比算法，其具体原因如下。

① 由于原始的图像样本数目较少且维数较高，其潜在的模态多样，用少量的原始人脸图像对单隐藏层 ELM 训练时，无法反映出样本整体分布的一般规律，导致 ELM 分类器仅学习了异常特征而引发严重过拟合。

② RAFELM 仅仅是对激活函数进行了改进，忽略了数据在特征空间中的几何结构，尽管该算法在一定程度上提高了分类，但没有显著性的效果。

③ GELM 从数据样本几何结构的角度出发，通过数据的流形关系来提高整个模型的分类效果，由图 6-3、图 6-5 可知，GELM 比 RAFELM 分类效果略好，但由于 GELM 在学习过程中忽略了标签的判别信息，导致效果比 NPELM 的识别率略低。

④ NPELM 将数据的类内散度矩阵引入到 ELM 模型中，不但考虑了数据样本内在的流形结构，还对属于同类标签的数据样本进行了鉴别，使同类数据因标签判别信息紧密程度更高，这样既保持了数据的完整性又蕴含了数据的内在判别信息。

6. 小节分析

在门禁应用场景中，少量样本人脸识别问题是尤为突出的问题。针对上述问题，本小节介绍一种邻域保持 ELM 的人脸识别方法。该方法基于流形学习的思想和数据的类内标签信息，充分挖掘数据在 ELM 特征空间中非线性局部流形结构及所包含的判别信息。同时，依据数据样本间同类数据的标签信息，使 NPELM 在特征空间中构造同类数据近邻点的邻接图，从而增强局部数据的流形结构，进一步提高整个分类模型的分类精度。最后为了验证本小节介绍的算法的有效性，在经典的人脸数据集中，将 NPELM 与其他经典算法进行对比，结果证明了该方法的可行性，说明该算法是一种有效的分类算法，具有更好的数据分类效果和泛化性能。

6.1.3　报警系统的行为识别

1. 应用背景

安全防范报警系统是利用先进的科技手段，将所需安全防范的场所构成一个看不见的警戒区，当有非法入侵者进入警戒区时，即可发出声、光报警，并向控制中心传输报警地址、时间、图像等技术数据，为安全防范工作提供可靠的保证。

人体行为是生物特征的重要部分，以人体的生理行为特征为基础的身份、行为识别方法，由于其通用性和唯一性，在公共场所的安全防范报警系统中起到了越来越重要的作用，如在超市等公共场所中，实时地检测并识别外部事件尤其是人的可疑行为的发生，进而跟踪可疑行为并采取相应的报警措施。

2. 任务难点

本质上，动作识别就是选择一个与检测到的动作相似度最高的动作标签表示该动作。然而，不同人的体型一般不同，并且在做同一个动作时幅度与频率不同加上从不同的视角观察相同动作时得出的视频图像不同，这对基于视频的人的行为识别算法提出了挑战。

3. 设计思路

针对上述存在相同动作之间因为体型、视角等影响存在类内差异大问题，本小节从特征提取和分类器构建两个方面来设计快速准确的行人识别模型。

首先，为了在复杂视频场景中提取稳健的行为特征，选取基于局部特征的动作表示方法作为基础特征提取框架。将图像分解为一些小的区域，在这些区域上提取局部特征，并根据局部特征的统计特性表示人的行为。与图像模型和人体模型不同，这一模型和身体的部位以及图像坐标系没有关系，因此，这一模型的显著优点是不依赖于对身体各部位进行标记、以及精确人的检测和定位。对图像缩放、旋转、尺度和亮度变化保持不变，对视角变化、仿射变换、噪声也保持一定程度的稳定性。

其次，为了克服类内差异大问题，在 ELM 基础上，同时考虑人体行为的几何特征和数据蕴含的判别信息，通过最大化异类离散度和最小化同类离散度，优化 ELM 的输出权重，从而提升动作识别的性能。

4. 模型建立

针对行为识别存在类内差异大的问题，本小节介绍一种基于视觉局部特征和正则化 ELM 的人体行为识别（简称为 Bag-IELM）方法。该方法首先利用 3D Harris[9] 提取视频的三维角点，然后采用 3D SIFT 对时空兴趣点进行描述生成特征向量，建立词包模型，最后在 ELM 中引入同类离散度和异类离散度的概念，体现在输入空间数据的判别信息上。通过最大化异类离散度和最小化同类离散度，优化 ELM 的输出权重，从而在一定程度上提高 ELM 的分类性能。其具体内容包括基于词包模型的人体行为表示和基于判别信息的正则化 ELM 两个部分，本小节将详细介绍。

（1）基于词包模型的人体行为表示

在基于局部特征的行为表示方法中，基于词包模型的行为表示是一个行之有效的方法。词包模型的主要思想是计算图像块的局部特征与视觉词汇表中的每个视觉单词所对应局部特征的欧氏距离，用最近邻的视觉单词来表示该图像块。词包模型起初用于信息检索，在文本库中对信息文本进行分类，将每个文本视作一个单词。同样，在视觉领域，图像或视频帧可以用视觉单词来表示。

首先，利用 3D Harris 检测子提取视频中的角点特征，并应用 3D SIFT[10]描述子生成特征向量。

其次，利用聚类算法，如 K-Means 算法构造单词表。K-Means 算法是一种基于样本间相似性度量的间接聚类方法，此算法以 K 为参数，把 N 个对象分为 K 个簇，以使簇内具有较高的相似度，而簇间相似度较低。SIFT 提取的视觉词汇向量之间根据距离的远近，可以利用 K-Means 算法将词义相近的词汇合并，作为单词表中的基础词汇。

然后，利用单词表的中词汇表示视频。利用前面的算法，可以从每个视频中提取很多个特征点，这些特征点都可以用单词表中的单词近似代替，通过统计单词表中每个单词在视频中出现的次数，可以将视频表示成为一个 K 维数值向量。

最后，采用空间金字塔融合特征的空间信息来表示图像/视频，即将图像/视频在不同分辨率层次上划分为子图像，之后在子图像上分别按照直方图相交函数计算特征空间的空间直方图，并且将这些直方图按照式（6-12）进行加权。

$$K^L(X,Y) = I^L + \sum_{l=0}^{L-1} \frac{1}{2^{L-l}}(I^L - I^{L+1}) = \frac{1}{2^L}I^0 + \sum_{l=0}^{L} \frac{1}{2^{L-l+1}}I^l \qquad (6\text{-}12)$$

其中，直方图相交函数 $I^l = \sum_{i=1}^{D} \min(H_X^l(i), H_Y^l(i))$ 给出了在第 l 层分辨率上向量的匹配数，X、Y 为在 K 维特征空间中的两个向量集，$H_X^l(i)$ 和 $H_Y^l(i)$ 分别表示 X、Y 中所有向量在第 l 层分辨率下形成的直方图向量。为了简化起见，假设特征向量有 M 类，分辨率层数为 L，而且只有具有同类特征的才能相互匹配，则最后形成的向量的维数计算式为

$$K^L(X,Y) = \sum_{m=1}^{M} K^L(X_m, Y_m) \qquad (6\text{-}13)$$

由于式（6-13）所示的金字塔匹配核只是一些相交直方图的加权，并且对于正数有 $c\min(a,b) = \min(ca, cb)$，则 K^L 可以看作是所有分辨率层上所有特征向量的匹配核相加而成，将式（6-13）代入式（6-12）化简为

$$M\sum_{l=0}^{L}4^l = M\frac{1}{3}(4^{L+1}-1) \tag{6-14}$$

这种表示方法的优点在于通用性强，而且能够同时表示多种对象类型。本小节介绍的词包模型仅在第一层分辨率上统计直方图向量，从而最终生成的向量维数就等于词包大小即聚类中心个数。

（2）基于判别信息的正则化 ELM

利用数据蕴含的判别信息，该方法首先引入同类离散度和异类离散度的概念，体现在输入空间数据的判别信息上，最后通过最大化异类离散度和最小化同类离散度，优化 ELM 的输出权重，从而提高 ELM 人体行为分类的性能。具体操作如下所示。

① 离散度矩阵

设 $\boldsymbol{S}_B$ 为数据样本的同类离散度矩阵，$\boldsymbol{S}_W$ 为数据样本的异类离散度矩阵，$\boldsymbol{S}_B$ 和 $\boldsymbol{S}_W$ 可表示为

$$\boldsymbol{S}_B = \sum_{i=1}^{c}\sum_{j=1}^{N_c}(\boldsymbol{x}_j - \boldsymbol{u}^i)(\boldsymbol{x}_j - \boldsymbol{u}^i)^{\mathrm{T}} \tag{6-15}$$

$$\boldsymbol{S}_W = \sum_{i=1}^{c}(\boldsymbol{u}^i - \boldsymbol{u})(\boldsymbol{u}^i - \boldsymbol{u})^{\mathrm{T}} \tag{6-16}$$

其中，c 为数据样本的类别个数，$\boldsymbol{u}^i$ 为数据样本的类内样本均值，$\boldsymbol{u}$ 为数据样本的总体均值，异类离散度矩阵和同类离散度矩阵分别体现了输入数据样本空间的分布特征和判别信息。

② 信息差矩阵

矩阵 $\boldsymbol{S} = \boldsymbol{S}_B - (1-n)\boldsymbol{S}_W (0 \leqslant n \leqslant 1)$，$\boldsymbol{S}$ 称为信息差矩阵，n 为大于零的常量。

上述定义中，参数 n 起调节类内判别信息和类间判别信息的作用，当参数 n 增大时，偏向于类内信息，反之偏向于类间信息。因此，在适当的 n 下，Bag-IELM 较好地利用了数据蕴含的判别信息，增强了 ELM 模式分类的能力。

因此，Bag-IELM 的优化问题可描述为

$$\min_{\boldsymbol{W}}\ \frac{1}{2}\boldsymbol{W}^{\mathrm{T}}\boldsymbol{S}\boldsymbol{W} + \frac{1}{2}C\sum_{i=1}^{N}\|\boldsymbol{\varepsilon}_i\|_2^2$$
$$\text{s.t.}\ \sum_{j=1}^{m}f(x_i)w_i - t_{ij} = \varepsilon_{ij}, \quad i=1,2,\cdots,N \tag{6-17}$$

其中，$\boldsymbol{W}$ 为输出权重矩阵，a 为网络输入权重，b 为偏置，t 为训练样本的期望输出，$\boldsymbol{\varepsilon}_i$ 为第 i 个样本的训练误差，C 为惩罚参数，$f(\bullet)$ 为激活函数。式（6-17）对应的拉格朗日函数为

$$L = \frac{1}{2}\boldsymbol{W}^{\mathrm{T}}\boldsymbol{S}\boldsymbol{W} + \frac{1}{2}C\sum_{i=1}^{N}\|\boldsymbol{\varepsilon}_i\|_2^2 + \sum_{i=1}^{N}\sum_{j=1}^{m}\alpha_{ij}(f(x_i)w_j - t_{ij} + \varepsilon_{ij}) \qquad (6\text{-}18)$$

综上所述，给定训练样本 $\boldsymbol{X} = [x_1 \ x_2 \ \cdots \ x_N]$ 和训练样本的期望输出矩阵 $\boldsymbol{T} = [t_1 \ t_2 \ \cdots \ t_D] \in \mathbf{R}^{D \times N}$，激活函数为 $f(x)$，隐藏层节点数为 L（隐藏层节点个数等于人脸图像数据的维数），Bag-IELM 训练步骤如下所示。

- 初始化训练样本集，根据离散度矩阵定义计算 $\boldsymbol{S}_B$ 和 $\boldsymbol{S}_W$，根据信息差矩阵定义计算 $\boldsymbol{S}$。
- 随机指定网络输入权重和偏置值。
- 通过激活函数计算隐藏层节点输出矩阵 $\boldsymbol{H}$。
- 计算输出权重，$\boldsymbol{W} = \boldsymbol{H}^{\mathrm{T}}\left(\boldsymbol{H}^{\mathrm{T}}\boldsymbol{H} + \dfrac{\boldsymbol{S}}{C}\right)^{-1}\boldsymbol{T}$。

5. 实验结果

为了验证本小节介绍行为识别算法的有效性，将 Bag-IELM 与单隐藏层 ELM，以及经典的 SVM 方法在典型的行人识别数据库 KTH 进行对比。并且将 KTH 数据库中 24 人的所有动作视频作为训练样本，最后一人的所有动作视频作为测试样本，实验所得的结果[11]见表 6-4。

表 6-4　动作识别分类结果比较[11]

分类器	ELM	SVM	Bag-IELM
正确识别率/%	93.10	92.17	96.23
学习时间/s	1.29	12.16	1.89

实验结果表明本小节介绍的 Bag-IELM 的正确识别率比 ELM[12] 和 SVM 高，这是由于 Bag-IELM 考虑到数据样本的类内和类间判别信息，并将其引入到 ELM 模型中，优化 ELM 的输出权重，增强 ELM 的泛化性能。而 SVM 中没有考虑到行为识别中的类内和类间判别信息，无法对相似的动作做准确分类。并且，ELM 由于存在随机过程导致分类过程不稳定的问题，其性能比 Bag-IELM 的性能稍差。

6. 小节分析

人体行为识别是报警系统重要的环节之一，本小节针对复杂场景，介绍了基于视觉局部特征的人体行为识别方法。首先采用 3D Harris 角点检测子检测视频序列中视频的角点，然后利用 3D SIFT 描述子生成特征向量，建立词包模型，最后在 ELM 中引入同类离散度和异类离散度的概念，充分考虑到数据样本间的几何特征和数据蕴含的判别信息。同时，为了验证本小节介绍算法的性能，在行人识别数据库 KTH 上进行实验，分析和比较了 ELM、Bag-IELM 以及 SVM 对于模型的识别结果。实验表明，综合考虑正确识别率和学习时间两种因素，与其他行为识别方法相比，本小节介绍的方法识别效果表现最佳。

6.2　卫星遥感应用实例

卫星遥感成像是 20 世纪 60 年代发展起来的新兴综合科学技术，与空间、电子、光学、计算机、地学等科学技术密切相关，是现代科学技术的一个重要组成部分。卫星遥感具有视点高、视域广、数据采集快和重复、连续观察的特点，能够准确有效、快速及时地提供多种空间分辨率、时间分辨率和光谱分辨率的对地观测数据。

本节针对卫星平台资源受限和人工样本标记成本高昂等问题，围绕合成孔径雷达（Synthetic Aperture Radar，SAR）、高光谱、可见光 3 种载荷传感器来分别介绍 ELM 在在轨变化检测、农作物分类、气象影像云图分类识别 3 个方面的应用。

6.2.1　SAR 图像在轨变化检测

1. 应用背景

变化检测是一种根据同一地区不同时间得到的多时相卫星图片分析检测出区域内地物变化的技术。随着科学技术的不断进步，变化检测技术在实践中取得了瞩目的成果。现如今，变化检测技术已被应用于土地利用、军事打击效果评估、植被覆盖检测等方面。

虽然 SAR 图像中带有的合成孔径雷达系统在成像过程中生成的斑点噪声干扰了 SAR 图像的成像质量，但由于 SAR 具有全天时、全天候的工作特点和 SAR 具有图像丰富的强度、相位、纹理和极化等信息，使得基于 SAR 图像的变化检测算法得到了众多科研人员的认可和深入研究。

SAR 图像变化检测所要实现的目标是在同一地区不同时间获得的多幅图像中得到变化的区域。利用图像分类的思维，可以将变化检测算法看作是二分类方法，最终获得一幅目标区域的二值图片，该图像中的两个灰度分别对应着目标区域的未变化部分和变化部分。

与传统的星下下传、地面处理的变化检测方法相比，星上在轨变化检测是利用星上获取图像数据直接进行稳定的变化检测，然后传输令人信服的变化检测结果，这无疑将大大减少卫星数据传输的压力，有利于随后步骤的及时展开。因此，稳定可靠的在轨的变化检测方法具有很强的研究价值和应用前景。

2. 任务难点

传统的变化检测方法需要首先将海量数据传输至地面，大量冗余的数据和卫星有限的传输带宽严重影响了变化检测时效性的需求。采用地面训练网络、星上检测的有监督在轨变化检测的方法网络参数固定，不能满足成像方式和分辨率与训练数据不同的区域的变化检测需求。

3. 设计思路

在相同的条件下，虽然有训练样本的监督算法较之无监督的变化检测方法有更高的检测精度，然而由于无监督的变化检测方法在获取变化区域和未变化区域的过程中不需要额外提供目标区域的数据样本，使其在保证一定正确率的前提下具有很低的时间消耗。

为了克服有监督算法的限制，可以通过无监督的变化检测方法提取出部分严格变化数据和严格未变化数据，结合超限学习快速分类的优势，最终转化为半监督学习的变化检测方法，从而达到在应对不同场景和区域时，获得稳定检测结果的目的。

4. 模型建立

基于半监督学习和多源融合的思想，本小节介绍一种半监督学习的在轨变化检测方法。如图 6-6 所示，该方法的总体思路如下。首先，利用图像的灰度分布特性，结合变化检测过程中对像素归类概率的特性，介绍自动获取标记的训练样本方法。在利用了有监督算法的优势的同时，面对不同特点的图像都能给出稳定可靠的训练样本。其次，为了降低方法的检测时间，利用 ELM 的快速分类学习能力和区域级像素作为获取样本的过程，保证了方法的检测时间，降低了方法的检测复杂度。最后，为了得到更准确的变化检测结果，将具有丰富的纹理和细节信息的光学图像与 SAR 图像相结合，介绍异源辅助检测策略。其具体内容包括基于隶属度的样本选择策略、基于局部感受野的 ELM（Local Receptive Fields Based ELM，ELM-LRF）和异源辅助检测策略 3 个部分[13]，本小节将详细介绍。

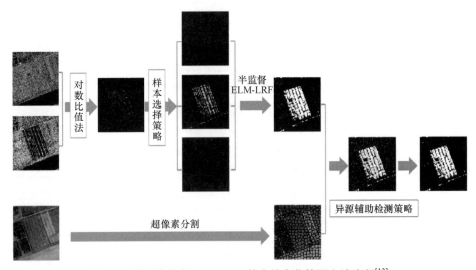

图 6-6　异源半监督 ELM-LRF 的在轨变化检测方法流程[13]

（1）基于隶属度的样本选择策略

一般地，当对同一地区不同时相的 SAR 图像对做对数比值法处理之后，会得到一幅包含明暗区域的差分图。从对应差分图的灰度直方图可以看出，差分图中的像素灰度值服从某种分布，灰度直方图中的两个灰度峰值分别呈现在像素值较低的位置和像素值较高的位置。可以认定的是，灰度值较低的峰值为未变化像素的主要灰度分布，灰度值较高的峰值为变化像素的主要灰度分布。根据 SAR 图像差分图的这种灰度分布，该方法约定差分图中未变化像素的灰度直方图符合某种高斯分布，差分图中未变化像素的灰度直方图亦符合某种高斯分布[13]。

根据上述猜想，该方法的样本选择策略分别设定两个高斯分布来拟合对应差分图的灰度直方图分布，直到两个高斯分布的曲线之和与对应差分图的残差最小为止。在使用两个高斯分布拟合差分图的灰度直方图分布时，策略首选通过梅林变换对两个灰度直方图的初始参数进行估计，获得初始阶段下的两个灰度直方图分布，进而求取两个高斯分布之和与差分图的灰度直方图的残差，不断调整两个高斯分布的均值，直至高斯分布之和与灰度直方图的残差最小为止。具体目标函数表示为

$$J = \min_{G_1 G_2} \left| H - (G_1 + G_2) \right| \tag{6-19}$$

其中，H 为对应差分图的灰度分布，范围为[0,255]，G_1 和 G_2 表示逼近的两个高斯分布纵坐标的取值。

通过两个高斯曲线拟合对数差分图的灰度分布之后，可以获得两个高斯分布的均值 c_1 和 c_2。提取两个高斯分布的均值 c_1 和 c_2，将其作为判别差分图中各个像素属于变化样本的程度或者属于未变化样本的程度的标准。在本小节中，某个像素样本属于变化样本的程度和属于未变化样本的程度之和应该为 1，本小节定义求取各像素样本隶属于变化样本的隶属度 θ_c 和样本隶属于未变化样本的隶属度 θ_u 的目标函数 J' 和约束条件如下所示。

$$J' = \sum_{i=1}^{n} \theta_{ui}^{m} \left\| x_i - c_1 \right\|_2^2 + \sum_{i=1}^{n} \theta_{ci}^{m} \left\| x_i - c_2 \right\|_2^2 \tag{6-20}$$

$$\theta_{ui} + \theta_{ci} = 1, \ i = 1, 2, \cdots, n \tag{6-21}$$

其中，n 表示差分图中所有的像素样本的个数，m 是隶属度的指数，一般为一个常数，θ_{ui} 表示第 i 个样本属于变化样本的隶属度，θ_{ci} 表示第 i 个样本属于未变化样本的隶属度，x_i 表示第 i 个样本。通过 J' 对 θ_{ci} 和 θ_{ui} 求导，并令求导结果等于 0，最终得出 θ_{ci} 和 θ_{ui} 的隶属度式为

$$\begin{cases} \theta_{ci} = \dfrac{1}{\displaystyle\sum_{k=1}^{2}\left(\dfrac{\|x_i - c_2\|}{\|x_i - c_k\|}\right)^{\frac{2}{m-1}}} \\[30pt] \theta_{ui} = \dfrac{1}{\displaystyle\sum_{k=1}^{2}\left(\dfrac{\|x_i - c_1\|}{\|x_i - c_k\|}\right)^{\frac{2}{m-1}}} \end{cases} \qquad (6\text{-}22)$$

需要强调的是，考虑到差分图中像素彼此之间的相关性，样本 x_i 为其 $n \times n$ 邻域的灰度均值，本小节中该方法将 n 设为 3。

通过式（6-22），该方法获得各个样本 $x_i(i=1,2,\cdots,n)$ 的隶属于变化样本和未变化样本的隶属度。根据样本属于变化样本或者未变化样本的程度，自动选择出更具说服力的训练样本。该方法约定，将属于变化样本的隶属度大于 0.7 的样本选择为变化样本，将属于未变化样本的隶属度大于 0.7 的样本选择为未变化样本。最终，本小节介绍的样本选择策略方法通过隶属度的设定自动获得了需要的变化样本和未变化样本。

（2）半监督 ELM-LRF

在神经网络的发展过程中，受启发于人类的视觉皮层在成像过程中的特性，局部感受野被介绍并成功的应用在了卷积神经网络中，带动神经网络更进一步的发展和进步。在处理分析变化检测的边缘的过程中，也需要关注变化区域的局部图像纹理，以期得到更信服的检测结果。因此在本小节介绍的在轨化检测方法中，为了在保证检测速率的同时提升检测精度，将局部感受野应用于半监督 ELM 中，利用局部感受野所具有的平移、旋转不变性提取对数差分图的细节特征。与卷积神经网络使用固定的卷积层节点作为局部感受野的方式不同，半监督 ELM-LRF 灵活地使用由连续概率分布随机生成的不同形式的局部感受野，是一种改进后的基于局部感受野的半监督 ELM。

（3）异源辅助检测策略

SAR 图像由于具备不受云层、日照等天气的影响，较之光学图像具有很多独特的优势。然而，也是由于 SAR 图像独特的成像方式，其回波造成的散射、折射及穿透等特性，使雷达获得的 SAR 图像在丢失目标区域的颜色特征之外，获得的纹理和细节信息亦少于光学图像。在进行变化检测分析时，一般的仅基于 SAR 图像的分析方法只能在有限的纹理中获取变化信息，不利于得到更加具有说服力的检测结果。随着雷达拍摄能力的不断进步，星载和机载卫星也许可以根据变化检测的需求同时搭载 SAR 成像系统和光学成像系统，甚至于将光学成像和 SAR 成像整合到一个系统中，以实现得到更加精确更加具有说服力的变化检测的结果。

即便是现如今，随着图像压缩技术的不断成熟，在在轨的变化检测过程中也可以十分方便快速地将某一时刻目标区域的光学图像传输到检测系统中，从而达到更加严谨准确的检测结果的需求。基于上述变化检测的发展缺口，实现基于光学图像辅助的 SAR 图像变化检测方法显得尤为必要。

一般情况下，地表的地物结构在若干年内都不会发生大的变化，利用这一特性，本小节介绍一种异源辅助检测策略。该异源辅助检测策略需要提供一幅目标区域的光学图像，需要指出的是，基于上述特性，需要的光学图像不必严格要求不同时相 SAR 图像对中的某一时相的光学图像。对于获得的目标区域的光学图像，根据纹理信息对其进行图像分割，将具备相似纹理的图像区域划为一个区域。在进行基于 SAR 图像的变化检测之后，将检测结果与分割后的光学图像结合，利用光学图像的局部纹理结构分析检测结果图中的各个变化块，结合相似纹理块内的检测变化情况对虚警像素进行排查和消除，最终得到更加清晰干净的目标区域变化部分。

（4）具体实现过程

本方法第一步是生成差分图 **DI**。具体步骤是为配准后的同一地区不同时相的 SAR 图像对 X_1 和 X_2 做对数比值法，并在对数比值法中引入常数 ε 以避免图像 X_1 或 X_2 中某个像素点为 0 导致的运算结果没有意义。具体为

$$\mathbf{DI} = \left|\log\frac{X_1+\varepsilon}{X_2+\varepsilon}\right| = \left|\log(X_1+\varepsilon)-\log(X_2+\varepsilon)\right| \tag{6-23}$$

接着对差分图做归一化操作。

$$\mathbf{DI}(m,n) = \frac{\mathbf{DI}(m,n)-\mathrm{DI}_{min}}{\mathrm{DI}_{max}-\mathrm{DI}_{max}},\ 1\leq m\leq M, 1\leq n\leq N \tag{6-24}$$

其中，DI_{max} 和 DI_{min} 分别表示差分图 **DI** 中的最大值和最小值，差分图的大小为 $M\times N$。

生成差分图之后，需要对差分图进行进一步处理：首先对差分图进行归一化，之后求取差分图的灰度直方图，最后对灰度直方图进行基于隶属度的样本选择策略，通过样本隶属于变化类或未变化类的程度自动选择出变化样本和未变化样本。根据获得的检测结果图，调用异源辅助检测策略进行虚警排查。具体工作是首先统计检测结果图中所有变化像素的个数，以所有变化的个数占目标区域总像素的百分比作为排查虚警的标准。接着基于线性迭代聚类（Simple Linear Iterative Clustering, SLIC）算法对同一地区某一时刻的光学图像进行超像素分割，具体分割块数根据实际结果图的大小可做动态调整。在本小节中，根据获得的图像大小，设定光学图像的分割块数为 300 块。如此便获得了目标区域所有相似纹理区域的图像块集合。

在半监督 ELM-LRF 的最后阶段，通过将自然图像的超像素分割区域与初始阶段的变化检测结果图相结合，实现在变化检测结果图中同样的区域划分。最后，统计变化检测结果图中所有的超像素块中的变化像素所占每一个超像素内部所包含的百分比，判别分析每一个超像素内部，当每个超像素内部的变化像素所占超像素的百分比小于统计的所有变化像素所占百分比的 1/10 时，对该区域内的变化像素视为虚警，将该区域视为未变化区域。如此这般，便获得了最后的变化检测结果。

5. 实验结果

（1）实验数据集

为了衡量本小节所介绍方法的性能，实验对象选取了能够反映地区变化的一个代表地点 SAR 图像作为本次实验数据集[13]，以下是详细介绍。

该数据集图像尺寸为 301 像素×301 像素，拍摄于瑞士的伯尔尼地区，拍摄时间分别是 1999 年的 4 月和 5 月。这两幅图像成像方式是 30 m 分辨率的 C 波段以及 VV 极化，如图 6-7 所示，由欧洲遥感 2 号卫星上搭载的 SAR 传感器获得。其中图 6-7（a）表示 1999 年 4 月的图像，图 6-7（b）表示 1999 年 5 月拍摄的图像，图 6-7（c）表示谷歌地图上截取的某一时刻的自然图像，图 6-7（d）则表示在 1999 年 4～5 月间该地区地面实际发生变化的区域[13]。

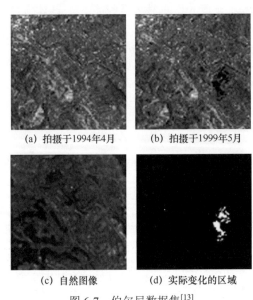

(a) 拍摄于1994年4月　　(b) 拍摄于1999年5月

(c) 自然图像　　(d) 实际变化的区域

图 6-7　伯尔尼数据集[13]

（2）评价指标

为了去评估不同算法的检测性能，引入了一些评估准则来定义不同算法的检测质量。具体的评估准则包括误检（Missed Alarms，MA），表示检测结果中遗漏的实

168

际变化像素的个数，错检（False Alarms，FA）将没有变化的像素定义为变化像素的个数，检测结果中的错检个数和误检个数的总和则用整体误差（Overall Error，OE）表示；Kappa 系数是一种检测分类正确程度的标准[14]。这些标准如下式所示。

$$P_{\mathrm{FA}} = \frac{\mathrm{FA}}{N_u} \times 100 \tag{6-25}$$

$$P_{\mathrm{MA}} = \frac{\mathrm{MA}}{N_c} \times 100 \tag{6-26}$$

$$P_{\mathrm{OE}} = \frac{\mathrm{FA+MA}}{N_c + N_u} \times 100 \tag{6-27}$$

（3）实验结果

为了体现算法的优越性，本小节选择了在轨变化检测领域的 5 个经典检测方法作为对比，这 5 个方法具体分别是主成份分析和 K 均值（Principal Component Analysis-K-Means，PCA-K-Means）[15]、广义最小错误率阈值（Generalized Minimum Error Rate Threshold，GMT）[16]、压缩稀疏表示（Compressed Sparse- K-Means Singular Value Decomposition，CS-KSVD）[17]、基于累积量的 Kullback-Leibler 散度（Cumulative-Kullback-Leibler Divergence，CKLD）[18]、以及基于邻域的比值（Neighborhood Ratio，NR）[19]。

为了更直观地展示各方法的性能，本小节将以二值图的形式呈现出检测结果，如图 6-8 所示，同时以数据表格的形式表现不同方法的优劣性，通过详细的数值指标给出最详细可靠的数据结果。

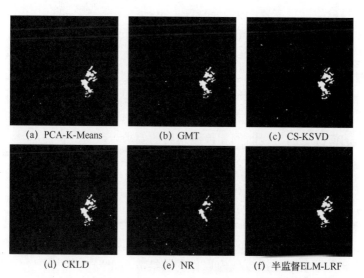

(a) PCA-K-Means　　　(b) GMT　　　(c) CS-KSVD

(d) CKLD　　　(e) NR　　　(f) 半监督ELM-LRF

图 6-8　6 种检测方法在伯尔尼数据集上的检测结果[13]

　　在给出了 6 种检测方法的直观检测结果之后，本小节进一步给出了详细的数据结果。数据表格的表现形式在表 6-5 中体现。通过详细的数据信息对比，可以更加全面客观地分析本小节介绍的方法的特点和优势。

表 6-5　伯尔尼数据集上各算法的检测结果[13]

准则方法	FA	P_{FA}/%	MA	P_{MA}/%	OE	P_{OE}/%	Kappa 系数/%	T/s
PCA-K-Means	158	0.18	146	12.64	304	0.34	86.7	3.59
GMT	291	0.33	86	7.44	377	0.42	84.8	16.70
CS-KSVD	161	0.18	147	12.73	308	0.34	86.6	153.91
CKLD	111	0.12	402	34.81	513	0.57	74.3	64.33
NR	110	0.12	199	17.23	309	0.34	86.0	20.25
半监督 ELM-LRF	101	0.11	184	15.93	285	0.31	88.0	17.74

　　从图 6-8 的直观对比结果和表 6-5 的总错误像素数、Kappa 系数可以看出，相较于其他几种方法，本节介绍的方法在检测结果上几乎没有特别的噪声，变化部分清晰，异源辅助策略降低了检测方法的错检数，提供了更加清晰的变化区域视觉呈现。在检测时间上，和其他 5 个对比方法相比虽然不是耗时最短，但是都控制在可接受的范围内，结合最后的检测结果，本小节介绍的方法在 SAR 图像在轨变化检测方法上具有优良的竞争力。

　　6. 小节分析

　　针对卫星平台资源受限的约束和多源信息融合的思想，本小节介绍了一种基于异源半监督 ELM-LRF 的在轨变化检测方法。该方法首先利用了基于隶属度的样本选择策略自动选择需要的标记样本，训练具有局部感受野的半监督 ELM-LRF 网络，最后通过异源辅助检测策略将光学和 SAR 的检测结果进行融合。该方法的检测结果无论是在正确检出率还是在 Kappa 系数上都优于其他算法，且具备在相对较短的时间体现样本自标定 ELM 的优势。特别地，由于该算法的训练样本取自需要进行变化检测的目标区域的差分图中，使得训练出的网络在对目标区域检测时有很好的适应性，满足了在轨变化检测方法对于雷达在不同成像方式和不同图像分辨率的情况下的检测时间和检测精度的要求。

6.2.2　高光谱图像农作物分类

　　1. 应用背景

　　农作物种植面积及空间分布信息对于粮食安全、全球变化以及农业可持续发展等都具有重要的现实意义。农作物种植结构是农作物空间格局的组成部分之一，其描述的是一个地区或生产单位内农作物的组成和布局，即主要农作物类型（种

植什么）和其空间分布（哪里种植）。及时、准确地获取农作物空间分布及其时空
动态变化信息不仅是监测农作物长势、估测区域农作物产量、研究区域粮食平衡
的核心数据源，也是农作物结构调整和布局优化的主要依据。

高光谱遥感技术是一门从上世纪 80 年代初兴起的遥感技术。它以测谱学为基
础，获得地物反射的大量很窄的电磁波波段。由于不同农作物在不同波长范围的
反射光谱往往是不同的，因而可以通过分析高光谱数据来鉴别不同类别的作物，
如图 6-9 所示。

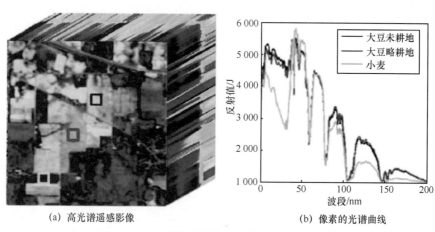

(a) 高光谱遥感影像　　　　　　　(b) 像素的光谱曲线

图 6-9　高光谱遥感影像及其像素的光谱曲线[21]

2．任务难点

高光谱图像农作物分类主要有两大难点亟待解决。第一，Hughes 现象。高光
谱影像光谱维度高，尽管这样能够提供更为丰富的光谱信息，但同时也引入了
Hughes 现象，即在高维数据分析过程中，随着数据维数的增加，分类精度先增加
后下降的现象[20]。第二，"同物异谱"和"异物同谱"现象。受光照、气候变化、
云层厚度以及像元不纯净等因素的影响，高光谱影像存在地物光谱性状混淆与畸
变的问题，从而造成农作物间存在"同物异谱"和"异物同谱"现象[20]。

3．设计思路

传统的高光谱分类方法往往只考虑了光谱维的信息，而忽视了利用空间上下文
信息。而根据高光谱图像的空间均匀分布特点，像素和其空间周围的像素一般属于
同一种地物类型。因此，结合 ELM 快速学习、泛化性强的优势，利用高光谱图像
像素之间空间上的相关性结合光谱相似性来设计一种空谱联合的监督分类器。

4．模型建立

基于空谱联合的思想，本小节介绍　种基于空谱复合核的核化 ELM（Kernel
ELM Combined with Composite Kernel）高光谱分类方法（后文简称为

KELM-CK）。为了有效地挖掘出高光谱图像中的光谱信息和空间信息，该方法通过构造光谱核和空间核来组成最终的空谱复合核，进而提升 ELM 方法在高光谱图像上的分类性能。

在空谱复合核中，该方法首先利用局部空间特征提取方法来提取空间信息，然后使用提取的空间信息和原始的光谱信息来计算空间核和光谱核，计算得到的空间核和光谱核将用来混合组成复合核。最后根据计算出来的复合核，结合空谱信息进行分类。

当考虑像素 x_i 的原始光谱信息时，KELM-CK 将像素 x_i 所在位置的所有波段光谱反射率值定义为光谱像素 x_i^W；而当考虑像素 x_i 的空间上下文信息时，定义空间像素 x_i^S 为像素 x_i 空间邻域中的光谱反射率均值。此处将光谱核定义为 $\boldsymbol{K}^W(x_i^W, x_j^W)$，将空间核定义为 $\boldsymbol{K}^S(x_i^S, x_j^S)$。从而可以将复合核表示成如下形式。

$$\boldsymbol{K}(x_i, x_j) = u\boldsymbol{K}^W(x_i^W, x_j^W) + (1-u)\boldsymbol{K}^S(x_i^S, x_j^S) \tag{6-28}$$

其中，u 是平衡空间和光谱信息的结合系数。

对于 KELM-CK 中的复合核，该方法使用高斯核来分别计算光谱核和空间核。

$$\boldsymbol{K}^W(x_i^W, x_j^W) = \exp\left(-\frac{\left\|x_i^W - x_j^W\right\|}{2\delta_W^2}\right) \tag{6-29}$$

$$\boldsymbol{K}^S(x_i^S, x_j^S) = \exp\left(-\frac{\left\|x_i^S - x_j^S\right\|}{2\delta_S^2}\right) \tag{6-30}$$

其中，δ_S 和 δ_W 是光谱核与空间核的宽。

因此 KELM-CK 的核函数为

$$\boldsymbol{K} = u\boldsymbol{K}^W + (1-u)\boldsymbol{K}^S \tag{6-31}$$

然后可以根据式（6-31）得到输出结果。

$$f(x_i) = \boldsymbol{K}_x \alpha \triangleq \left[f_1(x_i), \cdots, f_C(x_i)\right] \tag{6-32}$$

其中，α 为 KELM-CK 模型的对偶变量，详细求解过程见文献[22]。在预测阶段，每个测试样本 x_t 根据在 $f(x_t)$ 中的最高值被赋予对应类标。

5. 实验结果

（1）实验数据集

为了验证本小节介绍农作物分类方法的有效性，采用 Indian Pines 数据集对算法进行评估。该数据集是反映农作物分类的经典数据集，也是经常被使用于评估高光谱图像分类算法性能的经典基准。

Indian Pines 数据集由 1992 年 AVIRIS 传感器采集，图像尺寸为 145 像素×145

像素，包含 220 个光谱带，其中 20 个通道由于大气影响而被丢弃。数据的空间分辨率为每像素 20 m。数据集中包括 16 个类共计 10 249 个标记样本。条带 50、27 和 17 构成的伪彩色地面实况[22]如图 6-10 所示。

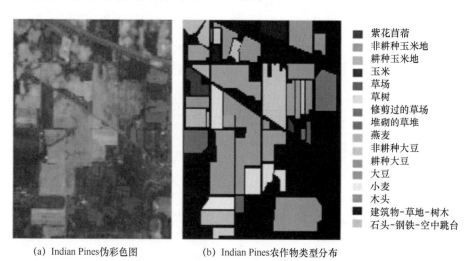

紫花苜蓿
非耕种玉米地
耕种玉米地
玉米
草场
草树
修剪过的草场
堆砌的草堆
燕麦
非耕种大豆
耕种大豆
大豆
小麦
木头
建筑物-草地-树木
石头-钢铁-空中跳台

(a) Indian Pines伪彩色图　　　(b) Indian Pines农作物类型分布

图 6-10　Indian Pines 伪彩色地面实况[22]

（2）各分类器性能比较

为了客观评价本小节所介绍算法的性能，将 KELM-CK 与其他几种主流的传统高光谱分类算法在 Indian Pines 数据集上进行对比。比较的算法包括：利用变量分裂与增广拉格朗日的稀疏多项逻辑回归（Variable Splitting and Augmented Lagrangian Sparse Polynomial Logistic Regression，VSALSPLR）、支持向量机（SVM）、径向基核支持向量机（SVM Combined with Radial Basis Function Kernel，SVM-RBF）、复合核支持向量机（SVM Combined with Composite Kernel，SVM-CK）、超限学习机（ELM）、带 RBF 核函数的核化 ELM（Kernel ELM Combined with Radial Basis Function Kernel，KELM-RBF）及带 CK 核函数的核化 ELM（Kernel ELM Combined with Composite Kernel，KELM-CK）。

（3）Indian Pines 数据集实验结果分析

表 6-6 给出了几种传统主流高光谱图像监督分类方法在 Indian Pines 数据集上的实验结果。由于 SVM-RBF 和 KELM-RBF、SVM-CK 和 KELM-CK 分别采用的是相同的核函数（分别是 RBF 核和 CK 核），所以在进行分析时将 SVM-RBF 与 KELM-RBF 的分类结果进行比较，SVM-CK 与 KELM-CK 的分类结果进行比较，而 SVM-RBF 与 KELM-CK（或者 SVM-CK 与 KELM-RBF）不再进行比较。从表 6-6 可以得出如下结论。

表 6-6   Indian Pines 数据集实验结果[22]

类别	训练样本	测试样本	VSALSPLR	SVM	SVM-RBF	SVM-CK	ELM	KELM-RBF	KELM-CK
1	6	48	57.08	45.83	77.08	6.25	0	75.93	90.74
2	144	1290	82.29	77.05	82.79	95.12	55.09	86.47	94.00
3	84	750	70.04	61.07	76.13	96.93	13.07	77.46	92.69
4	24	210	61.86	59.05	64.29	88.10	3.85	78.63	98.29
5	50	447	91.32	91.72	93.29	96.87	1.21	94.17	96.58
6	75	672	96.03	95.98	94.35	98.96	94.38	95.98	99.73
7	3	23	43.38	0	52.17	0	0	92.31	96.15
8	49	440	99.18	99.55	98.86	100.0	99.59	98.98	97.96
9	2	18	41.11	0	0	0	0	45.00	70.00
10	97	871	75.55	62.34	81.17	91.16	15.29	85.43	96.80
11	247	2 221	83.45	82.17	88.83	96.80	87.12	87.88	95.91
12	62	552	83.12	74.64	86.78	93.48	8.79	87.46	90.07
13	22	190	99.37	98.95	96.32	97.89	87.74	100	100
14	130	1 164	96.01	96.39	95.53	96.65	98.61	96.37	96.83
15	38	342	65.38	58.77	69.59	88.01	16.32	70.00	83.68
16	10	85	66.47	81.18	85.88	100	80.00	85.26	97.89
分类精度/%			83.75	79.92	86.60	94.79	55.54	88.29	95.27
平均分类精度/%			75.73	67.79	77.69	77.89	40.70	84.83	93.58
Kappa 系数/%			81.43	76.95	84.69	94.06	55.54	86.67	94.62
时间/s			2.98	11.29	4.26	5.52	0.452 4	1.74	3.23

① 带核函数的 SVM 和 ELM 的分类性能要明显优于纯 SVM 或 ELM，也要优于 VSALSPLR。其中 KELM-CK 的分类效果最好，其分类精度（OA）、平均分类精度（AA）、Kappa 系数分别达到了 95.27%、93.58%、94.62%，而 SVM-CK 的分类效果次之，但其平均分类精度仅为 77.89%，远低于 KELM-CK 的平均分类精度。这可能是因为 SVM-CK 是通过一对多或一对一策略来进行多类分类而 KELM-CK 是对多类分类和二类分类都有统一的求解方法。另一方面，KELM-RBF 与 SVM-RBF 相比，其各项指标也均更高。

② 从各类地物类别的分类精度来看，带核函数的监督分类方法基本对各类别尤其是小样本的类别，分类能力都要胜于其他分类方法。另一方面，无论是 KELM-RBF 与 SVM-RBF 相比，或者 KELM-CK 与 SVM-CK 相比，其各类别的分类精度都要更好。尤其是在小样本类别如类别 1、7、9 中，KELM-RBF 与 KELM-CK 的分类精度要远高于 SVM-RBF 和 SVM-CK。在类别 7 中，KELM-RBF 和 KELM-CK 的分类精度分别达到了 92.31%、96.15%，远高于 SVM-RBF 和 SVM-CK 的 52.17% 和 0%。可见引入核技巧的 ELM 对于地物类别的分类尤其是小样本的类别其分类能力要优于带核函数的 SVM。

③ 从分类耗时来看，由于 ELM 独特的单隐藏层结构，KELM-RBF 和

KELM-CK 的时间（1.74 s 和 3.23 s）要低于分别带同样核函数的 SVM 方法（4.26 s 和 5.52 s）。图 6-11（a）～（i）分别给出了地面典型地物分布以及各个算法在 Indian Pines 数据集上的分类结果。

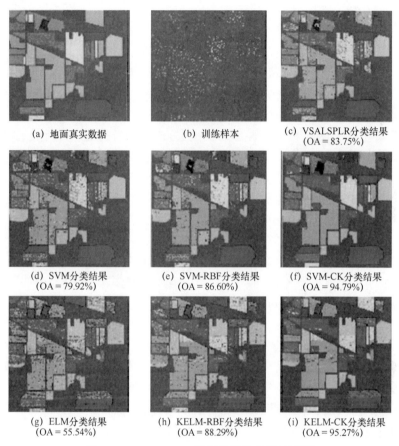

(a) 地面真实数据　　　　　(b) 训练样本　　　　　(c) VSALSPLR分类结果
(OA = 83.75%)

(d) SVM分类结果　　　　　(e) SVM-RBF分类结果　　　(f) SVM-CK分类结果
(OA = 79.92%)　　　　　　(OA = 86.60%)　　　　　(OA = 94.79%)

(g) ELM分类结果　　　　　(h) KELM-RBF分类结果　　　(i) KELM-CK分类结果
(OA = 55.54%)　　　　　　(OA = 88.29%)　　　　　(OA = 95.27%)

图 6-11　Indian Pines 数据集地物分类结果[22]

6. 小节分析

为了克服农作物分类中异物同谱、同谱异物的难点，受空谱联合思想的启发，本小节介绍一种基于空谱复合核的核化 ELM 高光谱分类方法。通过构造光谱核和空间核来组成最终的复合核，其能有效地挖掘出高光谱图像中的光谱信息和空间信息，进而提升 ELM 方法在高光谱图像上的分类性能。为了客观评价本小节介绍方法的性能，在典型农作物 Indian Pines 数据集上与其他典型主流高光谱分类方法进行对比。从实验结果中可以发现 CK 核函数由于联合空谱特征，大幅提升了分类性能（虽然也造成了模型运行时间的增加，但仍在可以接受的范围之内）。另一方面，在跟其他有监督分类方法相比时，KELM-RBF 和 KELM-CK 也体现出了更加出色的分类能力，尤其是与使用同类型核函数的 SVM 相比时，无论是总体分类能力还是小样本地物分类能力均表现要更好。由此可见，将核技巧运用到 ELM 中并且融合空谱特征是应对高光谱图像进行分类任务较为理想的选择。

6.2.3　可见光气象影像云图分类识别

1. 应用背景

近年来，气象卫星能够提供全天候的大气、海洋和云况信息，已成为天气监测、天气预报的重要信息来源。随着卫星遥感技术、图像处理技术的发展，利用图像处理技术对卫星云图作相关处理和信息提取已经成为气象卫星资料分析的主要的手段。卫星云图能够便捷地提供时空尺度广泛的云的信息，所展示的云的种类和形态蕴涵着丰富的天气演变信息，综合反映了大气中正在进行的动力和热力过程，因此准确识别气象卫星云图上云的种类和分布，对提高灾害性天气监测和改进天气预报有重要的现实意义。

目前，目视解译仍是卫星云图识别、分析的主要方式之一，即根据专家经验与多种资料结合，按照一定的方法与规律对图像上的云类进行识别。但人工判读包含一定程度的主观因素，既不利于卫星云图丰富信息的充分提取，同时又有碍天气预报制作的自动化与定量化。因此，探究卫星云图中云类别的计算机自动分类技术，对于推动和深化卫星云图分类识别的定量工作具有重要意义。

2. 任务难点

随着遥感技术的成熟以及现在的高分辨率传感器更新换代，批量获取大量原始卫星云图数据将成为可能。在实际卫星云图分类应用中，监督分类模型精度的提升需要大量有代表的已标记训练样本数据来支撑。然而，在实际应用中，要获取大量高质量的标记训练样本往往需要大量的人力和物力。因此，思考在少量的标记数据和大量的未标记数据的情况下，来提升模型检测卫星云图的性能，以求达到更好的分类和应用效果，成为一个亟须解决的问题，这也是本小节介绍如何用 ELM 解决小样本云检测问题的重点。

3. 设计思路

如何利用少量标记数据来挖掘大量的未标记数据是本小节的研究重点。本小节的设计思路如下。首先将少量样本送入样本池中，然后用少量标记数据对诸如 ELM 等分类模型进行初始化，得到初始的决策面。其次，将与决策面的距离来衡量未标记的样本的不确定性，越靠近决策面，其不确定性越大，而越远离决策面，其样本的置信度越高，分配标签的可能性越大。最后，将置信度大的未标记样本交给人工标记，删除样本池的样本，并将新的标记的样本插入样本池，对样本分类器进行更新和微调，从而达到好的分类模型。

4. 模型建立

为了克服有监督云图分类方法需要大量标记样本进行训练的难点，本小节介绍一种基于主动在线 ELM 云图分类方法[23]，其流程如图 6-12 所示。首先对原始卫星云图进行预处理去除噪声的影响，其次利用基于 ELM 的样本不确定性评估的选择策略对海量未标记样本进行挖掘，得到高价值的未标记样本，交给人工标记，最后将已标记的样本送入在线顺序 ELM 进行训练，从而得到稳健的云图分类模型。从而达到在尽可能少的已标记样本下，实现厚云、薄云、晴空的准确检测，减少样本人工标注成本，缩减分类器训练时间。其具体内容包括 ELM 的样本不确定性评估、主动在线 ELM（Active Learning-Online ELM，AL-OSELM）两个部分，本小节将进行详细介绍。

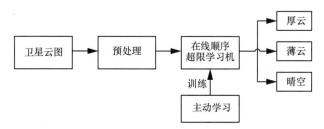

图 6-12　基于主动在线 ELM 云图的检测流程

（1）ELM 的样本不确定性评估

如何对未标记样本的置信度进行评估是样本选择策略的精华部分，本小节介绍的方法采用基于 ELM 的样本不确定性评估策略。正如支持向量机一样，样本的不确定性可通过其与决策面的距离进行衡量，ELM 的样本不确定性也可以通过与决策面的距离来度量，即越靠近决策面，不确定性越大。

① 单隐藏层前馈神经网络输出的后验概率表示

训练样本在 SLFNN 上的实际输出与其所属类别的后验概率有近似意义。假设用一批训练样本训练单隐藏层前馈神经网络并得到其输出权重矩阵 $\boldsymbol{\beta}$，设 $f_k(x_i, \boldsymbol{\beta})$ 为单隐藏层前馈神经网络中训练样本 x_i 在第 k 个输出节点上的实际输出值，可将其以贝叶斯公式表示为

$$P(s_k \mid x_i) = \frac{P(x_i \mid s_k)P(s_k)}{\sum\limits_{i=1}^{m} P(x_i \mid s_j)P(s_j)} = \frac{P(x_i \mid s_k)}{P(x_i)} \tag{6-33}$$

其中，s_k 为样本 x_i 的所属类别，根据贝叶斯决策规则，可将任意样本 x_i 划归为后验概率最大的一类。令单隐藏层前馈神经网络期望输出是 0 或 1，1 代表样本 x_i 属于该类别，而 0 则相反。当训练样本有 k 类时，样本 x_i 的输出可表示为由 k 个元

素所组成的向量，其判别准则函数为

$$J(\boldsymbol{\beta}) = \sum_{i=1}^{N}\big(f_k(x_i,\boldsymbol{\beta})-t_k\big)^2 = \sum_{x_i\in s_k}\big(f_k(x_i,\boldsymbol{\beta})-1\big)^2 + \sum_{x_i\notin s_k}\big(f_k(x_i,\boldsymbol{\beta})-0\big)^2 =$$

$$N\left\{\frac{N_k}{N}\frac{1}{N_k}\sum_{x_i\in s_k}\big(f_k(x_i,\boldsymbol{\beta})-1\big)^2 + \frac{N-N_k}{N}\frac{1}{N-N_k}\sum_{x_i\notin s_k}\big(f_k(x_i,\boldsymbol{\beta})\big)^2\right\} \tag{6-34}$$

其中，N_k 代表 s_k 的训练数据个数，N 代表训练数据个数。当训练数据个数 N_k 趋向于无穷，则可通过贝叶斯公式将式（6-34）表示为

$$\lim_{N\to\infty}\frac{1}{N}J(\boldsymbol{\beta}) = \tilde{J}(\boldsymbol{\beta}) =$$

$$P(s_k)\int\big(f_k(x_i,\boldsymbol{\beta})-1\big)^2 P(x_i\mid s_k)\mathrm{d}x + P(s_{j\neq k})\int\big(f_k(x_i,\boldsymbol{\beta})-1\big)^2 P(x_i\mid s_{j\neq k})\mathrm{d}x =$$

$$\int f_k^2(x_i,\boldsymbol{\beta})P(x_i)\mathrm{d}x - 2\int f_k(x_i,\boldsymbol{\beta})P(x_i,s_k)\mathrm{d}x + \int P(x_i,s_k)\mathrm{d}x =$$

$$\int\big(f_k(x_i,\boldsymbol{\beta})-P(s_k\mid x_i)\big)^2 P(x_i)\mathrm{d}x + \int P(s_k\mid x_i)P(s_{j\neq k}\mid x_i)P(x_i)\mathrm{d}x$$

$$\tag{6-35}$$

式（6-35）第二项与输出权重 $\boldsymbol{\beta}$ 无关，所以单隐藏层前馈神经网络的训练只要最小化式（6-36）。

$$\lim_{N\to\infty}\frac{1}{N}J(\boldsymbol{\beta}) = \int\big(f_k(x_i,\boldsymbol{\beta})-P(s_k\mid x_i)\big)^2 P(x_i)\mathrm{d}x \tag{6-36}$$

由于式（6-36）对于任意类别均成立，所以单隐藏层前馈神经网络要使式（6-37）最小化。

$$\sum_{k=1}^{m}\int\big(f_k(x_i,\boldsymbol{\beta})-P(s_k\mid x_i)\big)^2 P(x_i)\mathrm{d}x \tag{6-37}$$

由上述推导可证，当训练样本趋于无穷的前提下，单隐藏层前馈神经网络的输出值是通过最小二乘的方式展现实际的后验概率，即 $f_k(x_i,\boldsymbol{\beta})=P(s_k\mid x_i)$。由前文可知，虽然 ELM 同步优化了输出权重的最小二乘范数，但是仍可以提供近似的最小二乘解。由此，可以得出结论，ELM 的实际输出值在一定程度上显示了样本所属不同类别的后验概率。

虽然 ELM 和贝叶斯理论中的后验概率存在这种近似等价的关系，但是 ELM 的实际输出值不一定是真实的后验概率，因此仍然需要采用一种方法介绍 ELM 输出值以后验概率形式呈现。

② 二分类问题的不确定性评估

结合文献[23]所述思想，通过式（6-38）将样本 x_i 的实际输出值 $f(x_i)$ 转化成

后验概率表示为

$$P\big(y=1\,|\,f(x_i)\big)=\frac{1}{1+\exp\big(kf(x_i)+b\big)} \tag{6-38}$$

其中，参数 k 和 b 可以通过具体的训练样本集来求得，但是当训练样本数较多时，计算上述两个参数将耗费大量时间。然而，对于本小节介绍的主动学习模型而言，不需要准确地求出样本的后验概率值，所以可采用 Sigmoid 函数使 ELM 的实际输出值反映后验概率。

$$P\big(y=1\,|\,f(x_i)\big)=\frac{1}{1+\exp\big(-f_j(x_i)\big)} \tag{6-39}$$

其中，$f_j(x_i)$ 表示样本 x_i 在 ELM 中第 j 个输出节点的实际输出值。

　　ELM 中最大输出值所对应的节点对应样本的类别，所以由式（6-39）可知，ELM 的最大输出值越大，其后验概率就越趋向于 1；若 ELM 的最大输出值是个极小的负值，则其后验概率将趋向于 0。若 ELM 的某个输出节点的实际输出值为 0，那么转化后的近似后验概率为 0.5。基于不确定性评估策略的 ELM 在处理二分类问题中，ELM 节点的实际输出值与近似后验概率映射关系[23]如图 6-13 所示。

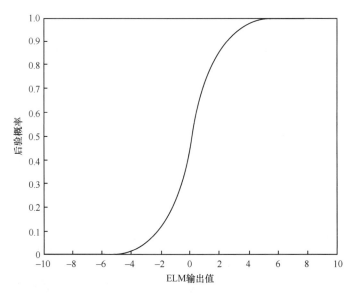

图 6-13　实际输出值与近似后验概率映射关系[23]

　　通过上述分析，在二分类问题的不确定性评估中，可直接采用式（6-39）转换后的近似后验概率来作为不确定性评估策略。

③ 多分类问题的不确定性评估策略

对于多分类问题，若采用与二分类时相同的策略，会导致后验概率之和大于 1，所以采用归一化的策略对后验概率进行计算，归一化式为

$$p'\left(y=1\mid f\left(x_i\right)\right)=\frac{P\left(y=1\mid f_j\left(x_i\right)\right)}{\sum_{k=1}^{m}P\left(y=1\mid f_k\left(x_i\right)\right)} \tag{6-40}$$

其中，$P\left(y=1\mid f_j\left(x_i\right)\right)$ 表示样本第 j 个输出节点的实际输出值所对应的原始后验概率，$P'\left(y=1\mid f\left(x_i\right)\right)$ 表示为第 j 个输出节点归一化后的后验概率。众所周知，在 ELM 中，ELM 通过最大输出值所对应的节点来判断样本的所属类别，所以此节点同样也具有最大的归一化后验概率。

（2）主动在线 ELM

AL-OSELM 是将主动学习的样本选择策略与具有样本更迭特点的在线 ELM 相结合。首先使用少量标记的样本对分类器初始化，当初始化完成后，根据样本采样策略获得含量大的样本，删除原来的样本池中的样本，即仅利用新获得的已标记样本对分类器进行微调和更新。本小节将该种方法命名为主动在线 ELM，其流程[23]如图 6-14 所示。

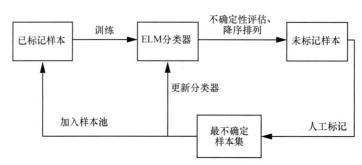

图 6-14　AL-OSELM 流程[23]

5. 实验结果

（1）数据集

为了验证 AL-OSELM 检测云图的实用性，这里采用了包含厚云、薄云和晴空 3 种学习样本作为数据集进行测试。该数据集包含厚云、薄云和晴空各 200 个，每张卫星云图的像素为 15 838×14 525，检测时将云图分成 988×906 块，边缘部分不足一个检测样本的去掉，最终形成一张像素为 988×906 的检测后的图像[23]。

（2）对比方法

本小节采用了阈值法、ELM、主动支持向量机（SVM with Active Learning，

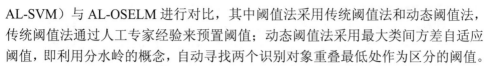

AL-SVM）与 AL-OSELM 进行对比，其中阈值法采用传统阈值法和动态阈值法，传统阈值法通过人工专家经验来预置阈值；动态阈值法采用最大类间方差自适应阈值，即利用分水岭的概念，自动寻找两个识别对象重叠最低处作为区分的阈值。

（3）实验结果

表 6-7 给出 5 种云检测比较[23]，从实验结果可以看出，传统阈值法和动态阈值法虽然测试时间短，但是与其他 2 种方法（AL-SVM 和 AL-OSELM）相比，准确率偏低；AL-SVM 虽然准确率偏高，但是其复杂度高，训练时间长。而本小节介绍的 AL-OSELM 不仅继承了 ELM 训练速度快、泛化性强的特点，而且在训练样本较少的情况，准确率也达到 86.57%，与 AL-SVM 相当。

表 6-7 传统阈值法、动态阈值法、ELM、AL-SVM 和 AL-OSELM 比较[23]

方法	训练时间/s	测试时间/s	准确率/%
传统阈值法	—	5.46	76.64
动态阈值法	—	6.78	82.96
ELM	10.45	9.76	74.29
AL-SVM	26.46	19.83	86.65
AL-OSELM	10.32	9.75	86.57

为了更直观地说明本小节介绍方法的有效性，其具体的检测结果[23]如图 6-15 所示。从图中可以看出，主动在线 ELM 与原图的辨识度最高。而传统的单隐藏层 ELM 由于样本数较少，容易过拟合，导致模型检测性能不佳，由此证明了主动在线 ELM 的有效性。主动支持向量机也采用的是主动学习方法，其显示出的云检测效果也较好，但与 AL-OSELM 方法相比，耗时长，不易于实时处理。而传统阈值法在处理该卫星云图时，由于阈值通过人工经验设置，不够精准，表现出的检测效果不佳，如图 6-15（b）中所示，薄云的误检率较高，错误地将部分地面分为薄云。动态阈值法自动寻找两个识别对象重叠最低处作为阈值，效果好于传统阈值法。

6. 小节分析

为了克服有监督云图分类方法需要大量标记样本进行训练的问题，本小节介绍了一种主动在线 ELM 的云图分类方法。该方法仅利用基于 ELM 的样本不确定性策略对未标记样本进行挖掘，之后将置信度高的未标记样本交给人工标注，最后利用新的样本对已用少量样本初始化分类模型进行不断更新和微调，得到分类性能好的云图分类模型，从而达到减少人工标记成本的目标。

在真实的卫星云图数据集上，将主动在线 ELM 与传统阈值法、动态阈值法、ELM 和主动支持向量机进行对比后，得出本小节介绍的方法无论是在准确率还是在训练时间上，均比上述 4 种方法出色。

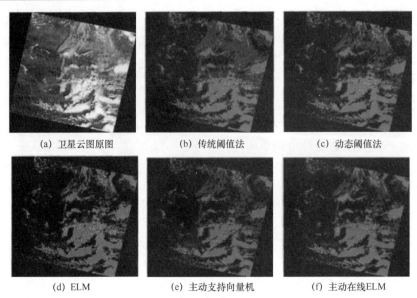

(a) 卫星云图原图　　　　(b) 传统阈值法　　　　(c) 动态阈值法

(d) ELM　　　　　　(e) 主动支持向量机　　　　(f) 主动在线ELM

图 6-15　多种云图识别方法的检测效果[23]

6.3　生物医药应用实例

　　生物医学是综合医学、生命科学和生物学的理论和方法而发展起来的前沿交叉学科，基本任务是运用生物学及工程技术手段研究和解决生命科学，特别是医学中的有关问题。生物医学在人类疾病的预防、诊断、治疗和康复服务中产生了重要作用。

　　本小节针对生物数据高维度、高噪声和分布不均匀等问题，围绕运动想像脑电信号分类、骨髓细胞分类和基因表达数据分类 3 个经典任务，来阐述 ELM 在生物领域中如何挖掘有效数据。

6.3.1　运动想像脑电信号分类

1. 应用背景

　　探索大脑的奥秘是自然科学研究中的重大挑战。人脑是人体中最复杂的组织结构，是中枢神经系统的最高级部分。脑部神经元电活动产生的脑电信号能够反映大脑不同状态的信息，因此，对脑电信号的研究是脑科学研究领域的重要组成部分。脑机接口（Brain Computer Interface，BCI）系统通过对脑电信号的分析和处理，可以提供用户与外界设备通信和控制的信道，是一种新的人机交互方式。BCI 系统涉及计算机、通信与控制、生物医学工程和康复医学等领域，已经成为多学科交叉的热点课题。BCI 系统如图 6-16 所示。

图 6-16　BCI 系统

　　基于运动想象的 BCI 系统主要是将运动想象（所谓运动想象，就是想象特定肢体运动的脑电活动过程，表示一个没有运动表达的运动行为的思维表达）激发大脑运动皮层脑电节律变化的脑电信号作为输入，通过信号处理的方法判断运动想象的种类，然后由计算机将运动想象种类翻译为控制命令，最终实现人脑与外部设备的通信及控制功能。

　　2．任务难点

　　脑机接口系统中，脑电信号的获取、特征提取和分类识别是实现脑机接口的关键。但由于采集到的脑电信号是一种随机性较强的非平稳信号，极易受到某些主观因素和客观因素的影响，波形不规则或缺少一定规律，挖掘脑电信号的内在信息并进行分类识别的过程是非常困难的。

　　同时，脑电信号的产生与信息反馈是在极短的时间内完成的，实际的实时应用系统对设备的响应速度有很高的要求。这就对脑电信号的识别准确率和识别速度提出了很大的挑战，因此，研究如何提取有效的脑电特征以及提高脑电信号的分类识别正确率和速度，使得脑电信号能够投入现实应用中，具有重要的学术价值。

　　3．设计思路

　　由于脑电信号往往是一维信号，具有一维的流行结构，而且噪声与脑电信号的一维信号正交，可以选择无监督线性降维方法提取脑信号的主分量，从而去除冗余，提高信噪比。之后，针对类间差异小问题，利用线性判别分析（Linear Discriminant Analysis，LDA）的方法寻求有效分类方法进行再次的特征映射，进一步提高信号的类间辨识度，提高信号的可分性。最后为了同时提高脑电信号分类识别的精度和速度，采用分层 ELM 对提取到的脑电特征进行深层次的特征提取，并达到最终的分类识别目的。

　　4．模型建立

　　为了提高脑电信号分类识别的效率，满足脑机接口设备实际应用中对正确率和响应速度的需求，本小节介绍一种基于核分层 ELM 的脑信号分类的方法[24]。

该方法从脑电信号自身的复杂性、非平稳性和低信噪比等特点出发，对脑电信号数据进行基于主成分分析和线性判别分析特征提取，从而达到降维和提升类间辨别度的目的。然后，使用核分层 ELM 对提取到的特征进行分类识别，通过深层次的特征再提取以及特征稀疏化，以提高计算速度和分类识别正确率。如图 6-17 所示，基于核分层 ELM 的脑信号分类方法包括特征提取与核分层 ELM 分类两大部分，本小节将详细介绍。

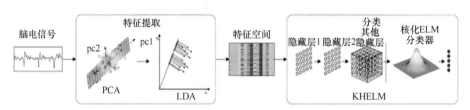

图 6-17　基于核分层 ELM 的脑信号分类方法系统框架[24]

（1）利用 PCA 和 LDA 进行特征的初步提取

首先对脑电信号数据进行了基于主成分分析（PCA）和线性判别分析（LDA）特征提取，以此来提取具有高信噪比和低维特点的脑电特征。其中，PCA 是一种常见的降维方法，以主成分分析为基础，通过选取一定量的主成分达到降维的目的[25]。LDA 是线性判别方法，通过线性判别分析，用空间映射的方法提高脑电信号的类间辨别度。脑电信号自身是一种非线性不稳定性的高维复杂信号，存在信噪比低和类间辨别度差等特点。利用 PCA 方法的主成分提纯，可以起到去除冗余和提高信噪比的功能，但同时 PCA 是一种非监督学习的算法，能够对样本进行有效描述却忽略了样本间的差异。为了寻得最优的有效分类方向，故采用 LDA 进行二次降维，使得提取到的信息具有最大类间距离和最小类内距离，以此来提高信号的类间辨别度。

具体的实现如下内容。

步骤 1：若将训练数据表示为 Z，测试数据表示为 T，则 PCA 的步骤为首先对样本的协方差矩阵分解计算出所有数据的特征向量和特征值。然后将特征值按降序排列，取前 l 个特征值所对应的特征向量以构成基 $\boldsymbol{L}_{\mathrm{PCA}} = [\phi_1 \ \phi_2 \ \cdots \ \phi_l]$。因为较大的特征值代表着较高的主成分贡献率，所以可以使用精度贡献率（Accuracy Contribution Rate，ACR）阈值来选择 l 个主成分。这样，就可以得到训练特征 $\boldsymbol{Z}_{\mathrm{PCA}} = Z\boldsymbol{L}_{\mathrm{PCA}}$ 以及测试特征 $\boldsymbol{T}_{\mathrm{PCA}} = T\boldsymbol{T}_{\mathrm{PCA}}$。

步骤 2：将步骤 1 中得到的特征向量通过 LDA 方法进行二次降维。首先，根据 LDA 准则，利用训练数据中不同类别样本的类间离散度矩阵以及同一类别样本的类内离散度矩阵计算出 LDA 的投影空间向量 $\boldsymbol{W}^*$。然后把训练数据和测试数据投影到 $\boldsymbol{W}^*$ 上，作为最终提取到的特征。

（2）核分层超限学习机

该方法借鉴支持向量机和核化超限学习机的核映射思想，利用核函数替代隐藏层的输出，削弱原来分层超限学习机中随机权重对网络输出的影响，以此提高网络的稳定性。如图 6-18 所示，核分层超限学习机（Kernel Hierarchical ELM，KHELM）的训练主要分为两大部分，分别是逐层特征提取和核化 ELM 特征分类，详细步骤如下所示。

① 基于超限学习机的稀疏自编码模型的逐层特征提取

基于超限学习机的稀疏自编码方法顺序提取各个隐藏层所对应的稀疏自编码器的隐藏层权重，将该权重的偏置作为隐藏层的权重，逐层计算隐藏层的输出，将最后一个特征提取部分的隐藏层输出作为下一部分核超限学习机的输入特征。

② 基于核化 ELM 的特征分类

以特征提取部分的最后一个隐藏层的输出作为输入特征，设置核函数、核参数和正则项系数，计算网络的输出。将网络输出作为预测标签，通过与目标标签的对比确定分类正确率。

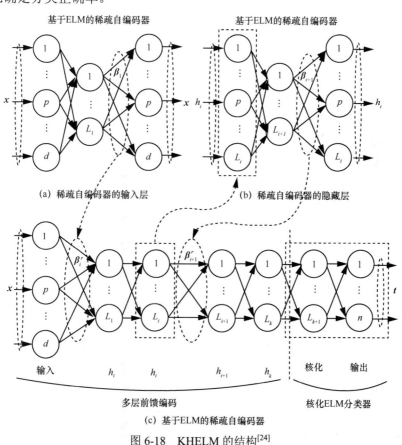

(a) 稀疏自编码器的输入层　　　(b) 稀疏自编码器的隐藏层

(c) 基于ELM的稀疏自编码器

图 6-18　KHELM 的结构[24]

5. 实验结果

（1）实验数据描述

为了说明本小节介绍方法的有效性，本小节选择 BCI Competition II data set Ia[26] 数据集来进行实验验证。该数据的脑电信号采集于一名执行运动想象任务的健康被试的大脑皮层，该想象任务的具体内容为控制电脑屏幕上光标的上下移动。实验过程中，被试大脑皮层诱发产生的皮层慢电位（Slow Cortical Potential，SCP）被电极记录下来，当光标上移的时候，慢电位为负，光标下移的时候慢电位为正。

该数据集总样本量为 561，其中训练数据集包含 268 条样本，135 条为 0 类，133 条为 1 类，测试数据集包含 293 条样本，147 条为 0 类，146 条为 1 类。0 类代表想象光标向下移动时反馈的脑电信号的类别，1 类代表想象光标向上移动时反馈的脑电信号的类别，因此该数据集对应的问题是二分类问题。

（2）与其他方法的对比

为了验证核分层 ELM 的有效性，本小节与 BCI Competition II data set Ia 数据集上的其他相关方法[27-31]进行了比较，具体结果见表 6-8。由表中可知，目前本小节介绍的基于核分层超级学习机的脑电特征分类识别方法比同时期最先进的其他方法的精度增加了至少 2.41 百分点。这表明 KHELM 对运动想象脑电数据的分类更加有效。

表 6-8　与其他分类方法的性能比较[24]

分类方法	提取的特征	精度/%
Linear[27]	Gamma 波带功率结合 SCP	88.70
Bayes[28]	SCP 结合中心谱	90.44
Neural Network[29]	SCP 和 beta 波带能量	91.47
Neural Network[30]	小波包	90.80
KNN[31]	二阶多项式系数	92.15
KHELM	PCA、LDA 和 HELM	94.54

6. 小节分析

针对具有高维度、高噪声的脑电信号，本小节介绍了一种基于分层 ELM 的脑电信号分类识别方法。考虑到脑电信号的复杂性，首先采用 PCA 和 LDA 进行特征提取，在降低特征维度的同时提高了类间辨别度。之后根据提取到的特征训练分层 ELM 模型，最后用训练好的核分层 ELM 模型进行分类识别，通过再次提取深度且稀疏的二次特征，不仅提高了分类正确率还提高了训练速度。最后将基于分层 ELM 的脑电信号分类识别方法应用到 BCI Competition II data set Ia 数据集上，分别以不同特征和不同分类方法为标准，与目前比较有代表性的方法进行了多组对比实验，验证了本小节所介绍的方法在分类正确率和学习速度方面的优越性能，证实了基于分层 ELM 的脑电信号分类识别方法对运动想象脑电信号的分类识别有很好的适用性和有效性。

6.3.2　骨髓细胞分类

1. 应用背景

人体中的血细胞，时时刻刻都在进行着新旧交替。新的血细胞不断地补充到血液里去，维持着血液动态平衡。骨髓是人体的主要造血器官，是一种海绵样胶状组织，能产生各种人体所需的血细胞，如粒系、红系和单核[32]。骨髓细胞按发育的程度又可分为原始阶段、幼稚早中晚阶段和成熟阶段，并释放进入血循环，样本库中的几个骨髓细胞原型[33]如图 6-19 所示。在形态、数量和类别分布上，通过观察这些有核细胞是否异常，可以作为多种重要疾病的判断依据。

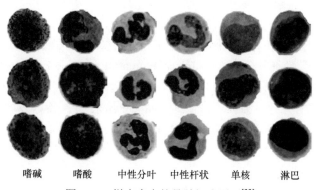

| 嗜碱 | 嗜酸 | 中性分叶 | 中性杆状 | 单核 | 淋巴 |

图 6-19　样本库中的骨髓细胞原型[33]

直接诊断的疾病有各类白血病、多发性骨髓瘤、再生障碍性贫血和恶性组织细胞病等。在检测上，如果骨髓有核红细胞占全部有核细胞 50%以下，原始细胞大于 30%，则可诊断为急性白血病；如果骨髓有核红细胞大于 50%，原始细胞占非红系细胞的比例大于 30%，则可诊断为急性红白血病；如果骨髓增生活跃或明显活跃，成熟淋巴细胞大于 40%，则可诊断为慢性白血病。多发性骨髓瘤是一种以破坏骨为主的恶性肿瘤，血片上浆细胞异常增生，大于 10%，包括数量不等的原、幼浆细胞和多核奇特形态细胞。再生障碍性贫血属于造血障碍，骨髓细胞增生减低，非造血细胞增多，表现为贫血、出血和感染。恶性组织细胞病体现为中性粒细胞减少，异常组织细胞相对增多。

辅助诊断的疾病有骨髓增生异常综合症、骨髓增生、缺铁性和溶血性贫血等。骨髓增生异常综合症的诊断依据是环状铁粒幼细胞占有核细胞比例大于 15%，原始细胞在骨髓细胞中占 5%～19%，红、中性粒、巨核至少一系占 10%以上。骨髓增生表现为有核细胞占成熟红细胞的 1%～10%，有核细胞越多，说明骨髓细胞增生程度越高。缺铁性和溶血性贫血是指在粒系细胞等其他细胞数量和形态均正常的前提下，红系细胞增生活跃，中幼红细胞比例增多。

2. 任务难点

由于骨髓细胞分类中存在要区分的类别多，特征维数高等问题，使得传统的单个分类器难以在这种复杂任务中取得良好的性能。例如，单个 ELM 由于具有随机设置的输入权重，导致给定同等训练集条件下不同时间训练得到的 ELM 分类模型有差别，从而存在分类精度不稳定的问题。

3. 设计思路

本小节选取具有训练速度快，不需要进行反复调参的超限学习机作为骨髓细胞的分类器。针对单个分类器存在分类精度不稳定的问题，采用集成策略进行拟补。通过样本集扰动、输入特征扰动、输出表示扰动、算法参数扰动等方式生成多个学习器，进行集成后获得一个精度较好的"强学习器"。

4. 模型建立

针对单个 ELM 在骨髓细胞分类存在分类不稳定的缺陷，本小节介绍一种基于 ELM 集成的骨髓细胞分类（Cellular Automata Ensemble ELM, CA-E-ELM）方法[33]。如图 6-20 所示，该方法先由元胞自动机扰动训练集构建差异大的训练子集，多个 ELM 分类器并行单独训练，得到 K 个不同的子分类器，然后利用多数投票法对结果进行决策。其能有效克服单个 ELM 由于输入权重随机设置造成分类不稳定的问题。其具体内容包括特征集构建、元胞自动机抽样、具体实现过程 3 个部分，以下是详细介绍。

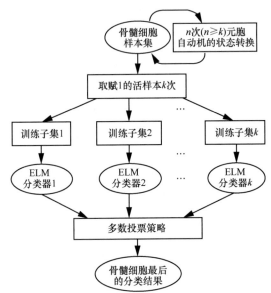

图 6-20　基于 ELM 集成的骨髓细胞分类方法模型结构[33]

（1）特征集构建

根据血检专家的经验，选择形态学、光密度和纹理 3 个方面对骨髓细胞进行特征提取，共提取了 32 个特征值。纹理特征的分析主要应用灰度共生矩阵和分形技术，计算方法见表 6-9，其中 $P(i,j\,|\,d,\theta)$ 表示 θ 方向上，相距 d 像元距离的一对分别具有像素 i 值和 j 值的像元出现的概率。特征选择采用主成分分析算法。由于各特征值提取出来的数据在范围级别上不一致，需对数据进行归一化处理。由特征值的数据和类别标签构建训练和测试样本集。

表 6-9　骨髓细胞纹理特征提取方法[33]

特征量	式
熵	$H(d,\theta)=-\sum_{i,j}P(i,j\,|\,d,\theta)\times\mathrm{lb}\{P(i,j\,|\,d,\theta)\}$
能量	$E(d,\theta)=\sum_{i,j}\left(P(i,j\,|\,d,\theta)\right)^2$
惯性矩	$I(d,\theta)=\sum_{i,j}(i-j)P(i,j\,|\,d,\theta)$
对比度	$C(d,\theta)=\sum_{i,j}(i-j)^2P(i,j\,|\,d,\theta)$
盒子维数	$D=\lim\dfrac{\mathrm{lb}(\sum_{i,j}l-k+1)}{\mathrm{lb}(1/r)}$ 其中，r 为尺度因子，灰度最小值和最大值分别落在第 k 和第 1 个盒子中
分形联合共生矩阵	$X=\sum_{i=1}^{n}\left(\dfrac{i}{2a_iE(d,\theta)}\ln(E(d,\theta)+a_i)\right)+b(D-2)$ 其中，n,a,b 的取值需由 E 和 D 确定

（2）元胞自动机抽样

元胞自动机是一种时间、空间、状态都离散，空间相互作用和时间因果关系为局部的网格动力学模型，具有模拟复杂系统时空演化过程的能力。通常定义为 $A=(G,U,E,f)$，其中 A 为元胞自动机，G 是元胞格网，U 是元胞的邻域环境，E 是状态集合，f 是局部转换函数。常见的集成算法是分类器对训练集有放回的重复取样，现在引入元胞自动机来扰动训练样本集达到每次不相同取样目的，使训练子集之间有较大的差异性，同时子集保持原样本集的大部分信息，得到精确且差异较大的个体分类器。具体步骤实现如下。

步骤 1：创建全部样本的元胞状态信息表，对初始状态随机赋值 0 或 1；由每个样本元胞的 4 邻域，得到样本元胞邻域表；利用蚁群智能算法挖掘样本元胞转换规则。

步骤 2：选取赋值 1 的活样本作为训练子集，个数与原训练集数目相当，进入分类器学习。

步骤 3：根据转换规则更新状态信息表，得到新的样本状态分布。

步骤 4：对步骤 2~3 重复执行多次达到一定的次数 K 为止。

由此，得到 K 个不同的训练子集。

（3）具体实现过程

基于元胞自动机抽样的 ELM 法先由元胞自动机扰动训练集构建差异大的训练子集，多个 ELM 分类器并行单独训练，得到 K 个不同的子分类器。然后利用多数投票法对结果进行决策。具体算法描述如下。

① 训练过程

输入：训练样本集 T。

输出：集成分类器模型 E。

步骤 1：对训练样本集 T 进行元胞自动机扰动，创建全部样本的元胞状态信息表，由每个样本元胞的 4 个邻域得到样本元胞邻域表，通过元胞转换规则更新状态，并每次选取赋值"1"的活样本作为训练子集，一共得到 $T = \{t_1, t_2, \cdots, t_n\}$。

步骤 2：*for i=1 to n*。

步骤 3：用 ELM 分类器进行学习，如果精度高于 50%，则该子分类器 e_i 保存下来，达到一定的次数 k 止，得到集成分类器模型 $E = \{e_1, e_2, \cdots, e_k\}$。

② 测试过程

输入：测试样本集 x，集成分类器模型 $E = \{e_1, e_2, \cdots, e_k\}$。

输出：测试集的类别号和分类精度。

步骤 1：*for i=1 to k*。

步骤 2：计算样本 x 在 e_i 中的类别输出 y_i。

步骤 3：对 $Y = \{y_1, y_2, \cdots, y_k\}$ 进行绝大多数投票，输出样本类别号，并同时统计出分类精度。

5. 实验结果

（1）数据集

为了验证本小节介绍方法的性能，本小节选取浙江大学医学院附属第一医院骨髓室提取的医学影像作为数据集。在此，选取 600 个含有 14 种主要类别的单个骨髓细胞图像，典型的种类如图 6-19 所示。其中抽取 300 例骨髓细胞的特征向量作为 ELM 的训练集，300 例骨髓细胞的特征向量作为 ELM 的测试集。

（2）分类器集成实验结果

为了验证本小节介绍的元胞自动机集成策略的有效性，将其与传统 Bagging 进行对比[33]。实验结果见表 6-10，可以发现，当集成个数为 13 时精度最高，且比 Bagging 有更高的识别精度，更好的泛化能力。

表 6-10　不同集成个数下的两种集成算法的识别精度比较[33]

基分类器个数	1	5	9	13	17	21
Bagging 识别精度/%	88.67	92.33	92.67	93.67	94.00	92.33
CA-E-ELM 识别精度/%	90.00	94.67	96.00	97.33	96.67	95.00

同时，为了验证 ELM 作为基分类器的有效性，将其与 BP、SVM[34]进行对比。在元胞自动机训练集的扰动下，3 种不同分类器 ELM、BP 和 SVM 在各自集成个数下（ELM 为 13，BP 为 17，SVM 为 15）的最佳分类结果比较如图 6-21 所示。其中分类正确率是指测试集中每类被正确分类的样本数与测试集中每类全部样本数之比。图中类别标识含义解释如下（括号内为每类测试样本数量）。S1：原始粒细胞（21 例）；S2：早幼粒细胞（21 例）；S3：中性中幼粒细胞（22 例）；S4：中性晚幼粒细胞（21 例）；S5：中性杆状核粒细胞（21 例）；S6：中性分叶核粒细胞（22 例）；S7：嗜酸性粒细胞（21 例）；S8：嗜碱性粒细胞（21 例）；S9：早幼红细胞（22 例）；S10：中幼红细胞（22 例）；S11：晚幼红细胞（21 例）；S12：单核细胞（22 例）；S13：淋巴细胞（22 例）；S14：浆细胞（21 例）。

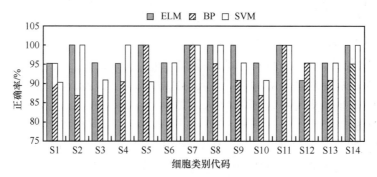

图 6-21　3 种算法不同类别细胞分类正确率比较[33]

由图 6-21 可知，分类器可以很好地对部分红系细胞和粒系细胞进行准确分类，多数细胞分类正确率达到 100%。但是对于单核细胞、淋巴细胞，不是每一个都能分对。这可能与这些细胞没有细分、特征不够典型、类间间隔不大有关。与 BP、SVM 比较，ELM 算法训练速度快，且总体分类准确率达到了 97.33%，也比前两者好。

6. 小节分析

针对骨髓细胞的传统自动分类算法在参数调整、速度、精度上存在的缺陷，本小节介绍了基于 ELM 集成的骨髓细胞分类的实验方法，该方法采用的 ELM 基本无参数调整，操作简单，速度快，泛化性能好，且能够实时学习。此外，用集成方法决策结果，解决神经网络分类器性能不稳定的缺点。在真实的骨髓细胞数据集上，将本小节介绍的方法与传统的 BP、SVM 方法进行对比，实验结果证明，本节方法有更高的识别精度。

6.3.3　基因表达数据分类

1. 应用背景

随着微阵列和基因表达系列分析（Serial Analysis of Gene Expression，SAGE）等高通量检测技术的发展，可以从全基因组水平定量检测基因转录产物 mRNA 的表达丰度。基因表达数据中不仅蕴含着基因活动的信息，还可以揭示基因表达的变化，基因间互相关系，不同条件下基因的活动情况等，同时能在基因层面上反映细胞当前的生理状态，例如细胞是处于正常还是恶化状态、药物对肿瘤细胞是否有效等使基因表达数据对临床诊断、药物疗效判断、疾病发生机制、基因功能研究等方面有重要的应用。

2. 任务难点

数据类别分布不均衡是基因表达数据重要的特点之一，这种不平衡会使分类器训练、预测偏向于大类样本的类别，从而对决策产生不良影响。例如，在一个含有 90 个正常样本、10 个病变样本的肿瘤样本集中，由于训练偏向于大类样本，预测输出也更偏向于大类样本，对病变样本（小样本）的预测就会产生"漏检"，即将病变样本判断为正常样本，这在实际中的风险是巨大的，远远大于将正常样本判断为病变样本的风险。因此，在实际应用中必须考虑样本集分布对分类器训练、预测产生的偏向性[35]。

3. 设计思路

传统的机器学习算法是以最小化分类错误率为目标，而当训练样本集存在分布不均衡时，会存在分类样本的偏向性，导致分类器性能偏低。因此，为了提高不平衡样本的分类性能，将误分类代价引入 ELM，减少 ELM 在分类过程中造成的平均误分类代价，称这类 ELM 为代价敏感 ELM。代价敏感 ELM 以平均误分类代价最小为目标，而不是追求误分类概率最小，通过提高误分类代价较高的小类别样本的分类精度来实现分类代价最小的目标。

4. 模型建立

针对基因数据不平衡的问题，本小节介绍一种基于代价敏感 ELM（Cost Sensitive ELM，CS-ELM）的基因表达算法[35]。该方法受贝叶斯决策思想启发，在 ELM 算法中嵌入代价敏感因素，使得嵌入代价因素的 ELM 能够直接处理具有不同代价的数据。其具体内容主要包括贝叶斯决策论和嵌入误分类代价的分类方法两大部分，以下是详细介绍。

（1）贝叶斯决策论

贝叶斯决策是一种常用的、比较成熟的分类算法，以下是贝叶斯决策论的基本思想。

① 已知先验概率和类条件概率密度参数表达式。

② 利用贝叶斯公式将先验概率转换成后验概率。

③ 根据所得后验概率的大小进行决策分类。

设任意样本 x，它属于类 i 的概率表示为 $R(i|x)$，改进的贝叶斯决策算法要把该样本分为 i 需最小化条件风险。

$$R(i|x) = \sum_j P(j|x)\boldsymbol{C}(i,j) \tag{6-41}$$

最小化后的条件风险称为贝叶斯风险。其中 $i,j \in \{c_1, c_2, \cdots, c_m\}$，$\boldsymbol{C}(i,j)$ 表示把一个类 j 样本误分类为类 i 的风险，显然 $i = j$ 时表示的是正确分类，$i \neq j$ 表示的是错误分类。

传统的分类器都是基于精度的 "0-1" 分类器（如标准的 ELM、SVM 等），当 $i = j$ 时，$\boldsymbol{C}(i,j) = 0$，$i \neq j$ 时，$\boldsymbol{C}(i,j) = \boldsymbol{C}(j,i) = 1$。分类的任务就是通过最大概率判断样本类标号。

但是，对于代价敏感分类问题，当 $i \neq j$ 时，$\boldsymbol{C}(i,j) \neq \boldsymbol{C}(j,i)$，此时，便不能够仅仅依靠样本 x 的极大概率来确定样本的类别。因此，若给定误分类代价，便可以重新构造代价矩阵 $\boldsymbol{C}$，根据式（6-41）的最小化实现代价敏感分类任务，使得全局误分类代价达到最小。

下面以二分类问题为例说明代价敏感机器学习的本质以及它的实现方法，这里规定正类为 p 和负类为 n，且满足 $P(p|x) = 1 - P(n|x)$。基于精度最优的传统分类器，它们假定每类样本的误分类代价是相等的，即 $\boldsymbol{C}(p,n) = \boldsymbol{C}(n,p)$，只关注 $P(p|x)$ 就足够了，依 $P(p|x) = 0.5$ 确定分类边界，若 $P(p|x) \leqslant 0.5$，x 被分为 n 类，否则 x 被分为 p 类。但对代价敏感分类问题，$\boldsymbol{C}(p,n) \neq \boldsymbol{C}(n,p)$，不妨设置代价矩阵为 $\boldsymbol{C}(p,n) = 1$，$\boldsymbol{C}(n,p) = 4$，$\boldsymbol{C}(n,n) = \boldsymbol{C}(p,p) = 0$，此时若 $P(p|x) = 0.3$（对于基于精度最优的分类器，x 应该被分为 n 类），但是

$$\begin{aligned}
P(p|x) &= \sum_j P(j|x)\boldsymbol{C}(j,p) = P(p|x)\boldsymbol{C}(n,p) = 0.7 \\
R(n|x) &= \sum_j P(j|x)\boldsymbol{C}(j,n) = P(n|x)\boldsymbol{C}(p,p) = 1.2
\end{aligned} \tag{6-42}$$

根据代价敏感的分类任务，它是以平均误分类代价最小为目标的，样本 x 便应该被分为 p 类。这时应该按照 $P(p|x) = 0.2$（根据 $R(p|x) = R(n|x)$ 计算可得）来确定分类的边界。这说明分类边界更加靠近误分类代价较小的 n 类样本。

（2）嵌入式分类代价的分类概率

假设代价矩阵 $\boldsymbol{C}$ 已知，由式（6-41）可知，代价敏感学习需要估计 x 属于每

一类的概率 $P(j|x)$。同时，为了提高 ELM 的分类精度，该方法通过集成多数投票 ELM（Vote ELM，V-ELM）来求每个样本的分类概率。

根据训练样本独立训练 K 个不相关的 ELM，这些 ELM 具有相同的激活函数 $G(a,b,x)$ 和隐藏层结点个数 L。则这 K 个 ELM 可以对每一个测试样本做出分类判断。用向量 $[W_{k,tx}(c_1)\ W_{k,tx}(c_2)\ \cdots\ W_{k,tx}(c_m)]$（$m$ 是分类的总数目）记录 K 个 ELM 对每个样本的分类结果。假如对于第 $l \in (1,2,\cdots,K)$ 个 ELM，样本 tx 的分类结果为 i，$i \in \{c_1,c_2,\cdots,c_m\}$ 那么就进行以下的操作。

$$W_{K,tx}(i) = W_{K,tx}(i) + 1 \qquad (6\text{-}43)$$

当 K 个 ELM 全部学习完成之后，会得到一个结果向量 $W_{K,tx}$，根据这个结果向量可以得到样本 tx 属于每一类的概率值

$$P(i|tx) = \frac{W_{K,tx}(i)}{K},\ i \in \{c_1,c_2,\cdots,c_m\} \qquad (6\text{-}44)$$

如果样本 tx 被分为第 s 类，则有下式成立。

$$P(s|tx) \geqslant \max\{P(i|tx)\},\ i \in \{c_1,c_2,\cdots,c_m\} \qquad (6\text{-}45)$$

5. 实验结果

（1）实验数据集描述

本小节选取 Breast 数据集对其进行验证，Breast 数据集中类标号为−1 的样本个数为 504，类标号为 1 的样本个数为 266。根据参考文献[35]设置数据集的代价矩阵为 $C(1,-1)=1$，$C(-1,1)=5$。重复实验 30 次，取平均值作为实验结果。

（2）实验结果及分析

为了验证 CS-ELM 的有效性，将 CS-ELM 与比较成熟的代价敏感支持向量机（Cost Sensitive SVB，CS-SVM）、代价敏感决策树（Cost Sensitive Decision Tree，CS-DT）和代价敏感 BP 神经网络（Cost Sensitive BP Neural Network，CS-BPNN）作对比，效果如图 6-22 所示。从图中可以明显看出 CS-ELM 的平均误分类代价基本低于 CS-SVM、CS-DT 和 CS-BPNN。

6. 小节分析

为了克服基因数据中存在类别分布不均衡的问题，本节介绍了一种代价敏感超限学习机的基因表达算法。首先利用多数投票 ELM 求得样本属于每个类别的概率，然后将分类概率和误分类代价相结合，重构样本的类标号，实现最小化样本平均误分类代价的目的。通过将 CS-ELM 进行验证，并与 ELM、CS-SVM、CS-DT 和 CS-BPNN 进行对比。实验表明：嵌入误分类代价的 ELM 分类能够达到最小化误分类代价的目的，进一步提高分类可靠性。传统的分类算法都是基于分类精度

的，当基因表达数据误分类代价不相等时，不能实现代价敏感分类过程中的最小平均误分类代价的要求。

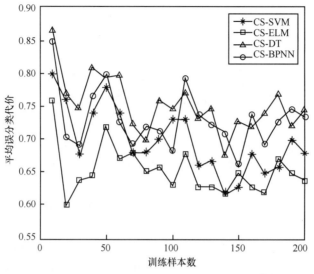

图 6-22　Breast 数据集上的平均误分类代价[35]

🔍6.4　本章小结

第 6 章主要叙述了超限学习在智能安防、卫星遥感和生物医药三大领域的应用。6.1 节主要围绕智能安防的 3 个典型任务：监控系统的目标跟踪、门禁系统的人脸识别和报警系统的行为识别，来叙述 ELM 如何对庞大的安防数据实现有效数据标识和提取，从而提高存储效率，解决人工有限与海量数据的矛盾。6.2 节主要围绕 SAR 图像在轨变化检测、高光谱地物分类、气象卫星云检测 3 个方面叙述如何利用 ELM 实现遥感图像自动解译。6.3 节围绕生物医药领域中的 3 个典型应用：运动想象脑信号、骨髓细胞和基因表达数据的分类，叙述 ELM 如何对高维度、高冗余的医学数据实现特征提取和精准分类，从而挖掘高价值的信息。

纵观本章各个应用的实验内容，可以发现，大量的实验方法对比证明了 ELM 在小样本数据挖掘、分类和特征提取等基础任务上，比经典的 SVM 等方法具有明显的优势。

参考文献

[1] 王保宪. 复杂背景下的视频目标跟踪算法研究[D]. 北京：北京理工大学, 2016.

[2] GRABNER H. On-line boosting and vision[C]//IEEE Computer Society Conference on Computer Vision and Pattern Recognition. Piscataway: IEEE Press, 2006: 260-267.

[3] GRABNER H, LEISTNER C, BISCHOF H. Semi-supervised on-line boosting for robust tracking[C]//European Conference on Computer Vision. Piscataway: IEEE Press, 2008: 234-247.

[4] SKLAR B. Rayleigh fading channels in mobile digital communication systems[J]. IEEE Communications Magazine, 1997, 35(9): 136-146.

[5] YANG F, LU H, YANG M. Robust visual tracking via multiple kernel boosting with affinity constraints[J]. IEEE Transactions on Circuits and Systems for Video Technology, 2014, 24(2): 242-254.

[6] 魏迪, 刘德山, 闫德勤, 等. 应用于人脸图像识别的邻域保持极限学习机[J]. 计算机工程与应用, 2019, 55(11): 187-191.

[7] PENG Y, WANG S, LONG X, et al. Discriminative graph regularized extreme learning machine and its application to face recognition[J]. Neurocomputing, 2015, 149: 340-353.

[8] LIU S, FENG L, XIAO Y. Robust activation function and its application: semi-supervised kernel extreme learning method[J]. Neurocomputing, 2014, 144: 318-328.

[9] SIPIRAN I, BUSTOS B. Harris 3D: a robust extension of the Harris operator for interest point detection on 3D meshes[J]. Visual Computer, 2011, 27(11): 963-976.

[10] RISTER B, HOROWITZ M A, RUBIN D L. Volumetric image registration from invariant key-points[J]. IEEE Transactions on Image Processing, 2017, 26(10): 4900-4910.

[11] 周生凯. 基于视听信息的人体行为识别算法研究[D]. 济南：山东大学, 2013.

[12] HUANG G B, ZHOU H, DING X, et al. Extreme learning machine for regression and multiclass classification[J]. IEEE Transactions on Systems, Man and Cybernetics, Part B (Cybernetics), 2012, 42(2): 513-529.

[13] 李剑. SAR 图像在轨变化检测方法研究[D]. 西安: 西安电子科技大学, 2017.

[14] BRUZZONE L, PRIETO D F. An adaptive semiparametric and context-based approach to unsupervised change detection in multi-temporal remote-sensing images[J]. IEEE Transactions on Image Processing, 2002, 11(4): 452-466.

[15] FERNANDEZ-PRIETO D, MARCONCINI M. A novel partially supervised approach to targeted change detection[J]. IEEE Transactions on Geoscience and Remote Sensing, 2011, 49(12): 5016-5038.

[16] MOSER G, MELGANI F, SERPICO S B, et al. Partially supervised detection of changes from remote sensing images[C]//IEEE International Geoscience and Remote Sensing Symposium. Piscataway: IEEE Press, 2002: 299-301.

[17] HOU B, LIU Q, WANG Y. Object-based feature extraction and semi-supervised classification for urban change detection using high-resolution remote sensing images[C]//IEEE International Geoscience and Remote Sensing Symposium (IGARSS). Piscataway: IEEE Press, 2015: 1674-1677.

[18] ROY M, GHOSH S, GHOSH A. A semi-supervised change detection for remotely sensed images using ensemble classifier[C]//2012 4th International Conference on Intelligent Human Computer Interaction (IHCI). Piscataway: IEEE Press, 2012: 1-5.

[19] CHEN K, HUO C, ZHOU Z, et al. Semi-supervised change detection via Gaussian processes[C]//2009 IEEE International Geoscience and Remote Sensing Symposium. Piscataway: IEEE Press, 2009: 996-999.

[20] 康旭东. 高光谱遥感影像空谱特征提取与分类方法研究[D]. 长沙: 湖南大学, 2015.

[21] 陈佳伟. 基于稀疏判定编码和结构字典学习的遥感影像地物分类[D]. 西安: 西安电子科技大学, 2015.

[22] ZHOU Y, PENG J, CHEN C L P. Extreme learning machine with composite kernels for hyperspectral image classification[J]. IEEE Journal of Selected Topics in Applied Earth Observations and Remote Sensing, 2014, 8(6): 1-10.

[23] 申茂阳. 基于主动在线极限学习机的卫星云量计算[D]. 南京: 南京信息工程大学, 2017.

[24] DUAN L, BAO M, CUI S, et al. Motor imagery EEG classification based on kernel hierarchical extreme learning machine[J]. Cognitive Computation, 2017, 9(6): 758-765.

[25] PANAHI N, SHAYESTEH M G, MIHANDOOST S, et al. Recognition of different datasets using PCA, LDA, and various classifiers[C]//International Conference on Application of Information and Communication Technologies

(AICT). Piscataway: IEEE Press, 2011: 1-5.

[26] MENSH B D, WERFEL J, SEUNG H S. BCI competition 2003-data set Ia: combining gamma-band power with slow cortical potentials to improve single-trial classification of electroencephalographic signals[J]. IEEE Transactions on Biomedical Engineering, 2004, 51(6): 1052-1056.

[27] SUN S, ZHANG C. Assessing features for electroencephalographic signal categorization[C]//IEEE International Conference on Acoustics, Speech, and Signal Processing. Piscataway: IEEE Press, 2005: 417- 420.

[28] SANEI S, LEE K M. Bayesian classification of eigencells[C]//Proceedings. International Conference on Image Processing. Piscataway: IEEE Press, 2002.

[29] WANG B, BAI J, PENG L, et al. EEG recognition based on multiple types of information by using wavelet packet transform and neural networks[C]//IEEE Engineering in Medicine and Biology 27th Annual Conference. Piscataway: IEEE Press, 2005: 5377-5380.

[30] TING W, GUO-ZHENG Y, BANG-HUA Y, et al. EEG feature extraction based on wavelet packet decomposition for brain computer interface[J]. Measurement, 2008, 41(6): 618-625.

[31] KAYIKCIOGLU T, AYDEMIR O. A polynomial fitting and k-NN based approach for improving classification of motor imagery BCI data[J]. Pattern Recognition Letters, 2010, 31(11): 1207-1215.

[32] 陆丽娜. 基于多分类器融合的骨髓细胞自动识别技术[D]. 长沙: 中南林业科技大学, 2013.

[33] 陈林伟，吴向平，潘晨，等. 极限学习机集成在骨髓细胞分类中的应用[J]. 计算机工程与应用, 2015, 51(2): 136-139.

[34] CHEN L L, ZHANG J, ZOU J Z, et al. A framework on wavelet-based nonlinear features and extreme learning machine for epileptic seizure detection[J]. Biomedical Signal Processing and Control, 2014, 10:1-10.

[35] 安春霖. 基于极限学习机的基因表达数据分类算法研究[D]. 杭州: 中国计量学院, 2014.

第7章
研究总结与未来展望

近年来，神经网络（特别是深度学习）在人工智能和机器学习领域中的重要作用再次得到认可和追捧，大有人工智能和机器学习的实现必须依赖于神经网络之势。然而，神经网络技术仍然面临着一些挑战，如繁重而"痛苦"的人工干预、缓慢的学习速度和较弱的可扩展性等。

本书介绍的 ELM 作为一种新型快速神经网络，其主要目的是克服过去几十年来神经网络面临的发展瓶颈，实现尽可能少的人工干预、尽可能高的测试准确度和实时快速的本地化学习，在许多应用中达到秒级、毫秒级、微秒级甚至更快的速度。目前，ELM 已经用于解决很多实际问题，如面部表情识别、室内局部定位系统、机器人控制、智能网格、健康产业、可穿戴设备、异常检测、地理科学、远程遥测和可再生能源预报等，如图 7-1 所示。

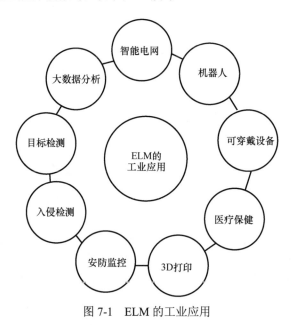

图 7-1　ELM 的工业应用

鉴于 ELM 鲜明的技术特点以及良好的发展势头，本章旨在对全书所涉及内容进行归纳总结，进一步分析与预测 ELM 技术的发展趋势，并客观陈述仍未解决的开放性问题[1]，以供科研人员参考。

7.1 研究总结与结论

本书的正文章节系统地归纳了 10 余年来 ELM 的研究成果，旨在帮助读者全面了解 ELM 核心理论，掌握 ELM 为应对典型机器学习任务所做的技术性调整，以及工程实现与相关领域应用中的开发技巧，最终结合 ELM 的自身不足与开放性问题为其未来发展理清思路。

在本书的第 1~2 章中，ELM 作为承接传统单隐藏层前馈神经网络与未来生物学习系统的一种人工神经网络模型，充分基于其隐藏层映射的"随机性"实现了众多机器学习单元的统一性构建与解释，具有训练快速、拟合能力强、泛化性能良好等特点。

在本书的第 3~4 章中，针对数据分类、回归以及特征学习等重要机器学习任务中所列举的一系列难点问题，ELM 在考虑隐藏层随机映射结构特点的基础上，对网络结构、代价函数、参数求解与更新机制做出了大量灵活性技术调整，延续了其训练速度快、拟合能力强、泛化性良好的特点。目前该部分技术已相对成熟，可为机器学习算法研究人员提供参考。

本书的第 5~6 章深入讨论了 ELM 技术"落地"所面临的实际问题与实现技巧。其中，针对 ELM 工程实现过程中遇到的大规模矩阵求逆、实时前馈运算等问题，第 5 章分别给出了软硬件平台下的并行加速解决方案与低功耗嵌入式平台下的前馈运算加速方法，可为软件工程师、嵌入式硬件工程师提供详实的设计参考。针对不同领域应用中的实现难点，第 6 章分别予以详细的需求分析与 ELM 技术调整介绍，可帮助相关领域从业者了解前述章节所讨论的 ELM 技术对实际问题的应用情况。

7.2 发展趋势分析

在智能化时代的背景下，虽然新颖创意与智能产品层出不穷，但仍整体处于快速的"真空填补期"。具体原因在于，以深度神经网络为典型代表的机器学习技术目前还是以大数据和超高效运算环境（平台）带来的产业机会为依托，实现以前由于数据匮乏和运算资源有限而不能实现的应用。这就像饿极的"狼"（产业界）

面前突然有成群结队的"羔羊"（数据）出现一样，逮到"羔羊"便是抓住机遇。

鉴于近年来产业机遇稍纵即逝、产品迭代速度快等普遍现象，把握未来的产业形态和技术特色的发展趋势显得尤为重要。接下来，作者将从应用前景与技术走向两方面，对基于 ELM 的机器学习技术进行发展趋势分析。

7.2.1　应用前景

随着物联网的深入发展，在不久的未来，大部分的设备将拥有智能学习能力。就如包括人类在内的生物社会一样，这些智能设备也将发展出一个互相交流的"智能体社会"，每个智能体都具有学习功能并且能相互交流[1]，如图 7-2 所示。

图 7-2　智能物联网 3 阶段：物联网—智能体联网—智能体社会

在迈向智能体社会的过程中，需要通用化的学习方法与智能模型，以应对不同的传感器类型与智能化信息处理载体。在这里，ELM 或许可以帮助实现智能体社会。首先，基于 ELM 的学习方法对多种类型的神经网络都适用，并能够在理论上与其他经典机器学习模型建立密切联系；其次，与深度学习和支持向量机等流行的机器学习技术相比，ELM 在许多应用中可以做到上万倍的学习速度提升，做到"实时学习"；最后，ELM 芯片也可以集成到各种硬件系统中，实现实时本地在线学习，从而推进普适学习和普适智能的发展。

7.2.2　技术走向

1．ELM 与深度学习：本地与云端学习互补

ELM 与深度学习技术在学习理念方面存在差异，导致各自技术特点与实现方式的侧重不同，进而使得在解决实际复杂应用问题的过程中，两者存在角色互补的可能。

ELM 的关键学习理念之一在于人工神经网络的结构设计、参数调节过程可以变得"轻松""愉快"，而不需"痛苦""耗时"。具体而言，理想情况下存在一种通用的学习框架将各种前馈神经网络进行有机统一，且在该学习框架下的求解过程不需消耗大量计算资源，也不需依赖反复的人工干预，最终灵活、稳健地完成

网络参数学习。正是得益于这种网络结构设计与参数的灵活更新方法，上述学习理念衍生的学习模型或算法非常适合部署于计算资源受限的各类本地智能终端、传感器和工业设备等，进而彰显基于神经形态、FPGA 和光技术的嵌入式低功耗芯片在普适学习与普适智能中的魅力。

深度学习技术的关键学习理念之一在于强调使用一般化的数据先验信息，在海量数据驱动的条件下使用多层级递归式网络模型，深度挖掘数据分布规律，实现数据表征自主学习，从而解决基于先验知识手工表征数据难度高、稳健性不足的问题。在很多实际任务中，数据的纷繁复杂性给手工数据表征带来了巨大的挑战。以图像目标检测识别任务为例，"噪声"干扰下的数据类间差异小易导致模式识别系统的虚警，而数据纷繁变化下的类内差异大则容易导致辨识失败。面对纷繁复杂的数据变化形态，旨在充分遍历进而挖掘数据内在分布规律的深度学习技术不失为一种优秀的解决方案。但这种学习理念衍生的学习模型或算法非常依赖由各类强力计算单元（如 GPU 等）组成的云端服务器平台，来完成深度模型训练。而近年来（移动）互联网迅速普及，用户、商业公司产生的数据"爆发"式增长，用于数据分析的服务器平台等基础设施的构建技术已经相对成熟，为深度学习模型的部署提供了坚实的硬件基础与发展红利。

综上所述，ELM 与深度学习技术可以实现本地与云端学习互补，促进云端机器学习和本地机器自主学习有机融合。对于 ELM 而言，在本地终端计算资源约束的情况下，不具备特别"深度"（如 5～8 层）的模型或许也能具有良好的数据学习能力；同时，基于本地终端搜集的小批量数据（小样本）进行模型参数实时调节的吸引力同样不可小觑。对于深度学习技术来讲，在终端计算资源相对充裕的条件下，复杂、细致的大规模网络设计与版本更新迭代也较为自由，为医疗大数据、卫星遥感等大数据应用提供日趋强大的集群数据分析能力。总之，两者并非对立关系，无优劣之分，更无"血拼"的必要。相信两者在本地与云端的有机结合会促进更多创意与产品落地，机器学习和人工智能的春天也许才能真正到来。

2. ELM 与生物学习：交融、收敛与汇合

鉴于 ELM 与生物学习技术在学习理念方面存在相似性，因此随着技术的不断发展与认知的不断深入，两者存在交融、收敛与汇合的可能性。

ELM 理论的目标之一是打破机器学习和生物学习之间的壁垒。尽管动物的大脑在总体上是结构化且有序的，但在某些层或区域，其局部结构具有很强的无序性。由此科研人员便提出一个问题：与传统机器学习不同，在生物大脑中是否所有隐藏层节点都需要调整？虽然人脑中也许有几百种不同种类的生物神经元，它们的数学模型也不为人类所知，但是 ELM 理论指出：一个基本的生物学习机制也许是神经元自身在学习过程中并不需要调整——它们与具体的应用和数据保持独立。如 1.3 节所述，ELM 理论也许可以解释计算机之父约翰·冯·诺依曼早先的

困惑，即一个包含很多随机连接的"不完美"生物神经网络是如何可靠地实现与"精密连接"的计算机相媲美的"完美"学习能力。

生物学习系统包含着太多目前我们远未了解的基本学习原理。目前，科研人员试图从果蝇嗅觉系统、猴子视觉系统以及人类感知或认知系统中寻找机器可以借鉴的学习或认知机制。值得重申的一点是，未来对于机器学习和生物学习之间联系的好奇心将是推动机器学习研究的重要动力。

7.2.3　难点与挑战

与经历了数十年研究投入的深度学习技术相比，仅有十几年积累的 ELM 作为新生代神经网络技术，在迅速发展的同时也必然会面临尚未解决的难题与挑战。这些开放性问题作为研究的前进动力与方向，可能催生新的机器学习理论与技术。接下来将从学习理论深化与模型优化等方面分析有关 ELM 的开放性问题与挑战。

1. ELM 有监督学习理论深化

当前获得成功应用的 ELM 技术主要集中于有监督学习范畴。由于监督信号明确给定，模型的各方面性能容易得到充分研究并获得了关键技术突破。但是，有关模型的超参数选择、特征映射学习以及模型泛化性方面的研究仍亟须强化。

首先，ELM 模型内部的超参数选择策略是一个值得探究的问题。现有的策略通常采取交叉验证的方式进行迭代试错，缺少指导性原则与理论解释。以"隐藏层神经元个数"为例，虽然一些实验表明该参数的取值在很宽的区间范围内均可使 ELM 表现稳定，且与 BP 类学习算法相比，ELM 的性能对隐藏节点的数量不是非常敏感，但如何理论证明这些实验现象仍然值得探讨。更近一步地讲，构建隐藏层节点个数或增长趋势与性能间的关系模型，形成参数选择的统一性指导经验将兼备理论意义与工程意义。除了隐藏层神经元个数之外，激活函数类型的选择、隐藏层节点参数的概率分布类型选择等问题均具有类似的理论与工程价值。

其次，基于 ELM 的特征学习策略是影响其处理实际任务性能的关键，亟须进一步加强。无论对于单隐藏层还是层次化网络，多数 ELM 特征学习策略在本质上倾向于使用与任务无关的随机特征映射以实现对输入数据的特征提取。这种策略最大的优势在于免去了复杂的参数优化过程而大幅提升了学习效率。然而，这种计算效率上的优势也恰恰导致了其性能上的劣势：基于随机特征映射的数据编码方式并不一定最优。具体而言，已经有大量有关特征分析的科学文献认为，数据特征应当是与具体的任务相关，以此来保证任务的完成质量。比如在数据分类任务中，使得数据类内差异小且类间差异大的表征即为理想的特征表征或编码方式。显然，完全数据独立或者任务独立的随机特征映射无法满足上述要求。当然，这里也不能完全否认随机化特征映射的意义，毕竟一种确定的随机投影方式可以极大地方便表征过程的分析与建模，进而保证得到的是一组非平凡的随机投影结果。综合来看，一种兼顾优化效率与表征性能的 ELM 特征学习策略值得深入探究。

最后，ELM 模型对测试集数据的泛化能力是一个需要回顾的经典问题。现有的泛化性分析策略通常基于统计学习理论，并在 SVM 等具体学习模型中得以充分阐述与应用。但对于某些已观测到的实验现象，传统的理论分析方法对经典 ELM 模型的分析似乎仍表现乏力。比如，ELM 的典型实现方式之一是在隐藏层中使用随机节点，并且不需要调整节点参数。然而有趣之处在于，一些实验表明即便如此 ELM 的泛化性能也非常稳定。但是，如何估计 ELM 泛化性能的振荡界限仍然未知。除此之外，还有实验表明 ELM 往往在多分类应用中可以实现比 SVM 和 LS-SVM 更好的性能。除了上述经典的浅层 ELM 模型，对深层 ELM 甚至深度学习等复杂模型而言，传统的理论分析方法通常无法给出非平凡的泛化界。比如，当今的深度模型在训练集中可以获得很高的训练精度，但在测试集上仍未出现过拟合，这种现象该如何解释？与训练过程中采用的训练手段是否有关？能否将其作为正常现象而在一些高风险应用中（无人驾驶、自动导引式武器等）普及这类深度模型？这一系列疑问也促使研究人员不得不重新回顾复杂模型的泛化性问题。

2. ELM 无监督学习范式创新

除了上述获得充分研究的有监督学习范式之外，如何在监督信号存在噪声、数量匮乏甚至不存在的情况下进行有效学习（即无监督学习）是 ELM 在未来难以回避的问题。当前，以互联网"众包、群智"形式的服务虽然可以提供大量有标记数据样本，缓解了监督信号不足与模型训练需求之间的矛盾，但绝不是可持续发展之计。首先，一般应用领域的数据标记成本十分高昂，绝非普通用户可以承受；其次，某些特殊应用领域（如卫星遥感影像、生物医疗影像、金融欺诈记录分析等）中可直接利用的有效数据很少，数据标记的客观难度始终存在。

面对监督信号匮乏的数据环境，ELM 目前可采用的弱监督学习策略十分有限，相关研究进展相对较为缓慢。例如，现有的 ELM 弱监督分类策略通常基于对输入数据的流形先验假设；在无监督特征学习方面，ELM 则通常采用对可观测数据的最大似然估计求取特征映射参数。因此，突破现有的 ELM 弱监督学习范式具有重要的研究意义与学术价值。

通过借鉴生物学习系统特性来突破传统设计定式，从而启发构建弱监督学习新范式可能是一条新的道路。这是因为高级的生物系统（人类或者动物）学习对监督信号的依赖程度很低。客观上讲，生物系统可通过自主观察来发现纷繁复杂的世界结构，而不需要提前被准确告知每个客观实体的名称。而实现该功能或许需要将现有的数据表征学习与潜在的逻辑推理机制结合起来。

3．ELM 算法层优化与加速

针对现有的 ELM 进行算法层面的优化与加速仍然兼具理论价值与工程意义。这里主要针对核化 ELM 在大规模数据集上的可扩展性进行阐述与分析。

如第 3.2 节陈述，非线性核化方法求解计算复杂度对样本数量非常敏感。因此，针对大规模数据环境下的核快速近似方法是非常值得研究的课题。比如，基于随机傅里叶特征的方法就是一种通过随机采样实现核逼近的方法[2-4]，完全可以看成是 ELM 算法的一个经典特例。但显而易见的是，这种随机采样类的核逼近方法其实是将模型在对偶域的计算代价转嫁给了原始域。换句话说，计算复杂度的敏感对象由原来的"样本数量"变成了对随机采样（投影）后的"样本数据维度"。此后，一系列的快速随机投影方法相继产生，缓解了计算代价。

有趣的是，2017 年《科学》杂志上发表了受果蝇嗅觉系统启发下的快速随机投影方法[5]。该方法在模拟嗅觉系统辨识不同气体分子的过程中，通过稀疏化投影参数设置与"赢者通吃"（Winner Takes All，WTA）的策略，大幅降低了投影计算代价，同时提升了数据辨识精度。需要特别指出的是，传统方法在随机投影的过程中通常极力避免高维映射来降低运算量与动态内存消耗量。而上述工作的作者却打破常规，果敢地采用了超高维随机投影方式。或许是受生物系统中神经元数目庞大、系统响应速度快等特点的启发，超高维而快速的随机投影方法的确为 ELM 的算法层优化提供了崭新的设计典范。

4．ELM 软硬件优化

针对现有 ELM 进行软硬件优化具有重要的工程价值。接着仅针对 ELM 模型训练与模型测试进行阐述说明。

（1）模型训练加速

正如 5.1 节中提到，在 ELM 模型的训练阶段，矩阵求逆过程的计算复杂度最高。因此，如何结合现有的软硬件架构对该过程进行更深层次的加速是当前并行加速研究的难点。

目前基于分布式软件架构（Spark 等）提出的 ELM 并行训练算法对分布式架构的资源利用率还有待提升，亟须进一步探索与设计 ELM 算法软件以充分利用分布式架构的资源。例如对 Spark 的主从结构模式，通过针对性的算法软件改进，减少算法在主从节点间交互模式下的开销，减低节点间的通信成本，提升算法的加速倍数，保证算法拥有最优性能。

基于 GPU 集群平台的 ELM 并行训练方法目前尚未实现。与分布式软件架构类似，部署多个 GPU 平台以实现 GPU 集群化，无疑可以聚合形成更强的计算能力，从而大幅提升加速效果。在此过程中，多个 GPU 处理单元的信息协同是未来研究需要攻克的难点。

基于云平台的各种改进型 ELM 算法并行训练仍未涉及。作为新的并行加速思路，云平台可利用丰富的计算资源完成激活函数数值计算和矩阵广义逆运算的并行化和快速实现，并可实现多 ELM 任务的并行化。此外，目前还亟须基于云平台建立标准化数据安全与模型结果验证机制，保证数据 I/O 的安全性、完整性与稳定性。

（2）模型测试加速

前端或本地环境下的强实时与低功耗信息处理往往是实际任务的迫切要求与工程实现的边界条件。因此，如何结合现有的嵌入式硬件平台，对 ELM 模型所需的前馈运算进行更深层次加速的需求将长期存在。

在基于 FPGA、CPLD 等大型可编程逻辑器件实现 ELM 分类回归等算法的过程中，面向通用化矩阵运算的嵌入式硬件系统功能尚不完善。具体而言，常见的矩阵求逆、转置等运算通常在软件分区中实现，故需要大量的内部存储资源。因此，未来研究的一个方向是开发对应运算类型的硬件协处理器。

在基于 CMOS 器件进行 ELM 专用芯片设计的过程中，算法最终性能与实际器件可变参数间的关系尚缺少先期理论分析方法与设计指导措施。例如，存储单元容易受温度升高或功耗增加的影响而丢失数据。因此，如何有规律地增加硬件资源来平衡模型的最终性能与系统功耗则是解决该问题的潜在手段。此外，在对设计结构进行芯片化的过程中，需要考虑芯片尺寸的问题，因此，如何动态分析各部分结构间的冗余度与简化的可能性具有很高的工程价值。

🔍7.3　本章小结

本章简要总结了全书范围内涉及的 ELM 研究成果，同时分析了 ELM 未来的发展趋势，列举了尚待解决的开放性问题。

在研究内容总结方面，本章系统归纳了 ELM 在基础理论、技术方法、工程实现与领域应用等方面的研究进展，可为算法研究人员与相关领域从业者提供技术参考。在发展趋势分析方面，本章分析了 ELM 与深度学习、生物学习等前沿技术的联系，以及相互交叉、融合发展的潜在机遇，最后列举了有关 ELM 学习理论、算法优化以及软硬件加速等潜在技术挑战。

参考文献

[1]　ELM Web portal[EB].

[2]　RAHIMI A, RECHT B. Weighted sums of random kitchen sinks: replacing

minimization with randomization in learning[C]//Advances in Neural Information Processing Systems. Piscataway: IEEE Press, 2008.

[3] RAHIMI A, RECHT B. Random features for large-scale kernel machines[C]// Advances in Neural Information Processing Systems Piscataway: IEEE Press, 2007: 1177-1184.

[4] RAHIMI A, RECHT B. Uniform approximation of functions with random bases[C]//46th Annual Allerton Conference on Communication, Control, and Computing. Piscataway: IEEE Press, 2009: 555-561.

[5] DASGUPTA S, STEVENS C F, NAVLAKHA S. A neural algorithm for a fundamental computing problem[J]. Science, 2017, 358(6364): 793-796.

附录 A

矩阵与最优化

本章内容涉及 ELM 模型训练过程中所使用的范数、图拉普拉斯矩阵等基础工具，并且重点分析这些工具在最优化过程中所表现出的正则化作用。

🔍 A.1 范数及最小化

一般采用符号"$\|\cdot\|$"表示范数运算，即 $f(\boldsymbol{x}) = \|\boldsymbol{x}\|$，该符号意味着范数运算可以看成是实数域 $\mathbf{R}$ 上绝对值函数运算的推广与扩展。换言之，这里的 $\boldsymbol{x}$ 不再局限于实数，还可以是实数向量或者矩阵。

本书中涉及的 L_p 范数定义方式为

$$\|\boldsymbol{x}\|_p = (\sum_i |x_i|^p)^{\frac{1}{p}} \tag{A-1}$$

其中，$p \in \mathbf{R}$，$p \geqslant 1$，称为 $\boldsymbol{x}$ 的 p 范数。p 的不同取值往往导致范数呈现出不同的性质差异。接下来仅就 $p = 0, 1, 2$ 这 3 种情况下对应的范数类型加以介绍，并着重分析范数最小化对于优化过程的意义与影响。

1. L_2 范数及最小化

当 $p = 2$ 时，L_2 范数可以简化为

$$\|\boldsymbol{x}\|_2 = (\sum_i |x_i|^2)^{\frac{1}{2}} \tag{A-2}$$

L_2 范数亦被称为欧几里得范数，可表示从原点出发到向量 $\boldsymbol{x}$ 确定点间的欧几里得距离。实际使用过程中经常略去范数助记符下标而简化表示为 $\|\boldsymbol{x}\|$。

L_2 范数在 ELM 网络输出层参数的优化过程中应用广泛，其中的关键原因在于运算性质良好。例如，$\|\boldsymbol{x}\|_2^2$ 即为简单的平方和运算，计算过程简单，

$f(\boldsymbol{x}) = \|\boldsymbol{x}\|_2^2$ 处处平滑可导且求导结果简单，在参数求解过程中往往可诱导出简单而又高效的闭式解。

然而在某些情况下，L_2 范数的一些性质在最优化过程中并不受欢迎。例如，$f(\boldsymbol{x}) = \|\boldsymbol{x}\|_2^2$ 在原点附近的取值增长得较为缓慢，而在远离原点处则增长迅速。这意味着对于不同向量 $\boldsymbol{x}$、$\boldsymbol{y}$ 而言，其对应的梯度值通常存在显著差异，故在 L_2 范数最小化的过程中易倾向于让 $\boldsymbol{x}$ 的分量取值均衡化，即非零分量个数非常稠密。L_2 范数的这种特性依然保持了 ELM 网络输出层参数的复杂度。

2. L_1 范数及最小化

当 $p=1$ 时，L_1 范数可以简化为

$$\|\boldsymbol{x}\|_1 = \sum_i |x_i| \qquad （A-3）$$

即计算向量中各元素分量的绝对值之和，可表示从原点出发到向量 $\boldsymbol{x}$ 确定点间的曼哈顿距离。

从上述定义中可以发现，L_1 范数对 $\boldsymbol{x}$ 中每个元素分量在任意区间内变化的敏感性相同。例如，任意元素分量从 0 增加 ε，对应的 L_1 范数值也会增加 ε。因此，与前文所述的 L_2 范数相比，L_1 范数能够更有效区分零和非零元素之间的差异。更进一步讲，这种任意点梯度平稳的特性是 L_1 范数最小化能够倾向于让 $\boldsymbol{x}$ 的分量取值稀疏，即非零分量个数尽量少的关键，梯度下降过程中不会因为在 0 点附近而迭代缓慢。

然而，L_1 范数中的绝对值运算也为 ELM 的优化过程带来了诸多不便，例如，它并非处处平滑可导，而且通常无法诱导出 ELM 模型简单而又高效的闭式解。

3. L_0 范数及最小化

当 $p=0$ 时，L_0 范数的定义为

$$\|\boldsymbol{x}\|_0 = \operatorname{card}\left(\left\{j : x_j \neq 0\right\}\right) \qquad （A-4）$$

即 L_0 范数表示向量中非零元素的个数，并以此衡量向量的"长度/大小"。由式（A-4）可知，"L_0 范数"并非严格意义上的范数，原因在于它并不满足范数定义中的齐次性要求：对向量中各元素的值缩放 t 倍（$t>0$）并不会改变该向量非零元素的数目（即范数值）。

然而，L_0 范数的上述"问题"并不能掩盖其在 ELM 领域中的价值。首先，从定义中可以看出，L_0 范数比 L_1 范数更适合度量向量的稀疏性，并以此作为 ELM 特征选择的分析与建模工具：通过最小化 L_0 范数寻找非零分量。但由于 L_0 范数的严重不可导性，在一定约束条件下最小化 L_0 范数通常非常困

难。因此，在实际应用过程中，L_0 范数通常用于问题的数学描述与建模，而在后续求解阶段一般会被更易于优化的 L_1 范数所代替。

🔍 A.2 流形假设与图拉普拉斯矩阵

本节介绍流形假设与图拉普拉斯矩阵是弱监督 ELM（正文 3.3 节）模型构建与训练的技术基础。其中，流形假设为大量未标记样本的利用提供了模型构建思路；图拉普拉斯矩阵的特征值 / 特征向量性质为模型参数的闭式求解提供了便利。

A.2.1 流形假设

为了充分利用未标记样本进行 ELM 模型训练，一种最直接的假设便是"相似的数据样本具有相似的类别标签"。其具体内涵通常包括以下两方面。

① 有标签样本 X_l 与无标签样本 X_u 服从相同的边缘分布 P_x。

② 如果样本 x_1 与 x_2 相似，标签的条件概率分布 $P(y|x_1)$ 和 $P(y|x_2)$ 也相似。

其中，第 2 个方面在机器学习领域里被称为流形假设或平滑性假设。

为了在建模过程中体现上述流形假设，可构造如下流形正则项并进行最小化。

$$L_m = \frac{1}{2}\sum_{i,j}\omega_{i,j}\left\|P\left(y\,|\,x_i\right) - P\left(y\,|\,x_j\right)\right\|^2 \tag{A-5}$$

其中，$\omega_{i,j}$ 描述了样本对 x_i 与 x_j 之间的相似度，可由常见的度量函数（如欧式距离、曼哈顿距离）计算得到。

由式（A-5）可以得出，当样本对 x_i 与 x_j 相似度高，但对应的 $P(y|x)$ 差异却很大时，流形正则项的取值便会增加，进而推升包含该正则项的优化代价函数。在此情况下，最小化代价函数意味着优化算法会对 $P(y|x)$ 中的参数进行调整，维持 $P(y|x)$ 的平缓变化特性，即实现平滑性或流形假设约束。

由于很难精准计算条件概率 $P(y|x)$，因此通常将流形正则化项近似为

$$\hat{L}_m = \frac{1}{2}\sum_{i,j}\omega_{i,j}\left\|\hat{y}_i - \hat{y}_j\right\|^2 \tag{A-6}$$

这里 $\hat{y}_i$ 与 $\hat{y}_j$ 分别是样本 x_i 与 x_j 的标签预测值。

A.2.2 图拉普拉斯矩阵

引入图拉普拉斯矩阵的关键动机在于方便将上述流行正则项简化为式（A-7）所示的矩阵形式，并进一步充分利用该矩阵的特征值 / 特征向量性质。

$$\hat{L}_m = \text{Tr}\left(\hat{Y}^\text{T} L \hat{Y}\right) \tag{A-7}$$

其中，L 为图拉普拉斯矩阵，由 $\omega_{i,j}$ 构成的样本间相似度矩阵 $W = [\omega_{i,j}]$ 与度矩阵 D（对角阵，其对角线元素 $D_{ii} = \sum_j \omega_{i,j}$）共同决定 $L = D - W$。$\text{Tr}(\bullet)$ 表示矩阵求迹运算（$n \times n$ 矩阵的主对角线上各个元素之和），$\hat{Y}$ 为样本标签或其预测值构成的矩阵。

显然，与相似度矩阵 W 类似，图拉普拉斯矩阵 L 也间接描述了样本对之间的相似性，但却比前者具备更好的矩阵性质。以一个简单的例子说明：给定 6 个数据样本，接着将其抽象成为"顶点"，进而构成图 G 如图 A-1 所示。

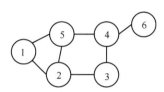

图 A-1　描述样本之间相似性的图结构

顶点之间存在连接则表示"相似"，记为"1"，反之记为"0"，由此可得到相似度矩阵、度矩阵以及图拉普拉斯矩阵。

$$
D = \begin{bmatrix}
2 & 0 & 0 & 0 & 0 & 0 \\
0 & 3 & 0 & 0 & 0 & 0 \\
0 & 0 & 2 & 0 & 0 & 0 \\
0 & 0 & 0 & 3 & 0 & 0 \\
0 & 0 & 0 & 0 & 3 & 0 \\
0 & 0 & 0 & 0 & 0 & 1
\end{bmatrix}
$$

$$
W = \begin{bmatrix}
0 & 1 & 0 & 0 & 1 & 0 \\
1 & 0 & 1 & 0 & 1 & 0 \\
0 & 1 & 0 & 1 & 0 & 0 \\
0 & 0 & 1 & 0 & 1 & 1 \\
1 & 1 & 0 & 1 & 0 & 0 \\
0 & 0 & 0 & 1 & 0 & 0
\end{bmatrix} \tag{A-8}
$$

$$
L = \begin{bmatrix}
2 & -1 & 0 & 0 & -1 & 0 \\
-1 & 3 & -1 & 0 & -1 & 0 \\
0 & -1 & 2 & -1 & 0 & 0 \\
0 & 0 & -1 & 3 & -1 & -1 \\
-1 & 1 & 0 & -1 & 3 & 0 \\
0 & 0 & 0 & -1 & 0 & 1
\end{bmatrix}
$$

由矩阵 L 的计算结果可以验证部分关键性质。

① 图拉普拉斯矩阵是半正定矩阵，即其特征值均为非负的。

② 最小特征值为零，因为拉普拉斯矩阵每一行的和均为零。

上述性质已在 3.3 节所述的 ELM 网络输出层参数闭式求解过程得到应用。

附录 B
概率与不等式

　　本章介绍的概率与不等式基础知识主要服务于基于随机矩阵投影的 Johnson-Lindenstrauss 定理（2.2.1 小节）的证明。其中，概率部分重点关注高斯分布的性质及其对随机投影结果的影响；不等式用于描述随机变量相较于其期望值的"集中程度"，以此说明随机条件下的投影结果仍具有足够的"稳定性"。接下来将从上述两方面入手，概述 Johnson-Lindenstrauss 定理的证明过程。

　　Johnson-Lindenstrauss 定理的证明方法历经多次改进，其中随机投影矩阵的引入大幅简化了烦琐的证明过程，同时随机矩阵的独特性质使得证明过程极富技巧性。首先回顾 2.2.1 小节所述的 Johnson-Lindenstrauss 定理。

　　Johnson-Lindenstrauss 定理：对于任意定义一个 $L \times d$ 大小的随机矩阵 $\boldsymbol{R}$，其中的元素均相互独立且服从标准正态分布。当 $L \geqslant 4\left(\dfrac{\varepsilon^2}{2} - \dfrac{\varepsilon^3}{3}\right)^{-1} \ln n$，对于任意 $0 < \varepsilon < 1$ 时，式（B-1）以概率值 $1 - \exp\left(-\dfrac{L\varepsilon^2}{16}\right)$ 成立。

$$L(1-\varepsilon)\| \boldsymbol{x}_i - \boldsymbol{x}_j \|^2 \leqslant \| \boldsymbol{R}\boldsymbol{x}_i - \boldsymbol{R}\boldsymbol{x}_j \|^2 \leqslant L(1+\varepsilon)\| \boldsymbol{x}_i - \boldsymbol{x}_j \|^2 \qquad \text{（B-1）}$$

上述定理的证明过程可以归纳为两方面，接下来按小节讨论。

B.1　高斯分布与投影结果分析

　　在随机矩阵中的元素服从标准正态分布的条件下，首先证明样本数据经过随机投影前后（$\boldsymbol{v} = 1/\sqrt{L}\boldsymbol{R}\boldsymbol{u}$）的径向（距离空间原点）尺度变化情况，即存在以下关系。

$$E\left(\|\boldsymbol{v}\|^2\right) = \|\boldsymbol{u}\|^2 \qquad \text{（B-2）}$$

证明： 为简单起见，先忽略归一化系数，计算数据 $\boldsymbol{u}$ 与高斯随机矩阵相乘的期望。

$$E\left(\left\|\boldsymbol{Ru}\right\|^2\right) = \sum_i^L \left\langle \boldsymbol{r}_i, \boldsymbol{u}\right\rangle^2 = E\left(\left\langle \boldsymbol{r}_i, \boldsymbol{u}\right\rangle^2\right)L =$$
$$\left\{D\left(\left\langle \boldsymbol{r}_i, \boldsymbol{u}\right\rangle\right) + \left(E\left(\left\langle \boldsymbol{r}_i, \boldsymbol{u}\right\rangle\right)\right)^2\right\}L = L\left\|\boldsymbol{u}\right\|^2 \tag{B-3}$$

其中，$\boldsymbol{r}_i$ 代表高斯随机矩阵 $\boldsymbol{R}$ 中的第 i 行。可以发现，上述等式成立的关键在于，数据经过服从高斯分布的参数投影后（线性加权和）各个维度仍相互独立且服从高斯分布——均值项 $E\left(\left\langle \boldsymbol{r}_i, \boldsymbol{u}\right\rangle\right)$ 为零，方差项 $D\left(\left\langle \boldsymbol{r}_i, \boldsymbol{u}\right\rangle\right)$ 与 $\boldsymbol{u}$ 内各个分量的大小有关。最后再考虑归一化系数，易得 $E\left(\left\|\boldsymbol{v}\right\|^2\right) = \left\|\boldsymbol{u}\right\|^2$。

值得注意的是，整个投影过程即使未对数据 $\boldsymbol{u}$ 做任何先验性假设或限制，其投影后的向量 $\boldsymbol{v}$ 的模长（平方）仍然始终与投影前保持一致。从式（B-3）的推导过程看，这是因为 $\boldsymbol{u}$ 被当作常量来处理，$\boldsymbol{R}$、$\boldsymbol{r}_i$ 的随机性导致投影结果 $\boldsymbol{v}$ 为随机变量，此时期望项与方差项很容易化简。从高斯随机向量 $\boldsymbol{r}_i$ 的分布特点来看，该向量在高维空间中的指向方向服从均匀分布，因此无论数据 $\boldsymbol{u}$ 在高维空间中处于何种"位置"，总可能被具有任意指向性的 $\boldsymbol{r}_i$ "打散"。

经过上述分析可以看出，随机矩阵 $\boldsymbol{R}$ 作为投影参数，其内部各个元素服从的高斯分布方便了投影结果的分析过程。高斯分布的两个重要性质被提及与应用：① 服从高斯分布的随机变量的线性组合结果为高斯分布，方便得到投影结果的期望与方差；② 服从高斯分布的随机向量的方向指向（有些文献中亦称为"相位"）具有任意性，即在高维空间中服从均匀分布。

B.2 不等式与投影结果的稳定性描述

显然，仅确定数据经过随机投影后的期望值仍不足以说明该结果的稳定性。在此基础上，还需要分析投影结果相较于其期望值的"集中程度"或"偏离程度"，随机变量的高阶矩阵是描述该内容的常用工具，但鉴于高斯分布的特点，二阶矩阵已足够使用。

为此，可证明投影结果偏离其期望值的可能性随投影维度的增加而指数级下降。

$$\begin{cases} P\left[\left\|\boldsymbol{v}\right\|^2 \leqslant (1-\varepsilon)\left\|\boldsymbol{u}\right\|^2\right] \leqslant 2\exp\left(-\left(\varepsilon^2 - \varepsilon^3\right)L/4\right) \\ P\left[\left\|\boldsymbol{v}\right\|^2 \geqslant (1+\varepsilon)\left\|\boldsymbol{u}\right\|^2\right] \leqslant 2\exp\left(-\left(\varepsilon^2 - \varepsilon^3\right)L/4\right) \end{cases} \tag{B-4}$$

证明： 定义新的随机变量 $X = L\|\boldsymbol{v}\|^2 / \|\boldsymbol{u}\|^2$。不失一般性，考虑随机事件 $\|\boldsymbol{v}\|^2 \geqslant (1+\varepsilon)\|\boldsymbol{u}\|^2$（投影结果"略高于"期望值）的概率等价于

$$P\left(\|\boldsymbol{v}\|^2 \geqslant (1+\varepsilon)\|\boldsymbol{u}\|\right) = P\left(X \geqslant (1+\varepsilon)L\right) \tag{B-5}$$

由马尔可夫不等式可以得到

$$P(X \geqslant (1+\varepsilon)L) = P(\mathrm{e}^{\lambda X} \geqslant \mathrm{e}^{(1+\varepsilon)L\lambda}) \leqslant \frac{E(\mathrm{e}^{\lambda X})}{\exp((1+\varepsilon)L\lambda)} \tag{B-6}$$

至此，进一步确定 $E(\mathrm{e}^{\lambda X})$ 便成为关键。重新考虑随机变量 X 的定义。

$$X = \frac{L\|\boldsymbol{v}\|^2}{\|\boldsymbol{u}\|^2} = \frac{\|\boldsymbol{R}\boldsymbol{u}\|^2}{\|\boldsymbol{u}\|^2} = \sum_i^L \left\langle \boldsymbol{r}_i, \frac{\boldsymbol{u}}{\|\boldsymbol{u}\|} \right\rangle^2 \xrightarrow{X_i = \left\langle \boldsymbol{r}_i, \frac{\boldsymbol{u}}{\|\boldsymbol{u}\|} \right\rangle} \sum_{i=1}^L X_i^2 \tag{B-7}$$

可以发现，随机变量 X_i 服从标准正态分布，故可先求得 $E(\mathrm{e}^{\lambda X_i^2})$ 的闭式表达。

$$E\left(\mathrm{e}^{\lambda X_i^2}\right) = \int_{-\infty}^{\infty} \mathrm{e}^{\lambda x^2} \frac{1}{\sqrt{2\pi}} \mathrm{e}^{-\frac{x^2}{2}} \mathrm{d}x = \int_{-\infty}^{\infty} \frac{1}{\sqrt{2\pi}} \mathrm{e}^{-\frac{x^2}{2}(1-2\lambda)} \mathrm{d}x =$$

$$\frac{1}{\sqrt{1-2\lambda}} \int_{-\infty}^{\infty} \frac{\sqrt{1-2\lambda}}{\sqrt{2\pi}} \mathrm{e}^{-\frac{x^2}{2}(1-2\lambda)} \mathrm{d}x = \frac{1}{\sqrt{1-2\lambda}} \tag{B-8}$$

将 $X = \sum_{i=1}^L X_i^2$ 代入式（B-6）可得

$$P(X \geqslant (1+\varepsilon)L) \leqslant \frac{\prod_{j=1}^k E(\mathrm{e}^{\lambda X_j^2})}{\mathrm{e}^{(1+\mathrm{e})L\lambda}} = \left(\frac{E(\mathrm{e}^{\lambda X_i^2})}{\mathrm{e}^{(1+\mathrm{e})\lambda}}\right)^L \tag{B-9}$$

再将 $E(\mathrm{e}^{\lambda X_i^2}) = \dfrac{1}{\sqrt{1-2\lambda}}$ 代入到式（B-9）中可以得到

$$P(X \geqslant (1+\varepsilon)L) \leqslant \left(\frac{\mathrm{e}^{-2(1+\varepsilon)\lambda}}{(1-2\lambda)}\right)^{\frac{L}{2}} \tag{B-10}$$

在式（B-10）中取 $\lambda = \varepsilon/(2+2\varepsilon)$，同时利用不等式 $1+\varepsilon < \mathrm{e}^{\varepsilon-(\varepsilon^2-\varepsilon^3)/2}$，一并代入可以得到

$$P(X \geqslant (1+\varepsilon)L) \leqslant \left((1+\varepsilon)\mathrm{e}^{-\varepsilon}\right)^{\frac{L}{2}} < \mathrm{e}^{-(\varepsilon^2-\varepsilon^3)\frac{L}{4}} \tag{B-11}$$

同理，可以得到 $P(X \leqslant (1-\varepsilon)L) < \mathrm{e}^{-(\varepsilon^2-\varepsilon^3)\frac{L}{4}}$ 。

为了准确给出等距变换得以保证的概率值，可再从 $E(\mathrm{e}^{\lambda X})$ 的闭式表达出发，得到

$$E\left(\mathrm{e}^{\lambda X-\lambda}\right) = E\left[\mathrm{e}^{\lambda \sum_i^L X_i^2 - \lambda}\right] = \prod_i^L \frac{\mathrm{e}^{-\lambda}}{\sqrt{1-2\lambda}} \leqslant \prod_i^L \mathrm{e}^{2\lambda^2} \leqslant \mathrm{e}^{2L\lambda^2} \tag{B-12}$$

因此，有式（B-13）成立。

$$P\left(\frac{1}{L}\sum_{i=1}^L X_i^2 - 1 \geqslant \varepsilon\right) = P\left(\mathrm{e}^{\lambda \sum_{i=1}^L X_i^2 - 1} \geqslant \mathrm{e}^{\lambda L \varepsilon}\right) \leqslant \mathrm{e}^{-\lambda L \varepsilon} E\left(\mathrm{e}^{\lambda \sum_{i=1}^L X_i^2 - 1}\right) \leqslant \mathrm{e}^{2L\lambda^2 - L\varepsilon\lambda}$$

$$\tag{B-13}$$

在式（B-13）的最后一步中取 $\lambda = \varepsilon/4$ 并代入可得到

$$P\left(\left|\frac{\left\|\boldsymbol{R}(\boldsymbol{x}_i - \boldsymbol{x}_j)\right\|^2}{L\|\boldsymbol{x}_i - \boldsymbol{x}_j\|^2} - 1\right| \leqslant \varepsilon\right) \leqslant 1 - \mathrm{e}^{-L\varepsilon^2/16} \tag{B-14}$$

即不等式 $L(1-\varepsilon)\|\boldsymbol{x}_i - \boldsymbol{x}_j\|^2 \leqslant \|\boldsymbol{R}\boldsymbol{x}_i - \boldsymbol{R}\boldsymbol{x}_j\|^2 \leqslant L(1+\varepsilon)\|\boldsymbol{x}_i - \boldsymbol{x}_j\|^2$ 以概率 $1 - \exp(-L\varepsilon^2/16)$ 成立，这与 2.2.1 节中定理所描述的结果相一致。

名词索引